黄河國家治理文獻集成（民國卷）第三十三册
《黄河國家治理文獻集成》編委會　編

總第九十七册

灌溉工程設計參考手册

水利部　編
陳思　曹佳興　編

内蒙古出版集團
内蒙古人民出版社

圖書在版編目（CIP）數據

灌溉工程設計參考手册 / 水利部，陳思，曹佳興編．
呼和浩特 ：内蒙古人民出版社，2025．8．--（黄河國家
治理文獻集成）．-- ISBN 978-7-204-16663-3

Ⅰ．TV632

中國國家版本館 CIP 數據核字第 2025UP4545 號

灌溉工程設計參考手册

水利部　編

編　　者	陳　思　曹佳興
策劃編輯	何可欣
責任編輯	賈大明
裝幀設計	劉那日蘇　吉　雅　安立新
責任監印	王麗燕
出版發行	内蒙古出版集團　内蒙古人民出版社
地　　址	呼和浩特市新城區中山東路 8 號波士名人國際 B 座 5 層
網　　址	http：//www.impph.cn
印　　刷	内蒙古愛信達教育印務有限責任公司
開　　本	880mm×1230mm　1/16
印　　張	26.75
字　　數	330 千
版　　次	2025 年 8 月第 1 版
印　　次	2025 年 8 月第 1 次印刷
印　　數	1—1000 册
書　　號	ISBN 978-7-204-16663-3
定　　價	228.00 元

如出現印裝質量問題，請與我社聯繫。聯繫電話：（0471）3946120

編纂委員會

引言

千古河流成沃野，幾年沙勢自風湍。

得益于黄河冲積所帶來的疏松土質和有機物，中華先民利用石製工具開始了農業生産，并逐步發展出旱地粟作農業，『能够最大程度保障食物供給的穩定性，奠定了中華文明起源和形成的堅實基礎』[一]。而利用河水灌溉，提高區域可預測農業産量，『在産業史上起着最有决定性的作用』[二]。隨後，技術進步、經濟發展、人口增加，讓先民的文化生活大爲豐富。嚴文明先生評價道：『這是一場影響深遠的革命。』[三]在這場革命中，平衡水、沙、産、人四者之間的關係，始終是黄河治理的核心問題。四者關係一旦失衡，就容易引發諸多灾患。

歷史上，黄河下游因人口稠密、經濟發達，一直是學術界關注的重點。但自河源至今内蒙古托克托縣河口鎮的黄河上、中游區域，雖遠離王畿，人口稀疏，却也一直備受關注，人們逐步認識到黄河全流域治理是國家的重要任務。《漢書》載：『堤防之作，近起戰國，雍防百川，各以自利。』[四]没有全流域的協同治理，僅靠各地分段築堤，則黄河河患無法解决。秦建立了中國歷史上第一個中央集權大一統王朝，秦始皇東巡碣石，刻石銘記『决通川防，夷去險阻』[五]，開啓中央政府調動各要素治黄之先河，這『在中國，實質上是國家的一種職能』〔六〕。同時，國家通過對黄河的有效治理，爲沿黄流域人民群衆乃至其他地區人民群衆提供了重要的公共物品和産業支撑，成爲人民群衆眼中中央政府的功過評價指標之一。因此，治黄在增强沿黄各族群國家、政治、文化認同的基礎上，强化了中國大一統國家的合法性，成爲歷代國家治理能力的一個重要測度。

一、黄河治理維護了國家的社會穩定

從秦并六國到漢朝建立大一統國家，中國統一的多民族國家形成并得到初步發展。當時中央政府對所轄疆域有『北邊郡』和『内郡』之稱。内蒙古額濟納旗出土的居延漢簡有載，『豤（墾）田以鐵器爲本北邊郡毋鐵官印器内郡令郡以時博賣予細民毋令豪富吏民得多取販賣細民』，可以看出北邊郡是與内郡相對應的行政管轄區域。《史記》卷二十八『封禪書第六』載：『上乃遂去，並（并）海上，北至碣石，巡自遼西，歷北邊至九原。』〔七〕。《史記》卷三十『平準書第八』載：『天子北至朔方，東到太山，巡海上，並（并）北邊以歸。』〔八〕司馬遷多次提及北邊，足見統治者對北邊治理的重視。

漢武帝時，齊人延年提出從今内蒙古引黄河水經今北京一帶，向東注入渤海，以衛北部邊疆。『是時方事匈奴，興功利，言便宜者甚衆。齊人延年上書言：「河出昆侖，經中國，注勃海，是其地勢西北高而東南下也。可案圖書，觀地形，令水工準高下，開大河上領，出之胡中，東注之海。如此，關東長無水災（灾），北邊不憂匈奴，可以省隄（堤）防備塞，士卒轉輸，胡寇侵盜（盗），覆軍殺將，暴骨原野之患。天下常備匈奴而不憂百越者，以其水絶壤斷也。此功壹（一）成，萬世大利。」』[九]《史記》卷二十四『樂書第二』載：『天馬來兮從西極，經萬里兮歸有德。承靈威兮降外國，涉流沙兮四夷服。』[十]如今，包頭地區出土了『四夷盡服』瓦當，出土文物與傳世文獻的呼應，成爲黄河治理維護祖國北部邊疆穩定的見證。

《史記》卷三十『平準書第八』載：『嚴助、朱買臣等招來東甌，事兩越，江淮之閒（間）蕭然煩費矣。唐蒙、司馬相如開路西南夷，鑿山通道千餘里，以廣巴蜀，巴蜀之民罷焉。彭吳（吴）賈滅朝鮮，置滄海之郡，則燕齊之閒（間）靡然發動。及王恢設謀馬邑，匈奴絶和親，侵擾北邊，兵連而不解，天下苦其勞，而干戈日滋。』[十一]清代《汾陽縣志》卷十三『藝文』收録曹學閔《開修黄蘆嶺車路紀德政碑記》，上載：『永寧州，界連西陲，北達邊外歸綏諸路，商賈遠貿粟麥，泛皮船隨黄流南下，聚于州西磧口，一府之民仰利賴焉。而東至太原，南抵平陽，州縣凡二十餘，亦視汾爲橐籥，蓋所繫非特一方生計矣。』[十二]民國時期，東北淪陷後，開發西北刻不容緩，而『黄河中游之水利，自應加以擴充及整理，藉（借）收桑榆之效，以挽狂瀾於（于）萬一』[十三]。

因黄河流域自然條件優越，歷朝歷代都十分重視對此地的開發，通過强有力的國家干預方式推動各類産業的發展，爲中國北部疆域的形成和社會穩定奠定了基礎。

二、民族交往、物資交流、技術轉移促成黃河治理共同體

《史記》卷十五『六國年表第三』載：秦始皇三十三年（前214），『築長城河上，蒙恬將三十萬』[十四]。這數十萬人中，擁有一技之長的人員不在少數。由此，邊地人口不斷增多，而豐富的物産則促進了商品交流與統一市場的形成。西漢《鹽鐵論・力耕第二》記録了『异物内流』的情形：『是以鸁（騾）驢馲駞（駝），銜尾入塞，驒騱騵馬，盡爲我畜，鼲鼦狐貉，采旃文罽，充於（于）内府，而璧玉珊瑚瑠（琉）璃，咸爲國之寶。』[十五]此後，黃河北岸的『鸁（騾）驢馲駞（駝）』『驒騱騵馬』『鼲鼦狐貉』『采旃文罽』與西南織錦、中原麻織、農作物等物資相互交流，逐步形成統一的國内大市場，加强了邊疆與其他地區的經濟聯繫，促進了邊疆特色産業的發展。

隨着民族交往交流交融的增强，清代以降，黃河流域内蒙古段輸入到内地的也不僅僅是『异寶』了。《綏遠通志稿・水路》載：『自乾隆以還。口外墾殖日廣。民殷物阜。出境之油、糧、鹽、鹼（碱）、甘草各貨。入境之日用雜貨。山西與歸綏往來之商運。凡經河路者皆以托屬河口爲唯一之碼頭。』[十六]從清乾隆年間到民國時期，由内蒙古經黃河運到山西的貨物有糧、油、鹽、碱、藥材、皮毛等，其中以糧油爲最大宗。糧食品種主要有糜黍、穀子、高粱、豆類及玉米、大小麥

等，油料主要是胡麻。内蒙古供貨支綫有從阿拉善盟阿拉善左旗吉蘭泰鹽池到山西吕梁市磧口鎮的運鹽駝路，五原縣、臨河區一帶各大幹渠的運糧水道，杭錦旗、達拉特旗的甘草馱運綫，鄂托克旗的運碱駝路。内蒙古段各條支綫以供貨爲主，山西段若干支綫以運銷爲主。

《臨縣志》載：『清朝乾隆至民國年間，陝、甘、綏、蒙等地的物資，通過此航綫運達磧口，再用牲口馱運到離石、吴城，轉運至東路（汾、平、介、孝等縣）。據民國 20 年（1931）統計，每年從綏遠磴口航至磧口的貨船不下 4000 餘艘』，『是陝、甘、綏、寧與晋西北物資集散之重鎮』。〔十七〕可見，内蒙古在甘肅、寧夏與陝西、山西等沿黄上下游物資交易中起到了重要的聯結作用；同時也吸引了山西、陝北、河北、山東、甘肅等地的農民遷移至此，并將開渠打壩、引水澆地等農業生産技術、手工技術和商業貿易經營方式帶到這裏。他們在此扎根，除了從事農業生産外，還挖甘草、下窑背炭、在黄河上拉船、在沙漠中拉駱駝、打短工放冬羊、開碾磨油坊，等等。不同地域、不同民族的人們合力修築河渠、引水興業，逐漸形成休戚與共的共同體。其間積纍的産品交易、商業管理、社會治理等方面的經驗，在今天依然有借鑒意義。

清代『首重治河，探河源以窮水患』〔十八〕，但更深層次的考量是『宣揚大一統及增强國家認同』〔十九〕。黄河流域人口基數大、分布廣，而全流域治理理念將不同地區、不同民族的人們凝聚成命運共同體，而『大一統』理念正是這一治理實踐的核心主題。

三、黄河流域拓展了中國的發展空間

早期統治者因巡幸及邊防建設所需，統籌管理沿黄河運與秦直道等沿黄馬道，維持着中央政府對北邊的有效治理。河套平原引黄渠道的建設爲秦漢王朝屯田事業提供了基本的水利保證，并將這些區域變成防禦北部邊患的大後方與根據地。于是，沿黄馬道、沿黄河運與萬里茶道、草原絲路等陸路運輸聯通起來，促進了中華文明與其他文明的交流互鑒，拓展了新的發展空間。

新中國成立之後，沿黄各族兒女在中國共産黨的領導下團結合作、艱苦奮鬥，實現了大河安瀾。黄河流域建立起行之有效的防洪抗汛機制，支撑着沿岸的産業發展，改善了周邊生態環境。當代治黄史證明，正是由于中國共産黨的正確領導以及集中力量辦大事的制度優勢，纔從根本上減輕了河患的威脅。進入新時代，黄河流域在築牢安瀾根基的同時，以蓬勃活力拓展着中國的發展空間。沿黄九省區在協同發展中不斷釋放潛力，讓黄河流域成爲國家區域協調發展戰略中不可或缺的重要一極，爲中國的發展源源不斷地注入新動能。

綜上所述，黄河流域的治理不是單純的河道治理、生態環境治理或社會治理，而是一種關涉水、沙、産、人四者關係的系統性、協同性治理，是推動國家可持續發展的動力，也是厘清國家治理與邊疆治理兩者動態交互實際效果的絶佳視角。而黄河工程等『中國本土理論資源、學術積纍』〔二十〕，有助于研究國家治理的演進歷程。進入新時代，黄河治理與國家治理的關係研究不斷開闢新視角、持續涌現新成果，其中鑄牢中華民族共同體意識、邊疆治理與黄河流域生態保護和高質量發展成爲非常重要的研究視角。因此，基于這一角度搜集整理黄河國家治理文獻，意義重大。《黄河國家治理文獻集成》，應運而生。

本叢書系統梳理了黄河治理的歷史脉絡與經驗，既爲新時代黄河流域生態保護和高質量發展提供了歷史鏡鑒，更以文獻爲載體，傳承了治理智慧、凝聚了民族力量，是服務國家發展戰略、鑄牢中華民族共同體意識的重要學術實踐。

《黄河國家治理文獻集成》編委會

二〇二五年一月

〔一〕韓建業：《中華文明的起源和形成》，載《中華民族共同體研究》2022年第4期，第80–91+172頁。

〔二〕中共中央馬克思恩格斯列寧斯大林著作編譯局：《馬克思恩格斯選集》第二卷，人民出版社，2014年，第240頁。

〔三〕嚴文明：《黄河流域文明的發祥與發展》，載《華夏考古》1997年第1期，第49–54+113頁。

〔四〕（漢）班固：《漢書》卷二十九『溝洫志第九』，中華書局，1964年，第1692頁。

〔五〕（漢）司馬遷：《史記》卷六『秦始皇本紀第六』，中華書局，1963年，第252頁。

〔六〕冀朝鼎：《中國歷史上的基本經濟區與水利事業的發展》，朱詩鰲譯，中國社會科學出版社，1981年，第7頁。

〔七〕（漢）司馬遷：《史記》卷二十八『封禪書第六』，中華書局，1963年，第1398-1399頁。

〔八〕（漢）司馬遷：《史記》卷三十『平準書第八』，中華書局，1963年，第1441頁。

〔九〕（漢）班固：《漢書》卷二十九『溝洫志第九』，中華書局，1964年，第1686頁。

〔十〕（漢）司馬遷：《史記》卷二十四『樂書第二』，中華書局，1963年，第1178頁。

〔十一〕（漢）司馬遷：《史記》卷三十『平準書第八』，中華書局，1963年，第1420-1421頁。

〔十二〕（清）方家駒修，（清）王文員纂：《汾陽縣志》卷十三『藝文』，清光緒十年刻本，第57-58頁。

〔十三〕王華棠、劉錫彤、吴樹德：《黄河中游調查報告》，華北水利委員會編印，1934年，第1頁。

〔十四〕（漢）司馬遷：《史記》卷十五『六國年表第三』，中華書局，1963年，第758頁。

〔十五〕王利器：《鹽鐵論校注》，中華書局，1992年，第28頁。

〔十六〕綏遠通志館：《綏遠通志稿》第十册，内蒙古人民出版社，2007年，第176頁。

〔十七〕臨縣志編纂委員會：《臨縣志》，海潮出版社，1994年，第273、321頁。

〔十八〕趙爾巽等：《清史稿》卷一二六『河渠一』，中華書局，1977年，第3715頁。

〔十九〕劉惠：《乾隆朝重構黄河河源的實踐與國家認同》，載《清華大學學報》（哲學社會科學版）2018年2期，第147-154+195頁。

〔二十〕許耀桐：《當代中國『治理』概念的演進探析》，載《國家現代化建設研究》2023年3期，第100-111頁。

出版前言

黄河，中華民族的母親河，她不僅孕育了中華文明，更見證了中華民族數千年的發展歷程。習近平總書記深刻指出：『從某種意義上講，中華民族治理黄河的歷史也是一部治國史。』這一重要論述，爲新時代黄河文化的保護傳承以及流域治理提供了根本遵循，也深刻揭示了黄河治理在國家發展和民族復興進程中的核心地位。在學習貫徹習近平新時代中國特色社會主義思想，積極響應國家黄河流域生態保護和高質量發展重大戰略，大力推進北疆文化建設的背景下，《黄河國家治理文獻集成》的編纂出版，具有重要的歷史意義、學術價值與現實指導意義。

黄河治理，自古以來就是國家的頭等大事。從遠古時期大禹治水，到當代運用科學技術進行系統治理，中華民族在數千年的時間裏，積纍了豐富的治河經驗，留下了浩如烟海的文獻遺産。《黄河國家治理文獻集成》收録了元代至民國時期古籍、朱批奏摺、期刊圖片等多模態文獻資源。這些文獻内容豐富、維度多元，既包含記載河工技術、治理方略等的專書，又有漢文朱批奏摺、工程檔案以及不同區域的調查研究報告等。民國時期的文獻則標志着現代水利科學開始融入黄河治理，展現了我國水利事業在時代變革中的創新與發展。近代照片的收録則以更加直觀的方式將黃河治理、黃河沿岸的風貌呈現給讀者。

該文獻的出版，不僅是對瀕危黃河文化遺産的及時搶救與保護，更是對我國水利史、國家治理史、邊疆治理研究學術鏈條的重要補充，具有較高的文獻價值和學術意義。尤爲重要的是，這一集成工作，深度契合鑄牢中華民族共同體意識這一全黨全國各族人民的共同任務。各民族在治理黃河的歷史進程中，緊密協作、共同探索，這些珍貴文獻便是各民族交往交流交融和中華文明認同的生動見證。對這些文獻進行整理出版，能够讓各族人民更加深刻地認識到，在歷史長河中，各民族共同爲黃河治理貢獻了力量，共同守護了家園，從而進一步增强對中華民族共同體的認同感與歸屬感，夯實鑄牢中華民族共同體意識的歷史根基。

《黃河國家治理文獻集成》以『國家治理』爲核心綫索，構建起一個全面、系統、多維的文獻體系：在時間跨度上，聚焦從元代至民國這一傳統治河向現代水利轉型的歷史時期，爲深入研究我國水利事業的發展脉絡提供了清晰的時間坐標；在内容分類上，細緻劃分爲技術專著、工程檔案、區域研究、朱批奏摺、科學報告、圖片等類别，涵蓋黃河治理的各個方面，從不同角度展現了我國在黃河治理上的探索與實踐；在版本選擇上，秉持嚴謹、科學的態度，確保文獻内容的準確性與代表性，爲學術研究奠定堅實基礎。

在編纂過程中，叢書特别注重『全流域治理』的理念，不僅收録了有關下游防洪治河的重要文獻，還涵蓋了中游地區水土保持以及上游地區灌溉開發等方面的珍貴記載。這種對黄河全流域治理的全方位關注，與當前『共同抓好大保護，協同推進大治理』的要求高度契合，充分體現了叢書在傳承歷史文化遺産的同時，緊密服務于當代國家發展戰略的時代價值。

在出版過程中，嚴格保持原書的版式與行款，最大程度地還原文獻原貌。對于部分出現黴變、殘缺的頁面，運用先進的數字化修復技術進行精心處理，在保留原始批注與印章痕迹的基礎上，兼顧了文物的真實性與文獻的可讀性。

此外，爲了更好地服務讀者，方便學術研究，本叢書新增了目録、提要等内容，這些新增部分由編委會精心撰寫。新增目録一般編製二級，個别圖書編製三級；原書有目録而内文無對應標題的，根據原書目録照録；原書目録爲關鍵詞或者其他情况的不編製目録；原書目録與内文不一致的，以原書内文爲準；原書無目録的，按卷端、版心或其他部分輯録；一册書中收録多種圖書的，以書名爲一級標題，編製二或三級。在文字使用上，統一使用現代漢語規範繁體字，對于原版文獻中的异體字、避諱字也使用現代規範繁體字，無對應規範繁體字的保留原字。

《黄河國家治理文獻集成》的出版，是對黄河文化遺産的一次系統性、搶救性保護，具有重大而深遠的現實意義：從學術價值層面來看，叢書成功構建起一座連接傳統與現代治黄文獻的橋梁，爲黄河流域生態保護、水利工程史、國家治理史、邊疆治理、中華民族共同體學等多個領域的學術研究提供了豐富、翔實的基礎文獻，有力推動了相關學科的發展與創新；從文化價值角度而言，生動展現了北疆文化與黄河文化在歷史長河中的交融共生，爲内蒙古『北疆文化』品牌建設提供了堅實的文獻支撑，進一步豐富了中華文化的内涵與外延；從實踐價值方面考量，書中所藴含的治河理念爲我們在新時代背景下實現人與自然和諧共生、推動黄河流域可持續發展提供了寶貴的歷史經驗與智慧啓示。

在此，我們要衷心感謝各藏書機構的大力支持，正是他們提供了珍貴底本資源，纔使得本叢書的編纂出版成爲可能。同時，我們也要向文化遺産智能應用服務中華民族共同體建設『英才興蒙』團隊致以崇高的敬意，他們歷經五年的辛勤耕耘，以嚴謹的治學態度和專業的學術素養，對文獻進行了系統的整理和輯録，爲叢書的内容質量提供了堅實保障。此外，我們還要特别感謝内蒙古自治區黨委宣傳部、内蒙古出版集團將本叢書納入『北疆文庫』重點項目，并在出版過程中給予全方位支持與幫助。

我們衷心期待，這套凝聚着無數心血與智慧的《黄河國家治理文獻集成》，能够在新時代的『黄河大合唱』中奏響歷史的强音，爲黄河流域生態保護和高質量發展注入强大的歷史動力，讓黄河文化在保護中傳承，在傳承中創新，在創新中不斷發展，綻放出更加絢爛的光彩。同時，希望這套叢書能够成爲促進各民族文化交流、鑄牢中華民族共同體意識的重要載體，助力各民族更加緊密地團結在一起，共同爲實現中華民族偉大復興的中國夢而努力奮鬥，讓中華民族共同體意識在黄河文化的滋養下，扎根于每一位中華兒女的心中，成爲推動中華民族不斷前進的强大精神力量。

提要

《灌溉工程設計參考手册》，李新民撰，一九四八年水利部出版機構出版。

全書共二十八章，系統闡述自流灌溉工程的設計原理與方法。主要内容包括基本概念、灌區農業條件、需水與供水分析、水源（蓄水）、排水、配水施水、灌溉規劃、水量計算、溢流與孔流計算、明渠水流計算、水頭損失計算、滲流與板樁分析、消能措施、渠系規劃、渠道泥沙問題、渠道斷面設計、引水工程布置、蓄水壩、引水壩、水閘、防淤工程、泄水工程、輸水工程、交叉工程、配水工程、閘門及啓閉設備等。該書體系完備，爲研究民國時期灌溉工程技術的體系架構、設計標準及工程實踐提供了重要史料。

目録

再版序

昔太史公著史記，創爲河渠書，記渠者十二。所記戰國以前六渠，皆可行舟，有餘則用溉浸，百姓享其利。其所過，往往引其水益，用溉田疇之渠，以萬億計，支分派別不可細數也。厥後西門豹鄭國亦以引水穿渠建績。至漢則渠轉槽，溉田或利或否，故太史公曰：甚哉，水之爲利害也。余以爲利害在設計，設計而當，宜無不利。古之設計若何，多不可考。今則科學振興，機械日進，歐美灌溉之盛，昭昭可鑑。在乎準國情，度財力，善用之而已。灌溉工程設計參考手册經原編撰者，參照新近留美所蒐集之資料，從事增編，綱目略有調整，內容多予重寫。除仍由李技正新民負責執筆外，書中第廿四至廿八等五章，係由林技正國璋担任重寫，全部例圖係由周實習員平明，呂實習員善瑞担任繪製。全書並經須技監愷，蔡司長邦霖，楊司長乃俊校核，內容益見充實。再版有日，請序於余，爲書數語於其端，而慨然有望於灌溉事業之漸能與戰國以前及歐美諸國比隆焉。

民國卅七年十月　　　解梁薛篤弼序於水利部

初版序

我國以農立國，經濟基礎，建自農業，必使瘠壞化為膏腴，農產收獲豐稔，方足以充裕民生，奠定國本。而致此之道無他，厥在興水利，資灌溉而已。我國之有水利灌溉，遠在二千年前，惜建造方法無詳明之記載，因襲不易，民元以後，各地渠工，悉已取法近代灌溉學術，效用之宏，頗為昭著。目前勝利在望，復員之後，全國灌溉事業，行將大量展開，工程設計，宜有適宜資料，用資參考。本會工務處蔡技正兼科長邦霖，主管農田水利工作，有鑒及此，特請李技士新民選擇國內近代各灌溉工程之優良設計圖說，並參照美，印各國灌溉學術，針對我國現時特殊環境，編輯成書。取材豐富，舉例顯明。堪為從事灌溉工程人員設計參考之需。爰由本會予以刊印，用備參考：如蒙

海內外賢達專家不吝指教，期成完善，不惟蔡、李諸君之企禱，抑亦水利界之至幸。是為序。

民國三十三年十二月　日　　薛篤弼序於行政院水利委員會

編　例

(一)本手册之編纂，在闡述成體系之灌溉工程學理並細論應用之道，俾從事工程設計者有所依循，技術標準乃可望提高。

(二)取材力求廣泛，主體則從單純，本手册之論列，悉以自流灌溉之工程爲限，以其費省效宏，在國內施用最廣，而各省送請中央審核者亦以此項工程設計最多，自應儘先編撰專著以應各方之需要。

(三)本手册以二十萬言之簡編，闡述自流灌溉工程之一切設計問題。所論者既屬於水利工程，乃偏重水工設計。至純屬土木工程之結構設計僅酌予扼要之提示，蓋一般之土木工程學理頗不乏專著也。

(四)細部設計之說明，重在學理之闡揚，公式之推荐，每先述其淵源，可便活用，而利舉一反三。

(五)附圖所用單位。除另有註明者外，均以公分作單位，術語之譯名大致依照前經濟委員會水利處所編之水利工程名詞草案，亦有由編者擬定者，均酌附原文，以資對照。

(六)公式之順序，在各章中自成系統，例如：式(1)即指本章中之第(1)式；式十二(3)則爲第十二章中之第(3)式，餘類推。

重要參考書目

一、全國經濟委員會水利處編水利工程設計手册。
二、汪胡楨主編中國工程師手册。
三、杜鎮福著灌漑工程。
四、劉德潤編著普通水力學。
五、張含英著水力學。
六、鄭肇經著河工學。
七、中國水利工程學會水利月刊。
八、陝西水利季報。
九、全國經濟委員會水利處編水利工程名詞草案。
十、Design and Constructon HandBook, By U. S. Bureau of Reclamation.
一一、American Civil Engineering Handbook, by T. Merriman. 1930.
一二、Civil Engineering Handbook, by L. C. Urquhart. 1940.
一三、Handbook of Hydraulics, by H. W. King. 1939.
一四、Handbook of Applied Hydraulics, by Calvin Vietor Davis. 1941.
一五、Irrigation Practice and Engineering, by B. A. Etchevery. 1913.

參考書目

一六、Irrigation Engineering, by Davis and Wilson. Seventh Eddition.

一七、The Practical Design of Irrigation Works, by W. G. Bligh. 1927.

一八、Irrigation, by Ellis.

一九、Practical Irrigation, by M. R. Lewis. 1943.

二十、A Report on a Study of Indian Irrigation Works, by W. M. Williams. 1936.

二一、Annual Report (Technical) of the Central Board of Irrigation, India. 1934–1941.

二二、Annual Report of Work Done, Central Irrigation and Hydrodynamic. Research Station, Poons. 1937–1940.

二三、Irrigation Principles and Practices, by O. W, Israelsen. 1932.

二四、Hydraulics, by Schoder and Dawson. 1934.

二五、Hydraulics of Open Channels, by Boris A. Bakhmeteff. 1932.

二六、Fluid Mechanics, by Dodge and Thompson, 1937.

二七、Earth Dam Project, by Justin. 1932.

二八、Design of Weirs on Permeable Foundations, by Khosla, Bose, and Taylor. 1936.

二九、Elementary Mechanics of Fluid by Hunter Rouse. 1946.

參考書目

三十、Regime Diagrams for the Design of Canals and Distributaries, by G. Lacey. 1938.

三一、Regime Flow in Incoherent Alluvium, by Lacey. 1939.

三二、Soil Mechanics, by D. P. Krynine. 1941.

三三、Engineering for Dams, by W. P. Creager, J. D. Justin and J. Hinds, 1944.

三四、Water Power Engineering, by H. K. Barrows, 1943.

三五、Hydraulics of Steady Flow in Open Channel, by S. M. Woodward and C. J. Posey. 1941.

三六、Low Dam, by National Resources Committee.

三七、Proportional Silt Distribution at the Heads of Canals and Distributaries in Sind, by Kahal and Hirannadand. 1941.

三八、本會所存國內灌溉航運等工程計劃數十種及有關之報告，短文等資料，以極繁瑣，不能一一備述，併此誌感。

灌溉工程設計參考手册目錄

第一編 概論

第二編 應用水力學

第三編　渠道論

第四編　建築物

灌溉工程設計參考手册

第一編　概論

第一章　基本概念

(一)定義與範圍

所謂灌溉者，乃利用人爲方法供給水量，以利農作物生長之稱謂；此項供給水量所憑藉之工程，即謂之灌溉工程。灌溉之功用，在補助種植期間天然雨降之不足，保障農作物之生長與豐收。

灌溉之方式可大別爲二類：凡所引用之水源具有相當之高程，其水流可循地心吸力自流入於農田者，謂之自流灌溉；反之，即謂之提水灌溉。後者乃指水源地勢太低（包括河流，湖泊及地下水等），水流不能循地心吸力以流入農田，而必須使用抽水機，或他種方式，提水以升高其位能藉資澆灌者言。

提水灌溉必須使用機械，在國內尚未有大規模之應用。自流灌溉，以其費省效宏，在國內施用甚廣，故本手册之論列暫以自流灌溉之工程爲限。

(二)灌溉工程之發展

灌溉工程之興建，通常均自可供作水源之河流所鄰近之低地發軔。初期之灌溉工程，僅有零星簡陋之溝洫。嗣後則有組合之渠道，而較大之灌溉面積亦由單一之渠系所控馭矣。

我國灌溉事業，歷史悠久，秦漢以還，代有開發。如寧夏之秦渠，漢渠，唐徠渠，各灌田可數十萬畝，四川都江堰之灌溉面積則逾五百萬市畝，迄今均尚完好。各項設施頗多與現代科學原理暗合者。惟以往昔措置，大都因沿舊習，墨守簡陋之成規，各方之實際經驗心得，既無詳明之記載，可供參考，成體系之理論，尤未予闡揚，無從遵循。故自秦迄清，二千餘年間，灌溉工程之技術甚少進步。迨民十九年，李儀祉舉辦涇惠渠於陝西省，其工程設計係取法歐美近代設施，開國內舉辦新式工程之先河，各省相繼仿效，奠定近年灌溉事業勃興之基石。

我國新式灌溉工程，多係在灌溉期間，引用河流中各月平均流量之最低者，作爲渠道容量設計之根據，俾所引之水流源源不絕，水量亦經常可恃，至於超額之高水流量則尙未加以利用。

此外，有取引洪水以資灌溉者，專施於地勢平衍之旱田(多係冲積平原)。乃在水源流量特別豐沛時，引洪漫流，深灌農田，俾土壤所含水份達成充分之飽和，耕耘時乃將水排去，以此項土壤之濕潤，下種與幼苗之生長均有把握，加以天然雨降及零星之人工澆灌，卽可維持農作物之生長以抵於成熟。此種灌溉之施用，在埃及之尼羅河畔，印度之新得省，及我國綏寧一帶黃河之兩岸，已行之歷數世紀。此項渠道引水量之多寡，係依恃河中天然水位之高低。渠底恆高出於河底，僅可爲洪水或高水所及，故其供水量殊屬不定，渠身亦每患淤塞。洪水灌溉方法，如能配合適宜之水文與地形兩項條件，經詳審之研討規劃，亦每可獲得美滿之成績。

目前灌溉事業較爲發達之處，若川陝等省，凡水源循自流方式較易到達之地帶，多經施行灌溉，而灌溉期間水源之低水流量亦幾俱經引用。嗣後自應推及於較不易到達之高地，及灌溉期間水源之低水流量所不敷灌溉之地帶。按吾國土地廣大而水源有限，除引用地下水不在論列外，僅引用河流在灌溉期間之低水流量殊嫌不足，必須兼用其中水洪水以及非灌溉期間之水流，以宏灌溉之利。故進一步之發展，厥唯蓄水是尚，自瀦蓄枯水流量以迄於瀦蓄洪水，俾得平均水源之流量，以調劑盈虛而資挹注。如斯，不惟地面水，除以一定之流量供給必要之航運外，得以全部利用，復可依據農作物之理想需水情形，予以適宜之配合，以獲取最高之效果，而臻於至善之境矣。

爲蓄水必在上游築高壩，同時可藉以開發水電，此不惟用水無礙於灌溉，復爲提水灌溉動力之來源，且水電爲利較溥，收取電費亦較收取灌溉水費爲可恃。晚近美國所辦灌溉工程，其利潤泰半出之電費，工程投資多由電費償還，頗值注意。又渠道跌水陡坡均可供利用，興辦理小型水電，以輔助農村工業。故灌溉宜與水電兼籌並顧，配合規劃，此不可不察者也。

水利之開發，宜統籌全局，應就全流域作整個計劃，蓋零星局部工程之運用恆難互相配合，用水糾紛甚多，而各項建築物，如經通盤籌劃，合併建築，則結構經濟，工款可大爲節省。故爲力求工程經濟起見，近代水利工程之發展已漸取多目標之途徑。所謂多目標者包括同一流域之防洪，水電，灌溉，整理航道，公共給水，水土保持，污水處理，放淤，洗鹼，護岸，培殖水產，美化環境等一切問題在內。總之水利建設具有整個性，不容分割，方能以最低之投資，獲取最高之效益。全流域之多目標計劃，洵爲開發水利之最高方式也。

(三)工程問題之重心

灌溉工程之部門可大別爲四，曰：蓄水，引水，輸水及配水於農田是也。世之通例，對自流渠工程，均特別著重其引水部門，稱之謂渠首工程，以其關乎引水量之是否敷足及下游各項工程之安危，實爲整個灌溉工程之成敗樞鈕也。吾國以水文地理之特殊，河流含沙量之嚴重舉世無可比擬，各項規劃更應針對本身之特性，深思熟慮，愼審處理。如何把握高度含沙問題，作有系統之合宜處置，尤爲我國水利工程師所應特別警覺者也。

第二章　農業條件

人工灌溉之施用，在補助天然雨降之不足，以利農作物之生長。農作物生長茂盛所依恃之因素，除水以外，尙有土壤，肥料，氣候等數項，均應細加研究，俾灌溉之施用，確可獲致美滿之農業成就。

依照農業家之意見，一地之全年雨量在三百公厘以下者，謂之乾旱區，任何作物不經人工澆灌均不能生長；其全年雨量在三百至七百公厘之間者，謂之半旱區，普通旱作物，如麥穀之類，可以生長，為求豐收，仍須視需要，酌施人工澆灌；全年雨量在七百公厘以上之地區謂之潮濕區，普通旱作物恆可順利成長，無需人工灌溉。如種水稻，則仍須酌施澆灌。實際即至多雨地帶，灌溉亦每屬有益，因雨量之分配恆難適符農時。在乾旱時期，淺根作物之生長即大受影響。作物之生長如因缺水而受阻，農產量恆將減少。

在未有外界之水，包括雨水與灌溉用水，施於農田時，作物純恃吸取土壤中含蓄之水分以維生存。土壤中含蓄之水可分為三種。一種係自由水，亦可稱之重力水，因此種水係受地心吸力而流動，多指地下水言，其能否供給作物之吸收，視地下水位之高程而定。另一種為附着水，土壤中之附着水祇能由烘焙而消失，非作物所能吸收，故與作物之生長無關，可以不論。第三種為毛細管水，乃憑藉土壤顆粒間之毛細管作用，吸水上升。作物根部之在地下水面以上而能吸取充足水分，即靠毛細管水之供給。毛細管水中恆挾雜有空氣，為作物生長最理想之條件。毛細管水自地下水面上升之高程有一定之限度，約在0.6～1.5公尺之間，土壤之顆粒愈細密者，毛細管水能上升之高程愈鉅。在乾旱時期，地下水位逐漸降低，終至毛細管水不能源源供應作物之需要。水分為作物吸取土壤中肥料之媒介，作物不能吸取充足之水分，即不能獲得足量之肥料，一至枯萎點，作物即將枯謝。枯萎點指土壤中之毛細管水已為作物吸取枯竭，以致土壤中剩餘之水分已不足用以延續作物之生命。枯萎點視土壤之種類而異，大致土壤顆粒之愈粗者，枯萎點愈低。

作物之耐旱程度除視作物之種類而異外，亦頗受氣候之影響。在炎熱而乾燥之時期，如尙有大風，缺水之作物每立即遭受顯著之損害，而在陰濕之天氣，縱令土壤中之水分已耗竭而接近枯萎點，仍可無礙於作物之生長。

熱帶宜種熱帶作物，寒帶宜種寒帶作物，惟實際氣候如何，究宜種何種作物，仍難作具體之敍述，可參照當地未經灌漑而種植成功之前例辦理。至是否宜於灌漑，則須對地形，土壤與地層結構情形，作進一步之研究。

任何農田均可施以灌漑，惟地面宜有趨向一致之坡降，不宜太陡峻，亦不宜太平坦，施灌乃不致有何困難，人力與財力均可節省。最理想之坡降爲0.3～1.5%，在此種地面上，爲施灌而進行之平土工作甚微，勞力大爲節省。坡降之陡至3～5%者，施灌尙不致有多大困難，惟坡降如陡至15%則必須採用特殊之施灌方法與種植特殊之農作物。極陡之山地不宜施用灌漑，因極易造成表土之流失。在極平坦之田地，則配水與平土之工作甚爲繁重，因必須使地面十分平滑，水流乃可普及全部農田。

崎嶇不平之地（指地面之多小山與窪地以至地形複雜者言），是否宜於鏟平以便灌漑，視平土之費用與土壤之厚度而定。如土壤甚爲深厚，且水源流量有限不容浪費，則爲平土而挖填地面達數尺之多亦屬値得。如表土甚薄底層土壤缺乏天然肥料，則平土工作或將得不償失。

土壤之是否宜於耕作與施用灌溉，取決於表土之性質與地層之結構。土壤之性質可自其所含化學成分與物理結構兩方面研究之。土壤內必須含有滋養農作物之礦質物及由有機物腐爛而生之腐植土。作物須自土壤中吸取之礦質物爲鈣，鉀、燐、錳、鐵及硫磺。揆諸常情，如土壤有相當之厚度，則可供作物取用之滋養品恆甚豐富，惟腐植土或仍缺乏，而須種植適宜之作物以資補救。灌溉之施用每易惡化含鹹之情況，尤以在低地及窪地爲然，因施於高田之水及渠水，每自高地滲出，挾其溶解物逐漸沉澱於稍低之地面，以造成鹽鹼之積累也。土壤之物理性質，亦爲應予重視之因素。粘土或細密之土，吸水緩慢，施灌與耕耘均較困難。沙壤之地可作美滿之施灌，耕耘亦易。粗沙之地每患漏水太速，且缺乏作物所需之滋養品。

就地層結構言之，最佳之土壤乃表土深厚而可含蓄多量水份者，其下並承有疏鬆之地層。不透水層或硬土層接近地面在一公尺以內者，每屬有害，尤不宜於深根之作物。淺薄之表土基於卵石層上者，每缺乏作物所需之滋養品，必須時常澆灌，且易發生深層滲漏，以致水份有大量之損失。

在未經耕種地帶，表土與地層之性質，可就當地生長植物之情形，觀察得之。紫蘇與仙人掌之生長，說明土壤深厚，易於耕耘，排水情形甚佳，不含鹼鹽，富於滋養之化學品，可能缺乏腐植土。鹼水矮樹，鹼水草及其他鹼性莠草，則說明當地土壤中含有多量鹼鹽。除觀察植物外亦可挖取土樣以供分析。爲明瞭土壤之化學成分，可在多處挖取土樣，送

表1 各種作物所適於種植之土壤(待續)

作物	作物最適宜之土壤	改良方法	施肥
稻	黏土或黏質土壤		堆肥，豆餅
棉	沙壤或滓質土壤	常耕鋤，行輪作，除沙質土壤外，宜秋耕	廐肥，豆餅
小麥	粘土，滓質土壤，表土宜深厚	施豆灰，行輪作，施有機肥料	堆肥，人糞尿，草木灰過磷酸石灰
大麥	粘土，沙壤	深耕行輪作，排水應佳，施少量石灰	豆餅，堆肥石灰
粟	沙壤		綠肥，人糞尿
玉蜀黍	壤土最相宜，輕沙土重粘均宜	深耕，行輪作，排水應佳	多施有機質肥料，石灰磷肥
高粱	壤土，沙壤，粘土	深耕	堆肥，綠肥，廐肥
蕎麥	壤土，沙壤	土瘠時宜使疏鬆，排水應佳	施有機肥料
大豆	沙壤，粘壤	深耕，排水應佳，施微量石灰宜與棉花及玉蜀黍行輪植	過磷酸，石灰，草木灰
豌豆	粘土，壤土	深耕，施微量石灰	過磷酸石灰，草木灰，缺腐植土者宜施有機肥料
綠豆	粘土，壤土		堆肥；草木灰
蠶豆	壤土之富於腐植土者	常耕鋤，宜施有機質肥料	骨肥，廐肥，草木灰
馬鈴薯	壤土沙質或滓質壤土最忌粘土	秋耕，排水應佳，行輪作	廐肥，鉀肥，忌石灰
大麻	砂質壤土	排水應佳	豆餅最佳，人糞尿，堆肥草木灰
黃麻	肥美沖積土最宜		人糞尿，豆餅，草木灰堆肥
甜菜	土壤宜深厚，忌沙土	深耕，行輪作	廐肥，智利硝石骨粉，缺石灰地宜施少量石灰
甘蔗	粘土壤土	排水，施有機肥料	人糞尿，花生餅，綠肥，磷肥，忌多施廐肥，沙土地施鉀肥

表1　各種作物所適於種植之土壤(續前)

作物	物作適最宜之土壤	改良方法	施肥
落花生	砂質壤土	深耕，行輪作	人糞尿，豆餅，米糖，堆肥
茶	肥沃壤土最佳，土壤宜高燥鬆軟，表土宜深厚，含鐵鎂錳等質		人糞尿，豆餅，米糖，堆肥
甘藷	沙質土及排水甚暢之處	行輪作	堆肥，草木灰，綠肥，廄肥
胡麻	土質不論何種，以高燥爲宜		堆肥
蘿蔔	沙地，沙壤，土層宜厚	深耕、充分耕鋤	堆肥，人糞尿，豆餅，過磷酸石灰
芋	濕潤粘土，壤土		堆肥，堆肥，豆餅，草木灰，過磷酸石灰
菠菜	沙質或粘質土壤		人糞尿，過磷酸石灰
葱	粘土，粘質壤土	排水，勤耕鋤	堆肥，人糞尿，草木灰
黄瓜	粘土，粘質壤土	排水	堆肥，廄肥，豆餅，草木灰，過磷酸石灰
果類	淬質壤土	勤耕鋤	視菜類不同而異
葡萄	沙土或壤質壤		豆餅，草木灰，過磷酸石灰

至化驗室化驗。此種土樣宜取足以代表表層厚約一公尺之土壤。至爲明瞭地層結構情形，可就地鑽探；鑽探之穴洞應深至三公尺。

在何種土質之農田宜種植何種作物，可參照非灌溉區之種植情形定之。兹將普通作物所宜於種植之土壤列爲表1，以供參考。

第三章　論用水

(一)影響需水量之因素

灌溉之水，配入農田後，消失之形式可分爲四種：(一)爲作物吸收而演爲莖葉蒸發；(二)由田面蒸發；(三)形成根莖所不能吸收之地下滲漏；(三)流爲表面耗損。此四種消失之和，通稱爲農作物之需水量(Water Requirement)。水量唯用於第一種形式者，可致有益之收獲，而成功之灌溉，即在消減其餘三種水量消失之和至最低値。

根莖吸收至葉面蒸發，爲一種程序，生長之作物由是而獲取土壤中之營養料。旱作物之構成，半由炭原素，乃由葉面作用自空氣中攫取二氧化碳氣而成，餘則藉水份溶和礦質及磷原素而成。土壤中之水份，使礦質得以溶解，而爲作物之根莖吸入其內部。水份復藉葉面蒸發而逸入空中；故土壤如富於有益之礦質，即肥料充足，則所需之水份較少。苟其餘條件相同。葉面蒸發之水量，每隨土壤之濕潤，陽光，氣温及空氣之乾旱程度而有增加。大體言之，葉面蒸發所耗之水量與作物成長之重量可適成比例。

田面蒸發之量，視其濕度而異。水份飽和之土壤，其蒸發量幾與水面蒸發同。土壤之蒸發量，視土質而異，顆粒較細之土壤，其毛細管作用較強，因而蒸發量較大，耕耘則可減少其量，作物覆蓋於田面後，田面蒸發亦爲之減少。如其餘條件相同。蒸發量隨土壤濕度，空氣乾旱之程度，氣温及風速，而有增加。據粗略估計。旱田之田面蒸發量，約佔灌溉總用水量之百分之十至十五。

如灌溉之水量，適符作物之所需，則水流不致滲漏至甚深之地層，就通常之情形言，滲漏之損失約佔灌溉總用水量之百分之二十至百分之七十五。此項損耗，隨土壤之空隙度而增加之。

渠道及田內之滲水，可抬高地下水位，終於返回至地勢稍低之河溝，此項回水每可再加利用，以灌溉其他田畝，惟以其常浸染有多量之鹽鹼礦質，或於灌溉不相宜耳。

表面耗損，乃指灌溉水流之形成地面逕流，而未爲農田所利用者言。欲完全避免此項耗損，幾爲不可能之事。表面耗損若僅佔灌溉總用水量之八至十五者，慣例可以容許。灌溉管理不慎，耗損之量自將超出此數甚多，概言之，此項耗損每隨所灌農田之傾斜坡度而加增。

(二)需水量：

灌區農作物之需水量，爲草擬灌溉計劃所必需搜集之資料。妥善之規劃，必須根據灌溉地區以內所有農作物需水量之多寡，有效之雨量，水源流量情形及可予灌溉溉之農田面積等，以決定灌溉率(Duty of Water)。所謂灌溉率，乃指施用於農田之水量與灌溉面積間之關係而言。可用三種不同之方式敍述之：(甲)最通用者，爲單位流量所能灌溉之面積，如每秒公方可灌田若干萬市畝；(乙)爲一造灌溉期(One Irrigation Season)內，灌溉一畝田地需用若干畝公尺容量之水；(丙)爲一造灌溉期內施於農田之灌溉水深，（以公厘作度量之單位），前者便於決定天然河流不加蓄水所能灌溉之面積，亦指出渠道應有之容量，惟當水源係取諸蓄水庫時，則後二者便於根據已有之蓄水容量，決定所能灌溉之面積。(是項蓄水容量，應以畝公尺或畝公分作度量之單位)。

灌漑率一詞，包含二種不同之範圍；一曰淨灌漑率（Net Duty）乃指水量之實際施於農田者；二曰毛灌漑率（Gross Duty），乃指水量必須自河流中引用，或瀦蓄於水庫中，俾水流流至農田後，仍有足夠之水量以滿足淨灌漑率之要求。此則應包括水量輸至農田以前之蒸發，滲漏等項損失。

需水量指農作物所需之最佳水量——即種植面積相同而能獲致最多農產品所需施用之水量。灌漑率則須配合有效之雨量，水源之流量，並就水之經濟利用及農作物之分種情形，調整灌漑水量之多寡。在國外，需水量一詞習用於農業界，灌漑率一詞則習用於工程界。吾國各工程計劃中甚少引用「灌漑率」，習以「需水量」籠統代表之，似覺含義糢糊，不甚相宜。

世人對作物之需水量問題，曾經廣博之研究與試驗，並提出甚多極有價值之資料，惟影響作物需水量之因數甚多，同一作物之需水量亦隨之而生鉅大之變化，殊難作肯定之敍述。茲將各項資料，擇其要者，彙輯爲表2，以供參考。

國內所作需水量試驗之對象，多爲棉，麥，及水稻，以其栽種面積最廣，實爲我國之主要農產品，亦即灌漑計劃中所應妥善處理者。茲特蒐集西北農場，中山大學，及模範灌漑局所作試驗之結論，分別列述如下。此項試驗，創始未久，完善之工作成績，尙有待進一步之努力。

（甲）涇惠渠灌漑區小麥灌漑試驗之結論。

（1）灌漑時期，以灌漑三次，即播種前一次，十二月

表2 農作物之需水量

作物	需水量（公厘）	土質	生長時期	地點	備註
小麥…	381	黃土	十月至五月，下種時澆水一次，立冬清明，立夏各澆水一次	陝西	涇惠渠農場記錄
春麥…	381	普通粘土		美國Idaho	
冬麥…	203	仝上	四月初至八月底	仝上	
小麥…	711	沙壤與粘土		美國Nevada	
棉…	304	黃土	六月至九月	陝西	涇惠渠農場記錄
	269			印度Punjab	
	646			美國	Briggs氏試驗
稻	700			陝西	涇惠渠農場
熟秈稻	907－917		六月初至八月中	江蘇吳江	模範灌溉渠記錄
熟秈稻	1708			安徽鳳陽	
稻	1219－1524	粘土		美國California	
	982	土層滲漏 34公厘	五月底至九月底	雲南	中央農業試驗所記錄
	2550	土層滲漏1943公厘	六月初至十月初	四川	四川農業改進所記錄
	1001	土層滲漏 171公厘		湖南	中央農業試驗所記錄
玉米	368－485			陝西	涇惠渠農場記錄
穀類	86			印度Punjab	Kennedy氏試驗
	441			美國	Bark氏試驗
高粱	332			美國	Briggs及Shantz試驗

初旬一次，四月中旬一次爲最佳。灌漑四次，即播種前一次，十一月中旬，十二月中旬，與四月中旬各一次爲次佳。不灌漑者爲最劣，其產量恆低於百分之二十以上。氮肥以每畝施用硫酸亞四市斤至八市斤(合棉籽餅七十斤至一百三十斤)爲適宜。

(2)灌漑水量以每次灌漑一百公厘爲宜。

(3)灌漑之次數及水量增多，則陡增麥桿之產量，且有減少麥粒產量之趨勢。

附註：小麥休眠期間，十月至二月之總雨量，在民26—27年間，爲315公厘，在民27—28年間，爲108公厘。

生長期間(三月至五月中旬)之總雨量，在民27年，爲75公厘，在民28年爲60公厘。

(乙)涇惠渠灌漑區棉作灌漑試驗之結論：

(1)期距試驗——每隔十日與每隔三十日灌漑一次(每次灌漑均爲一百公厘)，棉籽與棉桿之產量，均無統計上之差異，換言之，每隔三十日灌漑一次，不致引起產量之損失。

(2)需水量試驗——期距均爲十五日，灌漑量六十公厘與一百四十公厘，對棉籽與棉桿之產量，並未產生統計上之差異。換言之，在棉作物生長期間，若每隔十五日灌漑一次，灌漑量六十公厘，亦不致減低產量。(總灌水量合五百四十公厘)。

(3)冬期灌漑試驗——冬期灌漑四次與不灌漑，對棉籽與棉桿之產量，無統計上之差異。祇要在種植時期，土壤中有使棉籽發芽與出土之充足水份，及生長期間合宜之灌溉，冬期灌溉與否，不致減少產量。

（4）灌溉（水量與時間）及氮肥聯繫試驗——各區均以灌溉次數較多，且灌溉水量較豐者爲佳，氮肥之施用量，若用棉籽餅，則以用一百斤至一百五十斤爲最經濟。

附註：棉作生長期間，總雨量（六月至九月）在民27年爲97公厘，在民29年爲290公厘。

（丙）廣州區水稻灌溉試驗之結果：

中山大學曾在廣州辦理水稻試驗，以粵省稻田多行複耕制，早稻自插秧至收獲需要時約十五週，即一百零五日。晚稻較久，約十七週，即一百一十九日。研究結果，得早稻之需水量，計葉面蒸發量174.10公厘，田面蒸發量222.20公厘。滲漏量66.30公厘，合計462.60公厘。晚稻需水量，計葉面蒸發量179.00公厘，田面蒸發量254.20公厘，滲漏量189.60公厘，合計622.80公厘。其中葉面蒸發量，在插秧後第七至十一週爲最多，佔全量百分之六十七至七十八；田面蒸發量則在插秧後至發育初期之五週間最盛，約佔全量之百分之五十六。滲漏量視土質而異。每造插秧之前，應另有肥田用水約三十至九十公厘。

（丁）吳江實驗場水稻灌溉試驗之結果：

前建設委員會模範灌溉局，曾在吳江作水稻需水量試驗。以每十日灌溉一次，每次給水十二公分爲最佳。其記錄如次：在民國二十三年，中熟秈稻需水期爲七十七日，是期有效雨量爲60.20公厘，人工供水深度爲847.16公厘；詳見表

表 3　吳江民國二十三年中熟秈稻灌溉水量
試驗結果(公厘)

週次	日期	葉面蒸發	田面蒸發	滲漏量	灌溉全量	人工灌溉水量	有效雨量
1	6, 8—14	2.45	14.74	8.76	25.95	17.75	8.20
2	15—21	1.86	23.34	15.69	41.89	38.89	3.00
3	22—28	1.49	42.41	16.92	60.82	57.32	3.60
4	29— 7,5	37.96	38.71	22.87	99.54	99.54	—
5	7, 6—12	56.53	25.00	40.46	121.99	121.99	—
6	13—19	52.78	13.67	25.26	91.71	90.71	1.00
7	20—26	44.43	14.93	12.31	71.67	47.27	24.40
8	27— 8,2	62.46	6.21	12.40	81.07	80.37	0.70
9	8, 3— 9	53.35	5.07	12.94	71.36	69.06	2.30
10	10—16	66.40	31.04	24.92	122.36	105.36	17.00
11	17—23	53.16	38.78	25.96	118.90	118.90	—
合計	77天	432.87	254.90	219.40	907.26	847.16	60.20
百分比		47.70	28.10	24.20	100 00	93 37	6.63

表 4　吳江民國二十四年中熟秈稻灌溉水量
試驗結果(公厘)

週次	日期	葉面蒸發	田面蒸發	滲漏量	灌溉全量	人工灌溉水量	有效雨量
1	6, 1— 7	4.41	31.12	24.30	59.84	45.84	14.00
2	8—14	9.19	26.85	28.40	64.45	64.45	—
3	15—21	15.46	33.86	60.08	109.40	78.10	31.30
4	22—28	21.78	16.65	23.55	61.98	9.88	52.10
5	29— 7,5	20.36	16.13	20.31	56.80	2.60	54.20
6	7, 6—12	36.49	7.00	29.81	73.27	73.27	—
7	13—19	65.98	11.80	25.34	103.12	94.32	8.80
8	20—26	51.77	10.09	22.36	84.22	39.42	44.80
9	27— 8,2	58.85	4.98	28.58	92.41	89.81	2.60
10	8, 3— 9	44.56	10.74	58.17	113.47	102.47	11.00
11	10—16	26.28	9.22	62.89	98.39	19.39	79.00
合計	77天	355.13	178.45	383.77	917.35	619.55	297.80
百分比		38.71	19.45	41.84	100.00	67.53	32.47

3，在民二十四年，需水期間有效雨量爲297.80公厘，人工供水深度爲619.20公厘；詳見表4，民二十五年有效雨量爲中熟秈稻得358.54公厘，晚熟秈稻得331.46公厘，人工灌漑前者供水深度爲550.16公厘，後者爲516.94公厘，合計卽中熟秈稻爲888.70公厘，晚熟秈稻爲848.40公厘。其中，葉面蒸發，約佔百分之二十八至百分之三十；田面蒸發，約佔百分之二十一至百分之二十九；滲漏約佔百分之四十三至百分之四十八。

(三)施耕季節之調整與農作物之配合。

雨降爲氣象之自然現象；非人力所得而控馭。雨量之分佈，各地相異，卽同一地之雨量，每年亦不相同，雨降之來，自難與農時適相配合。惟農作物恃水甚切，潦尙可藉排水以資補救，旱則作物不能生長。非灌漑地帶，每以遷就雨澤之故，或則減少熟數(如冬水田之減少一熟)，或則農田歉收，農產量大爲減低。在此種地帶，開渠引水後，因可施以灌漑，應試行調整施耕季節，以便多耕一造，增加熟數。普通冬水田年收一熟者，恆可改爲年收二熟。調整施耕季節之舉例，見次節之特侶塘灌漑區整理計劃。抑有進者，國內作物之種植每失於太富一律性。例如種稻之區全係稻田。種棉之區全係棉田，頗少摻雜種植者，雖有限於土質氣候不得不然者，究以管理配合無計劃之故爲多。以致農忙之時，則俱忙；需水之時，則各田均需水。勞力，土地，與水量之利用，均易失調。苟於辦理灌漑之初，悉心研究，視當地之實際情形，妥爲分配作物之輪種或分種，必大有裨益。土壤中之肥料有限，而相同之作物需要相同之肥料，如每年種植相同之作物，必漸感營養不足，而人工肥料又難盡與作物之需要相符，終至地力日瘠，農產量逐漸減少。此種現象在表土層甚薄之地帶，最爲顯著。補救之道，在採用輪種之法，即輪流種植不同之作物。台灣之基隆，台北等地，土不肥饒，如次年仍種相同之作物，則生產量大減，經農藝家研究後，改爲三年間輪種水稻，甘蔗，與雜糧，生產量乃大增，殊可取法。爲不使勞力與水量之需用集中，以免失調起見，可於規劃農作物之輪種時兼及農作物之分種。譬如，玆有相隣之甲田與乙田各一萬市畝，今歲甲田種棉則乙田可種小麥，明歲甲田輪種小麥則乙田可種棉。因棉與麥之種植，收獲，及需要灌水之時間均不相同，一年中勞力與渠水之施用，可均勻支配，自屬理想。可注意者，在此種情況下，灌溉率之値大增。假定原來一秒公方之流量可灌田一萬市畝，玆則可灌兩萬市畝，因棉田與麥田需水澆灌之月份不同，同一月中恆有一萬市畝不需澆水也。純持引用天然河道之水流，而未築庫蓄水者，此項功效最爲顯著。如一至五月間河中之枯水流量爲一秒公方，則已敷灌溉之需。惟渠道容量仍須按二秒公方設計，因九月時，麥田與棉田均需用水（引用陝西之農藝資料），彼時之灌溉率復減爲每秒公方一萬市畝也。農作物分種之舉例，見次節之洛惠渠工程計劃及表6。故灌溉計劃中，除應規劃如何引水入田外，尙須研討如何調整施耕季節，以增加熟數，藉分配作物之種植面積，以遷就水源之枯水流量，藉農作物之輪種，以養地力，庶農田增產可大見宏效也。茲特擇錄國內有關之計劃，列述如下：

(甲)廣東海康特侶塘灌漑區整理計劃

(1)灌漑區概況——本區與廣州毗鄰，其氣象當屬一致，據廣州灣1913至1925年間之雨量記錄，求得全年平均雨量為1434公厘，可稱豐沛。但雨量大部集中五月至九月之間，此五個月內，共為1128公厘，佔全雨量百分之七十九。十二月至二月最旱，四月雨量仍極稀少，僅七十公厘，是以春耕無法開始。按雨量之所貴，在能及時，以應作物生長之需。就一般情形而言，早造插秧，在春分前後數週內，用水正多，而在該地尚甚乾旱，及至大暑小暑，將屆收獲，需水至微，而霖雨適至，晚造開始於立秋前後，由第七週至第十一週葉面蒸發極盛，需水甚多，而雨季已過。故每年只耕一造。雨量不均勻，洵為其主要原因。

(2)計劃概要——整理目的，在調整施耕季節，以期每年多耕一造，(現時大都祗耕一造)，不啻以有限之水量灌漑加倍之田畝，年獲兩造，增產自多。關於水稻之需水量及種植所需時限，參照前節所述之中山大學之試驗結果，從寬估計。假定早稻需水量為640公厘，比廣州多百分之四十，晚稻需水量為700公厘，比廣州多百分之十一，葉面蒸發量，在插秧後第七至十一週；定為全量之百分七十五。田面蒸發量，在插秧後至發育初期之五週間，佔佔百分之五十六。茲擬每兩週灌漑一次，每造插秧前另加肥田用水九十公厘，計得早稻晚稻各期用水深度如表5。

表5：　調整施耕季節灌溉水量表

週次	節令	雨量 公厘	用水深度 公厘	有效雨量 公厘	灌溉水深 公厘
早稻					
插秧前	肥田用		90		09
1至2	清明一谷雨	33	82	23	95
3至4	立夏	62	82	43	93
5至6	小滿	84	92	59	33
7至8	芒種	94	115	66	94
9至10	夏至	103	115	74	41
11至12	小暑	103	88	74	14
13至15	大暑	154	66	108	
合共15週	清明一大暑	633	730	447	326,
晚稻					
1至2	大暑一立秋	180	肥田水90 90	126	54
3至4	處暑	149	110	104	6
5至6	白露	86	100	60	40
7至8	秋分	87	120	61	59
9至10	寒露	46	120	32	88
11至12	霜降	44	90	31	59
13至14	立冬	34	40	24	16
15至17	小雪	42	30	29	1
合共17週	大暑一小雪	668	790	467	323

說明：（1）雨量有效率估計70%；

（2）早稻於大暑收獲後即續插晚秧。

(乙)陝西大荔洛惠渠工程計劃

本灌區內，主要農作物爲小麥，豆，穀與棉。小麥與穀可輪種，俾農田多收一熟，麥與棉則宜分種，俾枯水流量匱之時，農田不致同時需水。本灌區內作物分種與輪種之配合，略述如下：

（1）作物種植面積之分配——灌溉面積計五十萬市畝，計劃種植麥田佔五成，棉田佔三成，豆穀佔二成，麥收後麥田中四成接種晚穀，約佔總數之二成。是即夏禾田（豆穀）在麥前爲十萬畝，在麥後則爲二十萬市畝，麥田爲二十五萬畝，棉田爲十五萬畝。

（2）給水之分配——本灌區內均種旱作物。在播種之前，需施水一期，以使土壤濕潤，開花與結實前又須施水一期，成熟之前卽不再需水。施水期中，施水應分爲若干次行之。參照試驗結果，按小麥需水量四百公厘，棉作需水量四百八十公厘，穀豆需水量四百公厘分配水量，列爲表6。

（四）水之經濟利用

水源在低水期間之供給量不敷灌溉需用之處，除應配合作物之分種，以減少同一時間用水之需要，調整施耕季節，規定作物之輪種，以盡量利用水源之各期流量，及築庫蓄水外，尚應注意水之經濟利用。

美國猶他州試驗室經多次之試驗，得細沙壤地帶灌水量與農產量之關係如表7。太多之灌水量，不惟對大多數之農作物之產量增加甚微，甚或減少其量，且在各種情形下，作物之品質均爲減低。就觀察所及，各種作物之蛋白質或氮合物之成份，均因水量之增加而見減少，穀粒爲之鬆軟，徒增其稈，苜蓿則增加木質之成份，無益於食料，馬鈴署與甜菜均患木質太多，而超額水量加於棉作物之弊害，尤屬顯著。

表6；洛惠渠灌溉區需用水量與渠內供給水量比較表：

月份	節令	雨量（公厘）	灌水深度（公厘）春禾田（棉）	灌水深度（公厘）夏禾田（豆穀與晚穀）	灌水深度（公厘）冬禾田（小麥）	灌溉面積（市畝）春禾田	灌溉面積（市畝）夏禾田	灌溉面積（市畝）冬禾田	需用水量（萬立方公尺）	實用水量（加百分之卅損耗）（萬立方公尺）	渠內流量（秒公方）	每日渠內供給之水量（萬立方公尺）	用水量與給水量之比較
一月	小寒大寒		—	—	—	—	—	—	—	—	12	3110	+
二月	立春雨量		—	—	—	—	—	—	—	—	12	3110	+
三月	驚蟄春分		10	—	—	150,000	—	—	922	1200	12	3110	+
四月	清明穀雨		—	10	10	—	100,000	250,000	2150	2795	10	2592	−
五月	立夏小滿		—	—	10	—	—	250,000	1536	1997	8	2074	+
六月	芒種夏至		8	10	—	150,000	100,000	—	1352	1758	6	1555	−
七月	小暑大暑		10	10	—	150,000	200,000	—	2150	2795	15	3888	+
八月	立秋處暑		10	10	—	150,000	200,000	—	2150	2795	15	3888	+
九月	白露秋分		10	—	10	150,000	—	250,000	2458	3195	15	3888	+
十月	寒露霜降		—	—	—	—	—	—	—	—	15	3888	+
十一月	立冬小雪		—	—	10	—	—	250,000	1536	1997	12	3110	+
十二月	大雪冬至		—	—	—	—	—	—	—	—	12	3110	+

附註：
（1）灌溉區內雨澤稀少，且乏記載故灌溉計劃中，雨水供給量未予計入。
（2）需用水量指灌溉面積內農作物之總需水量言。

根據民國三十二年實測

其他試驗亦證實上述結果之正確，增加灌水量每可增加農產量，惟並不成比例。增多灌漑水量在某種限度內可屬有益，超過此量則於增加農產量並無裨益，在水源不敷供給其所能灌漑之田畝以充裕之水量時，施用於農田之水量，應有一經濟之限度，易言之，較多之收獲每可獲自廣佈一定之水量於較大之面積。試分析表7，而演化爲表8，可發見一事實。卽灌水量增加，則每單位水量所收獲之農產量反大爲減少。

表7；灌水量不同之每英畝農田所收獲之農產品

灌水深(吋)	小麥(勃歇耳)	玉蜀黍(勃歇耳)	苜蓿(磅)	飼牛草(磅)	菓園草(磅)	燕麥(勃歇耳)	馬鈴薯(勃歇耳)	甜菜(噸)
5	37.8	—	9,200	—	2,526	62.3	154	13.8
7.5	41.5	79.4	—	3982	—	—	182	—
10	43.5	89.5	9,934	—	2,829	54.3	195	18.6
15	45.7	93.9	7,546	8844	2,685	71.5	227	19.5
20	—	91.6	9,097	—	—	80.7	267	21.3
25	46.5	99.2	9,354	—	—	—	—	—
30	48.0	97.1	8,840	6054	—	—	244	20.8
40	—	—	—	—	4042	97.1	250	—
50	49.4	96.0	10,817	—	—	—	—	24.5
60	—	—	—	8,406	5210	—	304	—
100	—	—	—	2,214	1192	—	—	—

魏突氏根據每噸甜菜值美金五元，及生產所需之成本，包括投資之利息，爲每畝六十元，進行研究以一定量之水灌漑數面積不同之農田之經濟價值，所得之結論已列爲表9。該表指出，每畝最多之產量，獲自將三十畝吋之水施於一畝

之田，惟最多之純收益則獲自將此項水量廣施於三畝之田，此不可不察者也。

表8　灌水量不同之每畝吋水量所收獲之農產品

灌水深(吋)	小麥(勃歇耳)	玉蜀黍(勃歇耳)	馬鈴薯(勃歇耳)	甜菜(噸)	苜蓿(磅)	紅蘿蔔(噸)
5	7.6	—	31	2.8	—	—
7.5	6.4	6.1	24	—	—	2.2
10	4.3	5.8	20	1.9	988	—
1	3.0	4.6	15	1.3	503	1.6
20	—	3.6	13	1.1	455	—
25	1.9	3.2	—	—	374	0.9
30	—	2.7	8	0.7	295	—
40	1.3	—	6	—	—	0.8
50	1.0	1.4	—	—	216	—
60	—	—	5	—	—	0.8
100	—	—	—	—	—	—

表9　灌漑面積不同之每三十畝吋水量之效益：

面積(英畝)	每畝水深(吋)	每畝產量(噸)	總產量(噸)	單價(美元)	共價(美元)	每畝成本(美元)	總成本(美元)	純收益(美元)
一畝	30.0	21.0	21	5	105	60	60	45
二畝	15.0	19.5	39	5	195	60	120	75
三畝	10.0	18.6	56	5	280	60	180	100
四畝	7.5	16.3	65	5	325	60	240	85

第四章　論供水

(一)水文資料

雨澤之研究，包括降雨之深度及其逐月之分佈狀況，與雨降對農作物生長之影響等。有關之報告，每可得自當地之測候所或水文站，亦可採用氣候地理相似區域之資料。平均雨量甚爲豐沛之區，並不足以說明灌溉不爲當地所需，蓋雨量分配不均或不及時，均有礙作物之生長也。雨量豐沛地帶，灌溉之價值，已於前章特侶塘灌溉區整理計劃中提及，而美國威那米流域（Willamette Valley）灌溉事業之發展，尤爲絕好之例證。在初均以爲灌溉並非該區所需要，因威那米流域之平均年雨量達四十四吋，約合一千一百二十公厘，堪稱豐沛。惟在四五六等三個月之雨量僅有7.05吋，七八九等三個月之雨量則僅有 2.81 吋，美國農事局曾在該區作實驗，指出如施以適宜之灌溉，則欲增加馬鈴薯、金花菜、苜蓿、洋葱、穀、荳等作物之產量自0.7至1.5倍，甚屬易易。

對水源流量作詳細之研究，乃屬至要。斯項研究所根據之水文記載必須具有悠長之歷史，尤應具備最早年之資料。如此種資料竟付闕如，則應迅即設立水文站或水位站，儘可能作長期之觀測，記載逐日流量或水位。此項記載縱僅歷時一載，應用時如能仔細參照多年之雨量資料，則亦甚有價值。研究鄰近相似流域之流量資料，亦屬有益者。在此種情形下相當可靠之估計可自比較其面積，流域特性及平均雨量而得之。如水源河流之流量記載，爲時甚短，而鄰近之河流流量已有長期記載時，此種比較研究之價值，尤爲顯著。

水源流量之已被分配引用及前人已取得水權者，均使水源之有效供給量爲之減少，而應調查清楚。水權登記雖在地方及中央水利主管機關有案可查，仍重實地勘測。凡業經引用之流量及未來擴展之需要，均應詳加測量估計，以免發生水權糾紛。勘測時不僅使用之水量應予注意，使用之性質亦應明瞭。有時水流之引用並不致減少下游之流量，如動力及某種礦業用水是。亦有因上游用水，河中流量即行減少者，如自來水之供應及上游灌溉之引用是。亦有流量反形增加者，如上游灌溉之退水入河及爲開發水力而蓄水以增加枯水流量是，亦有流量之增減影響小而水質之變化影響大者，如某種工業及礦業用水是。凡此諸端均應詳予調查，俾有可靠之依據。

(二)天然河流之供水量

渠道之供水量，以足敷供應農作物之需水量及輸水損耗爲最合理想，惟在灌溉期間，水源之枯水流量或不敷全部灌溉面積之所需，供水量究應如何決定，乃應予研討者。就未來之發展言，如以各年枯水季均能充裕供給之水量，限定灌溉面積，實爲一不智之政策。每見水源枯水流量不敷灌溉之處，水缺時望水若渴，而流量稍大時又越滚水壩滚滚而去，殊屬可惜。爲適應未來之發展計，如不加蓄水，計劃之渠道供水量，宜定爲在常年則可充裕灌溉全部面積，旱年則不致少於上述供水量之半數。此爲一經濟問題，茲擇錄徐世大所舉之例，以供參考。假定歷年枯水流量中最低一月平均數爲一秒公方，係十年一遇者，其十年中，歷年最低一月流量之平均數則爲二秒公方。又假定麥田所需灌溉水量爲八公寸，其時期爲一百二十日，則一秒公方之流量可灌田一萬九千四百四十市畝。又如每市畝之收穫量爲十二市斗，則每年可收穫二萬三千三百二十八市石。其餘未能沾灌溉之利者，畝數相同，收穫則爲七折，計一萬六千三百三十市石；兩共三萬九千六百五十八市石。以十年計，共得三十九萬六千五百八十市石。若用歷年最低一月流量之平均數，卽二秒公方，則可灌田三萬八千八百市畝。其能全部得八公寸之水量者爲五年，餘五年假定其平均減少（實際當然不如此），在水源流量不敷之五年中，則分等給水，其第一等爲充分給水區，第二等則視流量多寡以爲分配。（其所收水費自可遞減，以示平允），玆計算其收獲量如下：

第一級	19,400市畝	每年收獲23,328市石	十年共計233,280市石
第二級	3,888市畝	九年十足，一年七折	十年共計 45,173市石
第三級	3,888市畝	八年十足，二年七折	十年共計 43,816市石
第四級	3,888市畝	七年十足，三年七折	十年共計 42,379市石
第五級	3,888市畝	六年十足，四年七折	十年共計 40,982市石
第六級	3,888市畝	五年十足，五年七折	十年共計 39,585市石
十年共計			445,215市石

以與前者相較，十年可多穫四萬八千六百三十五市石。惟仍應與擴充渠道及其建築物所需工費之利息，及每年養護修理之費相較，方可決定，並應與水之經濟利用，調整施耕季節

，作物之分種輪種等項配合規劃，以最後決定渠道之供水量，俾期妥善。

(三)水質

水流之擬予導引以供灌溉者，甚性質如何，應加研究，以鑑別是否含有有害之鹽類或過多之泥沙。水流攜帶泥沙豐盛時期恆在洪水期間，除須測驗含沙量之多寡外，並須檢查泥沙顆粒之大小及其性質，以供工程設計之依據。關於泥沙問題之處理，請參閱第十六章及第二十二章，玆不贅。至於水流含蓄鹽類豐盛時期，則恆在枯水期間，其時水流多自河岸及河底滲出，地下礦質物之爲滲流溶化者，卽混入水流。爲鑑別水流所含之礦物質是否有害，恆應以枯水期間所取之水樣爲準。

水流所含之鹽類成份究在何種數值以內方可認爲無害，殊難作肯定之敍述。因與農作物之種類，表土性質及地層結構情形等，均有密切之關聯也。灌溉用水之含鹽量有達百分之一者(指鹽類重與水重之比率言)。通常恆在千分之一以內。水流施於農田後，田中含鹽量恆較水中所含者爲高，因蒸發耗去大量水流，鹽類卽停積於地面，而爲作物吸收者僅爲一小部份也。普通田中之含鹽量約爲灌漑用水含鹽量之二至一百倍。沙田之排水暢利而灌水甚多者，田中含鹽量或可與水中之含鹽量相等。若田面之蒸發量遠較滲漏量爲巨者，田中之含鹽量卽劇增，增至百倍於水中之含鹽量，亦屬可能。田中可容許之含鹽量每相差懸殊，視土壤性質，作物之種類及生長之階段，土中所含之有機物，土中之濕度及鹽類之性質與成份等情形而異。大體言之，土中之含鹽量如超過百分之一（指鹽類重與乾土重之比率言），普通作物恆不能生長，鹽類中最有害者爲硼精，其次爲炭酸鈉，至氯化鈉，硫酸鈉等其他鹽類之毒性則較小。

灌溉用水，可視其含鹽量之多寡，分爲數類。甲類水爲含鹽量最少者，在多數情況下，可宜用以灌溉各種農作物。乙類水爲含鹽量稍多者，僅不適於較敏感之農作物。丙類水爲含鹽量最多者，除極少數之植物外，恆不宜充灌溉之用。玆將水之類列如下表：以供參考。

水之分類	總含鹽量	鈉類鹽所佔總鹽量之百分數	硼精（以百萬分之一作單位）
甲類水	0.7%	60	0.5
乙類水	0.7—2%	60—75	0.5—2.0
丙類水	2%	75	2.0

論及水質時，有一點應指出者田面水量經不斷蒸發而消失後，鹽類愈積愈多。故田中鹽類之累積每因灌溉之延續而逐漸增加。有時因發生深層滲漏之故，累積之鹽類亦可隨流俱去。故在冬季不需水時，可引水淹灌農田，藉表面冲洗與深層滲漏以消減鹽類之累積，恆屬有效。如農田排水情況良好且水源流量充裕，則導引普通河道之水流恆不致因含蓄鹽類而生流弊。

第五章　蓄水

(一)概說

國內灌溉事業發達區域，水源在灌溉期間之低水流量，幾已盡行引用，欲擴充灌溉面積，勢須先行設法增加水源之低水流量。另有若干荒溪，因源短坡陡，洪水期間流量固甚豐沛，枯水期間則河中斷流，欲開發灌溉之利，非設法調節水源之流量不可。按吾國土地廣大而水源有限，除引用地下水不在論列外，僅引用河流在灌溉期間之低水流量，自嫌不足，必須兼用其中水洪水以及非値灌溉期間之水流。故進一步之發展，厥唯蓄水是尙，自瀦蓄非灌溉季節內之低水流量以迄於瀦蓄洪水，俾能增加灌溉季節內水源之供水量，以宏其利。築庫蓄水不僅增加水源之供水量，且以水量可恃之故，可盡量配合理想之農作物需水情形，以獲致最佳之農產收穫。

築庫蓄水爲大興灌溉所必取之途徑，可將未經引用之河水瀦蓄於庫中，而於水源流量匱乏時自庫中放出，以增水源之可靠供水量。如此庫純爲灌溉而築，則水庫之規劃可甚簡單，視水源流量變化，需水情形及實際之水庫容量而定。在稍重要之河道築庫蓄水，恆發生較復雜之情形，每需兼顧減洪，航運，水電等諸問題，而成一多目標計劃。且爲經濟起見，每需建極高之壩，而成爲開發全流域水利之主要工具。玆事體大，且本書第十九章亦僅述及蓄水低壩之設計，多目標之大蓄水庫自不在本書論述範圍之內。本章之撰述，旨在引起國人對蓄水問題之興趣，至實際築庫蓄水，請暫以在小河中純爲灌溉而興築之單目標水庫爲限。必如斯，乃可不牽涉全流域之多目標計劃也。

(二)水庫之容量

蓄水問題，首在依據水源流量變化及農田需水情形，擬定所需之水庫容量。灌溉工作中所習見之蓄水問題，恆在決定為供給一用水量依循曲線變化所需之水庫容積，或為一已知容積之水庫計算其所能供給灌溉之有效水量。此項問題可採用累積曲線(Mass Curve)作圖解以尋求答案。計算水庫容積時，應計入滲漏及蒸發之損失，以定實際有效之蓄水量。

除水庫底層有深厚之卵石層或岩石中有溝通庫外之穴洞外，水庫之滲漏損失恆不致鉅大，僅為夏季蒸發損失之若干分之一，視庫址之地質及地層結構情形而定。蒸發量係水庫面積之函數。蒸發率則與溫度及風速成正比而與濕度成反比。蒸發損失之估計可相當精確。祇須取得當地蒸發率測驗之多年記載，以求得各月或各週之平均蒸發率，此項蒸發率與水庫面積之乘積卽係水庫之蒸發損失。水庫之蒸發損失問題極堪重視，因蒸發率最高時期，其時雨量恆屬最微，農田需水最殷，自水庫引用流量必最巨。故計算水庫容量時，所用之蒸發損失與用水量之值均宜用最高者。蒸發率之值可能極高。例如，在美國加利福利亞州之中部，當七八九等三個月農田需水最殷時，其雨量不足三公分。蒸發率則達五十五公分，故此三個月內，蒸發損失卽達五十二公分。

累積曲線乃標明水源之累積水量之曲線，可用以決定所需累積之蓄水量。試以橫坐標表示時間，其單位可用年或月，以縱坐標表示流量之累積量，其單位可用畝公尺。首將水源流量之長期記載繪成曲線OA，見圖1，此卽累積曲線。其次可將擬自水庫引用之流量亦繪為累積線，如擬引用之流量之值為一常數。則其累積線卽為一直線，有如OB。試自長期水量匱乏之起點a，作綫ab與線OB平行，則縱線dc卽為所應具備之水庫容量，以便增加水源之低水流量至與OB線線之坡度所表示者相等。實際水庫之容量應較此值為大，因尙應計入蒸發與滲漏損失也。

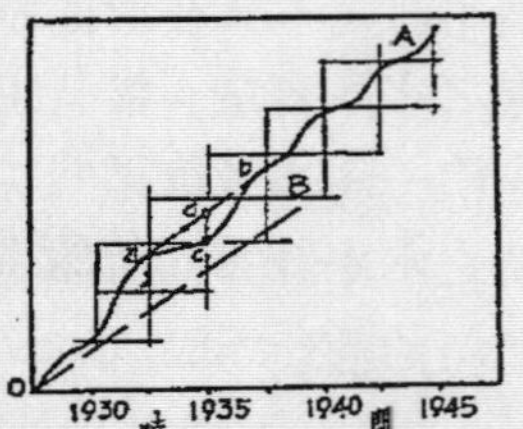

圖1

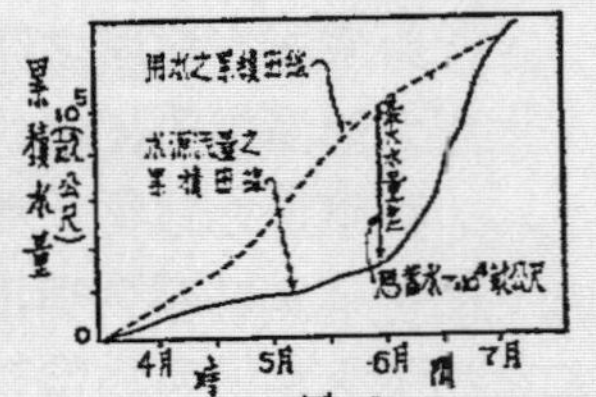

圖2

為配合農作物之實際需要起見，自水庫所引之流量恆有變化，時多時少而非為常數。換言之，引水累積線並非一直綫，而係一曲綫。見圖2。圖中較低之一曲綫，表示三月中旬至七月底之水源流量之累積曲線，並代表若干年來水量最感匱乏一段。較高之一曲綫為用水之累積曲線。此二曲線間縱距之最高值卽為應予瀦蓄於水庫之水量。自圖中可顯示，在三月初旬，水庫係經假定已蓄水滿庫。嗣後水源流量卽不敷供應引用之需索，因前者之累積曲線之坡度已較用水之累積曲線之坡度為坦矣，用水量與水源供應量間之差額，卽恃逐漸放空水庫之蓄水，以資挹注。至五月廿九日，自水庫取用之水量達最高值，計合7×10^4畝公尺。由於供應量逐增而用水量逐減，水庫又開始蓄水，至七月底復行蓄滿，因二曲線已重行相交矣。

(三)水庫之庫址

蓄水庫之經濟與否，取決於能否獲得適宜之庫址。天然湖泊或盆地，如其出口處有適宜之壩址存在，均堪建作水庫。水庫可位於所引水之河道，或其支流。有時庫址甚佳，而水源流量太小不足以充滿水庫，亦可酌闢渠道或隧洞以取用附近其他流域之水量以補足之。

爲明瞭在一河道，修築水庫之實踐性，應就受水之盆地，作一詳細之查勘。各可用之壩址，應首先調查之，並應取得詳細之地形圖，以便計算水庫容量。餘如壩基性質，蓄水範圍內之地質情形，可用之工程材料，地價及其他有關蓄水價値與工程費用之資料，均應儘量蒐集，俾便估計修築水庫之經濟價値。

爲研究一庫址是否適宜於修建水庫，首應考察蓄水範圍內之土質與地層結構，其用意在估計可能之滲漏損失。由於庫內滲漏損失太大不能蓄水，水庫修成後不能表現蓄水之功用者，例證頗多。此種情形造成極大之經濟損失及對有責者之多方責難。故此項問題須由經驗宏富之工程師解決之，並應徵詢地質專家之意見。大體言之，庫址爲石質（無斷層及隙縫者）或粘土者，滲漏損失均微。庫址之爲細沙壤者，大致亦甚滿意，惟滲漏損失較巨耳。庫之兩岸或其底基，如有一部係由卵石及粗砂所組成，縱其上尚有單薄之一層細密之土壤，此項砂層或卵石層，仍可能沿兩岸或壩底形成地下水道，而有滲漏太多之危險。依照大維斯（Davis）之意見，選擇庫址應注意下列數點：

（甲）水庫庫址，應避免鄰近石膏及石灰岩顯露之處，以此種岩層內常有穴洞存在也。

（乙）水庫之位於火成岩上者，應嚴密鑽探其有無隙縫或中空之處，蓋少數水庫之位於此種岩層者曾患滲漏太巨。粗沙石亦爲可疑之對象，應予仔細鑽探。

（丙）天然之窪地每不可靠，應注意鑽工作探。如底層墊有深厚之粗顆粒之土壤，以致水流極易逸去者，則劇烈之滲漏損失殊非表面薄層細密土壤之覆蓋所能阻止。此種窪地卽不適用作水庫。

（四）泥沙問題

河流所挾之泥沙，包括懸移質與推移質，進入水庫後，因水坡漸坦，流速降低，卽行沉澱，終至淤積庫中，使水庫失去蓄水之功效。故築庫蓄水時，各項防淤措施應詳細籌劃。陝西洛惠渠引水壩高十六公尺，長一百五十餘公尺，雖僅係一引水壩，惟壩後蓄水容積達一百萬公方，乃一度洪水卽行淤滿，實屬駭人聽聞。吾國黃土區域各河流之挾沙量極富盛，對防淤問題，自應特予重視。

使用機械以挖掘沉澱於水庫中之泥沙，每欠經濟。設備涵洞以自動冲刷泥沙則不甚有效。防淤之治本方法在根絕泥沙之來源，首重水土保持工作。如能遍植草莽樹木，改善階田，以防表土之冲刷，復在河道上游各泥沙豐盛之支流，酌設谷坊工事，以阻泥沙下移，則下游築庫蓄水或不致有淤塞之患。在上游水土保持工作收效之前，攔蓄高度含沙水流之蓄水壩，宜採用活動式，最佳者爲門式壩，以便隨時開啓閘門，冲刷庫內淤積。此種壩不能太高，以致蓄水量有限，且工程費鉅，每不合於經濟之道，非萬不得已，不宜採用也。

河流挾沙量豐盛時，均在洪水期間，如無須瀦蓄洪水，則防淤之困難大減，可在壩身中設備若干大閘門，在洪水時期，將各閘門盡行開放，任水自流，洪水所挾泥沙卽可不致在庫內停淤。洪水之後，復可斟酌需要，稍事冲刷，隨卽關閉各閘門，以瀦蓄非灌溉期間及灌溉期間所不能全部引用之較清水流。此在水庫之容積較小，無須攔蓄河流之全部流量者，實爲優良方法，亦卽泥沙豐盛區域內，初期與建水庫所必循之道。

第六章　排水

(一)概說

水份超過作物需要之量，每屬有害。土壤之中，空氣之存在，乃作物生長茂盛之要素，而過量之潮濕則使空氣不能存在。飽和之土壤中，空氣全被驅逐，且土壤逐漸變爲寒瘠，酸化或積鹼，以致完全不能生產。西諺：『無排水卽無灌溉』。良有以也。

潮濕之土壤恆屬寒瘠，蓋土壤係吸收陽光之熱力而變爲溫暖。如地下水位甚高，則爲地下水所浸沒之土壤之溫度卽較低，因地下水之溫度恆較表土之溫度爲低也。且土壤被地下水長期浸沒後，變爲堅實，既不便於耕種，作物之根部亦難以伸展。作物開始成長時期，如土壤含蓄水份達到飽和狀態，作物之根部，因吸水甚便，不致長大，恆在接近地面處卽行散開，迨作物長大而時逢乾旱，地下水位降低，作物之根部卽難吸收足量之肥料。如田中設有排水溝道，使地下水位不能升高至某一定高程之上，則在作物生長之初期，根部必深入土中，根部旣長，分枝亦多，吸取養料之範圍旣深且廣，自較淺根者更可耐旱矣。

農田旣經實施灌漑之後，每因積水壅塞，或浸染有害鹽鹼，寖成不毛之地，此乃由於過量之灌漑及天然排水不暢之故。補救之策，唯人工排水是尙，需要人工排水之程度，及適宜之排水系統，每須經歷數度灌漑季節之後，始見顯著。譬如，農田之底基爲十分空虛之卵石層者，是以原來地下水位遠在地面之下，排水自屬暢順，但由於灌漑之發展，地下水位逐漸漲高，其排水情形亦可能變爲不適宜者。高田之土壤，每富孔隙，吸水甚速而轉耗於不可避免之深層滲漏。此項耗失益以渠中之滲漏損失，每至抬高低田之地下水位，倘天然之排水情形非屬異常良好，逐漸之水漬與鹹鹽之聚積，卽可發見於廣大之面積，高田本身可免遭此種弊害，惟有時由於硬土阻水下滲，亦可高抬地下水位以至接近高田之表面。自地形及土層結構之研究中有時亦可預示一新灌漑區未來之排水之需要。若干灌漑計劃中，人工排水，可無庸計及，或闕不足重視，惟就多數情形言，排水一事，必須配合灌溉渠系之研究與設計，詳加攷慮。

因灌溉或天然所造成田面所累積之多量鹼鹽，常可在建築適宜之排水設備後，由灌溉之水洗刷而去。鹼鹽之累積係由于地下水面到達一相當高度後，水份籍毛細管作用升至地面，迨水份蒸發，其所挾之鹼鹽卽停積於地面。毛細管作用吸水之高程約自六公寸（指粗砂）至一公尺五公寸（指細粘土）之間。故地下水位如降至毛細管吸程之下，而後施以灌溉，鹼鹽卽被溶解，滲入土層而至地下水內。墾殖碱地所需之時期，雖有達二年甚至二年以上者，惟通常經二度良好之灌溉，每可將地面之碱鹽消減至無害之份量。

(二)排水設施

土壤可別爲三類：(甲)不毛之地或非藉排水不能耕種者；(乙)無人工排水亦可耕種者，惟排水所獲之農產增益足償工程之費用；(丙)土壤改善之增益，不足以抵償排水之工程費者。凡各類土壤缺乏易於滲水之底層者，均可藉排水改善之，尤以粘土質之農田收效爲最著。

在規劃排水工程之前，應先作一初步之研究，並應具備顯示等高線之控制點之高度之地形圖。天然之排水溝，應作明顯之表示。排水面積內應作土壤觀測，表面土質及不同地點之底層土質，均應繪於圖上。地下水情形，亦應予以研究，尤以其來源之顯然非由於排水面積內雨降會聚所致者爲然。可供作排水管之出水口之位置，應就實地觀察結果定之，並註於圖上。此圖及其他資料卽爲規劃排水工程之依據。

排水之方法可分二類：(甲)地面排水，指水流之自地面排去者，恆採用明溝；(乙)地下排水，指水流之在地面之下排去者，恆採用暗溝，其用意均在排去過量之雨降積水及降低地下水位。農田排水以採用暗溝爲最相宜，惟其工程費鉅耳。

明溝可用以容納地面水，及穿過土壤而來之地下水，故可協助地面排水，此在極平坦之地面，每屬有利。明溝之養護較繁，且在粘土之田地，易爲泥漿塡塞其孔隙，而障礙地下水之自由滲入。

暗溝乃設於地下之水道，遍備隙孔，適爲地下水所能自由流入，而四周之土壤則不能進入。箱形暗溝用作排水道者，乃以四塊平板合成一矩形斷面，其頂與側牆之間留有狹窄之孔口，以便地下水之流入。塊石組成之陰溝(Blind Drain)，往昔亦曾採用之，惟因不能持久，現已擯棄不用矣。涵管爲最優之排水道，應用亦最廣。其直徑在一公尺以下者，可用瓦管，一公尺以上者，則用水泥管較爲經濟。

排水系統，在有害之水源及其移動情形未充分了解之前，每不易作妥善之設計，通常所採用者，爲下述二種：

(甲)截流排水溝，乃用於截留自高地流下之水，常位於沿山之坡脚，或地形坡度有顯著變化之處。有時並設第二排水溝於較低之地，而與第一排水溝約相平行，以匯集越過第一排水溝之水流。

(乙)田中排水溝，或爲暗溝，或爲明溝，其主要功用，並非爲截留顯著之外來水流，而在使地下水降至地面下毛細管之吸程以下，惟不得太低，以免妨礙作物根莖之吸水。挖掘排水明溝，其深度應爲二公尺至三公尺，溝身宜相平行，其間距約一百公尺至一千公尺。溝愈深者，間距可愈大，其出口可爲一天然排水溝或渠道。如設置排水暗溝，其間距可僅爲數公尺至十餘公尺，控制農田地下水位之功效較宏，惟工程費則較鉅。排水暗溝，必須埋設於接近地面之透水層內，如在粘土硬土等不透水層，則應爲壓力式暗溝，並分段設井以下聯透水層內之地下水及上承地面水，蓋暗溝之設於不透水層內者，水流不能滲入溝內也。故設置暗溝時，必先對地層作詳細之鑽探。

如所排之水純從灌區來，排水量常定爲每二十四小時內排洩 0.25 公分至 0.35 公分，合每市畝 0.000011 秒公方至 0.000018 公方之流量，如水量尙有自其他灌區來者，亦應詳爲估計。如水流純係自渠道滲漏而來，則此項渠道之滲漏損失，應予研究。地下水之移動亦應計及。無論擬予排洩之水量如何，通常農田排水所用水管，其直徑未有小於一公寸者。

第七章　配水方法與施水方法

導引水流以資灌溉，須對配水（Distribution Of Water）與施水（Application Of Water）二問題，有基本之認識。一灌溉區內渠道之分佈，恰如樹木之有幹有枝，水流自幹渠，經支渠而斗渠，終達於農田。水流在幹支斗各渠中，如何分配流通，爲配水問題；如何廣佈於田間以直接灌漑農田，則爲施水問題。欲求設施得宜，費省效宏，應講求配水方法與施水方法，期能符合實際要求。茲分論之。

(一)配水方法

配方法可別爲續灌法（ Continuous Flow ）輪灌法(Irrigation By Rotation ）與需索灌漑（ Irrigation On Demand)三類，分如下述：

（甲)續灌法：一渠系中，水流之分配，可採用續灌法，卽在灌漑期間，使水流在幹支斗各渠中，盤日暢流，而在水量缺乏期間，則按幹支斗各渠所灌之田畝面積之比例，分配流量。

(乙)輪灌法：輪灌法常包括水戶間之輪流取水，斗渠間之輪流取水，與支渠間之輪流取水三階段，分述如後：

（1）斗渠渠首繼續進水而輪流配分於該斗所轄之水戶，或成組之水戶。在此種情形下，斗渠之全部流量輪流爲某一水戶或某一組之水戶所取用。其取用時間之長短，與所灌農田之面積成正比。陝西涇惠渠之配水方法「係於給水之先，按各斗門之出水流量及所轄地畝面積，以每次灌漑全斗地畝之半數計算其每次應行用水時數，並依每斗出水量之大小匀配排列其用水之先後次序，臨時規定開斗閉斗時日，製定用水通知表發給水老斗夫依據用水。渠水出斗，須俟流至斗渠之最下游，再由下而上，先左後右，依次引灌。其由斗門流至斗渠尾端所需時間，謂之流程，各斗用水時間須將流程計入，此段時間爲該斗所公有，不得分佔。至各斗之出水量，則係在大渠水量中常時所測得」。

(2)同一支渠之斗渠輪流取水，常與各斗渠之水戶輪流取水併用之。採用斗渠間之輪灌制者係將支渠之水流輪流分配於組成之斗渠，而在支渠中分段節制水流，俾全部流量輪流流入支渠之每一段。譬如，有一支渠灌田三萬市畝，流量爲二秒公方，則該支渠可分爲四段，每一段供給一組斗渠之水量，其總灌漑面積爲全支渠灌漑面積之四分之一，合七千五百畝，每段引用全部流量卽二秒公方所歷時間應爲該支渠取水時間之四分之一。此時間可爲每四週中之一週或每二十日中之五日，視輪灌之週率而定。在每一段中，水流可爲該段所轄之各斗渠所分引，或爲成組之斗渠所輪引，視是否兼用水戶間之輪灌法而定。

(3)支渠間採用輪灌制，則將幹渠分爲數段，輪流引用全部水流分配於各該段之支渠，並兼用或不兼用斗渠間之輪灌制。

(丙)需索灌漑：此法多用於灌漑渠系發展之初期，其時計劃灌漑之田畝中，僅有一小部係實際接受灌漑者。可於事先取得水戶之索水單，按單供給渠水，惟有時各水戶同時索水，以致需索灌漑之總水量太鉅，實際上不能供應，則可作某項限制。俾可將索水最多之時期延長之，同一時間之索水量卽可減低。通常可飭由水戶事先塡具數日之索水單，斟酌渠中流量之分配，而限制該水戶被賦與之水量。索水最多時期每屬甚短，多見於田畝之大部面積係種植同類作物者，尤以淺根作物爲甚。如五穀之類，値其成長之某一階段，每須於短期內澆灌之。需素灌溉最宜用於水源流量充足，渠線甚短，渠系規模甚小而農作物係配合種植者。

(二)續灌法與輪灌法之比較

大體言之，輪灌法實較續灌法爲優，其趨勢將漸取續灌法之地位而代之。可而疑義，輪灌法可施於目前已實施續灌法之多數渠系而更爲有利，惟仍有若干情況，宜採用於續灌法者。

最宜於續灌法之條件爲：水源充裕，田畝劃分之單位甚大，以至所分配之水量宜於經濟之配水單位者，及土壤構造或地形狀態宜於較小之配水單位者，更詳言之，續灌法之最相宜之條件及特殊之優點略如下述：

(甲)如一渠系中築有甚多之木渡槽，則續灌法可使渡槽經常潤澤，不至滲漏，並延長其壽命。

(乙)旱田土壤之爲重粘土者，每易乾旱，發生裂隙，在此種情形下，續灌法可使土壤經常潤濕，裂隙較少，田中水量之滲漏損失自微。

(丙)續灌法可採用較小之斗渠及建築物，有時尙可採用較小之支渠，惟此項利益每屬甚小，蓋斗渠之最小容量常須足敷輪灌法之需用也。

(丁)續灌法，在飲水與家畜用水必須兼顧之渠系，較爲相宜。

輪灌法則最宜用於田畝劃分之單位較小或配水單位甚大者，再水源流量不足之期間採用輪灌法較便。採用此法之其他優點如下：

(甲)可減少輸水之滲漏損失，蓋輸送大量水流之損失之比率較小，而水戶亦可於較短之時間內灌溉其田畝。

(乙)放水乃按規定之時間表行之，故水戶可從容計劃並辦理其他事務，不至因須注意灌溉事務而受經常之阻礙，此法使水戶充分認識水之價値，且以配水單位甚大，灌水時間甚短之故，水戶可集中全力於適宜之引用，以減少表面耗損至最低量。

(丙)斗渠間及支渠間採用輪灌制者，工程修理與養護工作易於進行，水草苔蘚亦可及時鏟除。

(丁)以集中管理之故，管理費用可予減低，尤以成組之斗渠輪灌制爲著。

(戊)量水建築物可減少，蓋甚多之斗渠均同自一配水單位引水，僅設一單獨之量水建築物於各斗渠之上端，即可敷用。

自續灌制改成爲輪灌制者，其始或不甚滿意，惟變更之初期，如使此新制度稍富彈性，並將配水單位與施水期間酌予調整，使合於施水之方法及農作物之需要，其結果必較經濟，而應付水戶之情形當亦並無不便之處。

(三)施水方法

施水於農田之方法可有數種，究宜採用何法，則視地形，土壤性質，農作物種類，農場規則及施水之經驗等條件而定。純就原則言之，所施之水應令土壤潤濕以供農作物根莖吸收，而不致造成不合理之表面逕流，或地下深層滲漏。

大規模之灌溉區域內，最習用之施水方法可概分爲溝灌法與淹灌法二類，即施水於田間溝洫中，抑放水淹沒全部農田也。

溝灌法最宜於農作物之種植係成行例者，如玉蜀黍、洋山芋、菓林、蘆筍及類似之農作物等。再田面波度陡峻處，採用溝灌法亦較淹灌法爲宜，不致造成嚴重之表面流失也。採用溝灌法時，田間之輸水槽恆位於田面之最高處，設於農作物種植行列間之水溝則與輸水槽垂直相交，卽沿田面之最大坡度而行，其間距視農作物行列之間距而定，溝長恆在100－400公尺間，大致土壤漏水愈少者溝可愈長，縱坡可陡至百分之十。水流卽由溝中滲入土壤，散佈於田間。故適宜於溝灌法之作物均係深根作物。

淹灌法常用以灌溉水稻，棉花等作物。稻秧初出之一月，且須施水經常淹沒田面，淹灌法包括自由淹灌法與堤間淹灌法兩種。自由淹灌法爲粗濫之施水方法，管理不善，每致農田之一部缺水，另一部則患水太多而浪費水流。此法包括設置約略平行之水溝若干道，其間距約100公尺，坡度爲千分之一至三，並將溝間田地治平，施水時，卽由沿溝所設之缺口或口門輸水以灌溝間之田。溝中酌設木閘門或臨時堆土堵塞下端以抬高水位，以便漫溢灌溉。

自由淹灌法僅宜用於極平坦之田，在地形變化較鉅之處，則宜採用各堤間淹灌法，以便控制水流。習用者，有矩形堤間淹灌法，等高線堤間淹灌法等。(一)矩形堤間淹灌法：乃於田間築堤與斗渠垂直相交，並以千分之五以下之縱坡，順地面坡度，迤邐而下，甚間距約一二十公尺，高約二三公寸，堤間田地應予治平，水卽在堤間流越田面，此法缺點，爲接近斗渠施水口門之田地，獲水較多，稍遠之田地獲水較少。(二)等高線堤間淹灌法：最適用於地形坡度甚陡而採用梯田制度之處。支渠係沿地形之高處而行，斗渠則順地形之最大坡度下行。卽以梯田之堤坎作節制堤，並酌設與其橫交之堤，俾將農田劃成五至廿市畝之面積。斗渠，在節制堤間，設口門輸水以灌田，節制堤頂亦可酌設缺口，俾較高梯田多餘之水，可流至較低之梯田。

第八章　灌溉計劃之初步探討

從事灌溉計劃之先，必須瞭然其可能性，此則有待於初步之探討。初步探討所應研究之項目，通常均包括，灌區之面積與形勢，地質與農作物，水文與給水，蓄水與引水，渠系與渠線佈置，工費與效益，及水電航運之兼籌並顧，此項初步探討，所包括之工作，可分查勘與估計經濟價值二項。迨計劃認爲可行，始可進行正式測量以爲工程設計之依據。測量方法與一般鐵路工程所用者，大體相似，僅步驟稍異，茲不贅述。

至測量工程所須供給之資料，普通可分六項，茲略述如後：

(甲)灌區地形：應足以顯示整個灌區之地形及引水點附近之水源河道情形，標出河渠堤岸，各種標誌，村鎮，房舍，廠宇，坟墓，道路，天然排水溝道橋閘等。地形圖之比例尺，視地形之坦陡，宜用一萬分之一至二千分之一。等高線之距離，宜用半公尺至二公尺半。

(乙)渠道及其他重要工程之地形：比例尺宜用五百分之一至二百分之一，渠首之上下游並應施測河道橫斷面數個，其間距宜爲二十公尺至五十公尺。

(丙)渠線佈置：渠線佈置情形應繪入地形圖內並標明所測之渠道橫斷面之位置。渠線之佈置，可在實地測定，亦可依據地形圖作紙上定線。

(丁)渠道縱斷面：標明渠道之距離與高度。縱比例尺與地形圖同：橫比例尺可用一百分之一至二百分之一。

(戊)渠道橫斷面：橫斷面測量，應在渠綫兩邊各伸出一百公尺，如遇山坡得縮短之。各斷面之間距，視地形之坦陡，宜爲一百公尺至二十公尺。

(己)水文測量與地質鑽探：應足以表示水源之洪枯水位及洪枯流量之變化，含沙量及水質等。各重要建築物地址之地層，應詳加鑽探，以供參考。

(一)查勘

查勘之前應蒐集資料，如有關之地圖、水文、氣象之記載，水道勘測報告、地質、農業、工礦之調查報告等，愼密研究，以決定查勘範圍，及應盡之任務。

查勘之目的，在勘定可能之渠首位置，可供選擇採用之引水渠線，及各引水渠與灌漑面積之關係等。查勘工作包括各可能之引水渠渠線之草測，僅取其高度，距離與方向角，並記載有控制作用之點。在崎嶇之區，高度可用氣壓表及手水準定之，距離及方向角可分別用度步計及指南針定之。

在草測中，或隨其後，宜作一迅速之試線測量，就渠線之可能性獲取更爲接近之認識，以選擇建築物之最經濟及最優之位置，並注意山溝之排水及土方之經濟等。

查勘之試線測量，可以水準儀爲之。通常均自引水渠之最末端，亦即擬灌田畝之最高點開始，用一估定之縱坡沿山坡向上測至水源之宜於渠首工程之處。試線測量，即自此項選定之引水點採取各種適宜之路線，以一平緩之縱坡進行之。通常引水渠及幹渠之位置，多沿所灌田畝之最高界，取其平直。支渠子渠之位置多沿主要及次要之分水嶺，配合地形，蜿蜒而行，並多用半挖半填之斷面，以節省土方。渠線經過不能避免之深挖及深填之處，須注意廢土之堆積，及取用之來源。

查勘時，應同時調查當地作物種植情形，雨量記載，水源情形，及流量變化並作簡單之地質鑽探。如須興建艱巨之建築物，應詳爲記錄。必要時，並注意蓄水庫址，及堤水灌溉之方法。他如材料交通等與施工有關事項，亦應調查及之。

(二)經濟價值

(甲)工費估計

初步探討工作中，每須試作工費估計，以比較選線之效果，減免非必要之措置，預估最大之利潤，庶幾不能實行之計劃自始即可放棄測量藉免消耗。一般趨勢，每失於低估工程費用，如遇施工困難，物價波動，輸送與人工環境特殊，則此種趨勢，尤爲顯著，不可不察也。

在未有最後計劃及渠道建築物之正式設計前，估價自難精確，卽爲求得一近似値，亦須明瞭幹支子渠之大概部位，長度及斷面尺寸，至建築物之總價每可依據假定之渠道土石方之費用與建築物之費用間之比率而定。此項比率，視建築物之種類，與渠系之性質而異。經比較國內西北及西南之十餘正式計劃，得比率之値略如下述，可供作初步估計之參攷。

「渠道建築物大部爲鋼骨水泥及石砌，則建築之總價約爲挖方工費之3至4倍；如建築物多係木質者，其工程總價約爲挖方之1.5至2.5倍，此項數字，適用於幹渠中之無特別艱巨之工程者」。

除以上估列之工程建築費外，在順利情況下，施工所需之雜費約佔工程費之百分之五。工費預備費可列百分之五，施工管理費可列百分之十。爲求便於明瞭起見，工程費每以每畝負担工款若干表示之。就民國廿六年之物價論，大抵地形坡度平坦而有規律，一渠系所控馭之灌溉面積在十萬市畝以上者，每畝之平均工程費爲二至三元。其灌溉面積較小地勢陡峻而有連續之山脊者，工程費須增加一至二倍。灌溉面積在一萬市畝以下，地形複雜，引水困難者，工程費須增加二至三倍。至情形特殊者，其所需要工程費用或極龐大。

(乙)效益估計

灌溉爲利至溥，惟工程效益，以有關之因素甚多頗不易作精切之估計。就表現效益之方式言之，其途徑有三：

(1) 以水量充裕，灌水適時，荒歉毋慮，以致農作物之產量增加。

(2) 以水量豐富，可改種其他作物，如改旱地爲水田，收獲之經濟價值增多。

(3) 以水源可特，可調整施耕季節，增加熟數，以致收獲加增。

灌溉工程之效益，卽應根據表現效益之方式，及其收獲情形，予以估計。惟實際收益各地不同。其土壤肥沃，氣候温和，而旱災較多之地，收益較大，反之則較小，其値每相差懸殊。通常須調査當地歷年作物種植及收獲情形，得其豐收之收成，及十年以上收獲量之平均成數，以作估計效益之依據，玆舉例如下：

「(1)原有高地一千市畝爲旱地，在實施灌溉工程後，可用提水灌溉。往昔之平均收獲量，爲十足年之四成，計每市畝可收大熟玉米0.85市石，值212元；(按成都區收獲情形及民國卅一年夏物價計算)。小熟小麥0.7市石，值245元，共計457元。實施工程後，以十足年之八成計，可收大熟玉米1.7市石，值424元，小熟小麥1.4石，值490元，共計914元，則每市畝增收457元。其中應扣除農本之增產消費等157元，每市畝淨增益約300元，一千市畝共計淨益爲三十萬元。

(2) 原有旱地一萬市畝，實施溉灌工程後，可改爲兩熟水田。往昔之收獲，以十足年之六成計，每市畝可收大熟玉米1.27市石，小熟小麥1市石，共合668元。實施工程後，以十足年九成計算，可收大熟稻田4.05市石值1013元，小熟小麥1.5市石，值525元，共計1538元，則每市畝增收870元，扣除農本及增產消費等120元外，每市畝淨增益約爲750元，一萬市畝，共計淨益爲七百五十萬元。

(3) 原有冬水田一萬市畝，以水量不足，時患乾旱，每年收獲量以十足年之六成計，每市畝收稻2.7市石，值675元，實施工程後，以十足年之九成計，每市畝可收大熟水稻4.05市石，小熟小麥1.5 市石，共合1538元，除農本及增產消費外，每市畝淨益約750 元，一萬市畝，共計淨益爲七百五十萬元。

本灌區計田二萬一千市畝，實施灌溉工程後，每年淨增益共一千五百三十萬元。(地價之增值尚未計入)」

就以往水利部所審核之工程計劃言，除有關糧政國防移墾等情形特殊者外，大致以所估計之一年之淨增益卽足償全部工程費用者，最爲習見。至需二年以上之淨增益，始足償全部工程費用者，尚屬罕聞；以其經濟價値太低，在我國灌溉事業尚未廣泛發展時，自不在儘先舉辦之列也。以上所述，係就以往所見實况之記錄，聊供參考，將來大興農田水利，對於所謂經濟價値，自應放寬尺度，未可固執上例以作準繩也。

第二編　應用水力學

第九章　洪水量之計算

(一)影響洪水量之因素：

水源之洪水流量，爲工程設計之根據，關乎工程安危綦鉅，尤爲從事壩工設計所必須明瞭者。所謂洪水流量，通常均指一流域內之逕流之千年至萬年一遇之最高値而言。各流域之洪水量之値，每隨氣象及地理條件之差異，而相懸殊。其所依恃之因素，略如下述：

(甲)雨量與雨率——雨量爲逕流之來源，其分佈情形卽同在一區，各年各月各地均不相同。逕流之多寡，每與雨量成比例，仍視雨率而定。雨率之大小，決定地面逕流之成數，視土壤原有溼度而異其影響程度。凡此均不易作精確之估計。

(乙)流域面積——流域面積與逕流之量，係成正比，此項面積可由地形圖中，予以實際之確定。

(丙)蒸發——蒸發減少逕流之量，其程度視空氣之濕度，及氣溫而異。

(丁)地質與地面作物——地面之滲漏性，爲影響逕流流量之一重要之因素。長期降雨以致土壤中水份飽和，亦呈不透水性。有時因地層結構關係，每發生深層滲漏，則逕流流量將大爲減少。地面作物之存在，障礙逕流之集中，其減少逕流之程度，則視作物種類及氣候而異。

（戊）地形與坡度——地形及坡度影響逕流集中之時間，坡度愈陡者，逕流集中所需之時間愈短；坡度愈坦，則滲漏與蒸發量愈鉅。地面如多窪地及池沼，則流注河道之逕流即大爲減少。

（二）計算洪水量之方法：

基於上述因素之複雜，不可能推求一純理論之公式，以便計算逕流之流量。欲求精確之洪水量之值，殊非易易。茲將通常所應用之計算方法，敍述如下：

（甲）最可靠之洪水量之值，係自實測得來。惟必須有長期之觀測，始能決定何者爲若干年一遇之洪水。實測時，須將河道之浸水斷面劃分爲若干單位，分别以流速儀或浮標測定各單位之平均流速，此項單位斷面面積與各該單位斷面之平均流速之乘積之和，卽爲所求之流量。關於施測之詳細手續與應注意事項，應參看水文或河工方面專書。

（乙）天然河流中，洪水之來每甚猛烈，施測其流速如有困難時，亦可擇河道平直地段，以水尺分别記錄洪水位，或詢當地父老以洪水痕跡，以獲得其水面坡降，俟供峯稍減，立卽施測横斷面，以決定水力半徑之平均値，隨以普通流速公式計算其流速；流速與斷面面積之乘積，卽爲洪水之流量。流速公式中，糙率之値，最好於普通高水位時實測流量定之；計算洪水流量時，宜用稍小之値，或逕就河床情形決定亦可。

（丙）依照上節所述，如其他條件相同，逕流流量恆與流域面積成正比。爲推求某一流域之洪水量，即可參照地形，地質，與氣象均相近似之另一流域之洪水量，按流域面積之正比計算之。如所選擇之流域適當，依照此法推求所得結果，相當正確可用。不得已時，亦可以下列之經驗公式估計之。

（1）佛勒(Fuller)洪水公式：

佛勒分析美國近數十年之水文資料後，建議一計算洪水之公式，可將發生洪水之時間因素，即或然率計入。依照佛勒之意見，影響洪水量之因素可大別爲兩類：一類因素對洪水量之影響視河流所在地點而異，包括雨量，流域之面積，形態與坡度，地面作物與土壤之性質，河槽情況，蓄水量等，另一類因素對洪水量之影響則視時間而異，包括雨率，積雪，氣温，地下及地面之實際蓄水情形，風向與風速，河槽中之結冰情形等。佛勒乃用一係數C以概括第一類因素之影響。至第二類因素乃時間之函數，佛勒用T表示之。如各種造成最大洪水之因素與最大之雨量相遇，即將發生非常之洪水。實際影響洪水量之各項因素相遇之情形變化莫測，此乃一或然率之問題也。

佛勒所建議之基本公式爲一推求一年中平均流量之公式，即

$$Q_I = CA^{0.8} \quad \cdots\cdots\cdots (1)$$

其中C爲係數，其值見表10；A爲流域面積以平方公里計，Q_I爲一年中之平均流量，以秒立方公尺計。佛勒認爲祇須有五六年之流量記載資料，即可求得可用之Q_I之值。

爲推求T年中可能發生之最大之二十四小時洪水量，Q_I應乘以$(1+0.8\log T)$之倍數，此項關係乃自分析若干實際洪水量與各年之年平均流量之比率而擬定者，即經歷二十四小時之最高洪水量應爲：

$$Q_2=(1+0.8\log T)Q_I$$
$$=CA^{0.8}(1+0.8\log T)\cdots\cdots\cdots\cdots(2)$$

至爲推求一日中短時間之最大洪水量，則應引入另一新因素$\left(1+\frac{2.66}{A^{0.3}}\right)$，此亦係自分析實際資料得來。此項關係不甚可靠，因佛勒所依據之資料殊嫌貧乏也。佛勒所建議之計算最大洪水量之全式爲：

$$Q=CA^{0.8}(1+0.8\log T)\left(1+\frac{2.66}{A^{0.3}}\right)\cdots(3)$$

表10 一年中平均流量之係數

地點（均在美國）	測站數	C之值 最高	最低	平均
大西洋沿岸南部之河流	49	1.36	0.30	0.90
大西洋沿岸北部之河流	32	1.32	0.21	0.70
密西西必河上游	16	0.66	0.09	0.27
密西西必河下游	8	0.62	0.02	0.20
太平洋沿岸南部之河流	29	2.32	0.19	0.82
太平洋沿岸北部之河流	52	2.24	0.26	0.55

（2）克銳巳(Creager)洪水公式：

$$Q=100\sqrt{A}\cdots\cdots\cdots\cdots(4)$$

其中，Q爲萬年一遇之洪水，以秒立方公尺計；A爲流域面積，以平方公里計。本公式適用於計算河流之有極大

之洪水流量者。（指美國河流言）

（3）克雷尼（Kresnik）洪水公式：

$$Q=CA\frac{32}{0.5+\sqrt{A}} \quad \cdots\cdots(5)$$

其中，Q為洪水流量，以秒立方公尺計；A為流域面積，以平方公里計。C為係數，流域面積在五百平方公里以下者，C=1，流域面積在五百平方公里以上者，C=0.6；流域內因特殊情形，水量不能暢瀉者；可按六折估算之。

（4）荷夫曼(A. Hofmann）洪水公式：

(A) 流域面積在三百平方公里以下者；用

$$Q=\frac{CA}{(1+A)^{\frac{1}{3}}}\left(1-0.4\frac{d}{A}\right) \cdots\cdots(6)$$

(B)流域面積在三百平方公里以上者；用

$$Q=3A^{0.71} \cdots\cdots(7)$$

其中，Q為洪水流量，以秒立方公尺計。A為流域面積，以平方公里計。a為流域內森林面積，以平方公里計。C為係數；視流域內地面坡度而異；其坡度大於百分之二者；C=4.50，坡度在百分之2至0.5者，C=3.75，其坡度小於百分之0.5者，C=3.00。

(C) 計算荒溪中之洪水量，可按照流域內河流之長度，森林之多寡，地勢之峻坦及地質滲漏之狀況，採用下列之公式：

$$Q=4.2\,n_1\,n_2\,n_3\,n_4\,A \cdots\cdots(8)$$

其中各種n之值略如表11；

前二公式爲美國通用者，後二公式爲德國通用者，以影響洪水量之因素極爲複雜之故，經驗公式甚夥，而均僅可用資估計，以供參攷耳。

表11　荷夫曼流量估計表

河流長度（公里）	n_1	森林面積	n_2
0—2………	1.0	全無森林	1.0
3	0.9	流域內森林面積佔$^1/_4$	0.9
4	0.83	,,　$^1/_2$	0.8
5	0.75	,,　$^3/_4$	0.7
6	0.68	,,　$^4/_4$	0.6
7	0.63		
8	0.58		
9	0.53		
10	0.50		

流域內之地勢	n_3	地質滲漏情形	n_4
多山峻險…………	1.00	全不滲漏	1.0
多山	0.95	滲漏極微	0.9
山不甚多	0.90	滲漏不多	0.8
半爲山地半爲平地	0.85	滲漏極多	0.7
平地	0.80		

第十章　溢流與孔流之計算

本章所用之符號，除另有註明者外，統依下列之表示

C=流量係數。

K=流速係數。

A=孔之面積，以平方公尺計。

H=總水頭，包括行近速之水頭，以公尺計。

h=水頭，不包括行近速之水頭，或堰之上游2h處所量得之水面與堰頂間之高差，以公尺計。

h_v=行近速之水頭，以公尺計。

L=堰頂長，以公尺計。

P=堰頂與河底間之高差，以公尺計。

Q=流量，以秒立方公尺計。

V=流速，以秒公尺計。

(一)溢流之計算：

溢流乃具有自由水面之水流，恆指漫越一建築物，如溢水堰，或一缺口之水流言，此項水流之特徵爲自由水面恆在漫溢處之稍上游驟然跌落或呈收縮狀。如溢水堰之頂係銳緣者，則溢流水舌之下水面恆脫離堰頂而升起少許，此卽爲堰頂收縮。如溢水堰之側牆係銳緣者，則發生類似之堰端收縮。經各種收縮後，溢流水舌之斷面面積卽減小，堰上游之水均在流動，流近堰身時，大量之水乃逐漸更改其流向，流速逐增，終至轉化爲溢流之形態。此項轉化非驟然而成者，因加速度之值不能爲無窮大也。

自堰頂至自由水面之垂直距離h，通稱爲水頭，惟度量h之地點應遠在堰之上游，此項水平距離應大於2.5h，俾不受水面收縮之影響。在度量h處，水流之平均流速卽稱爲行近速。漫越一溢水堰頂之溢流流量每須依據度量所得之水頭h，堰頂長度L及缺口之形態等計算之，此項計算中恆須採用經驗值之係數，以便計入溢流水舌收縮之影響等。

（甲）矩形銳緣缺口：

缺口乃廣用於渠中以便度量及控制渠流之溢水堰，矩形銳緣缺口指缺口爲矩形而堰頂及兩側之牆身均係銳緣者言。漫越堰頂之流量乃堰頂長與堰頂所承水頭之函數。通常有數種理性式之計算方法，以推求溢流之流量，惟仍有恃於經驗值之流量係數之採用。此項流量係數恆自水工試驗中得來。最習見之理性公式可書爲微分方程式：

$$dQ = VdA = K\sqrt{2gy}\,dy$$

作積分可得計算溢流流量之通式爲：

$$Q = \frac{2}{3}CLH\sqrt{2gH}$$

其中，流量係數C之值常介於0.5至0.7之間，視溢水堰之堰高，堰之形式，是否有堰端收縮，堰面之性質，及下游水位情形而異。通常每將此係數與式中一二常數，如$^2/_3$與$\sqrt{2g}$合併成一單一之係數。H之值不能予以實際之度量，惟上游流水面至壩頂之水頭h，則可實測得之，其與行近速之水頭h_v之和，卽爲H之近似值。茲將習用之公式列舉數則如下：

（1）夫讓賽斯(Francis)公式：

$$Q = 1.84LH^{3/2} \cdots\cdots\cdots\cdots\cdots\cdots\cdots\cdots (1)$$

採用此公式之條件爲：(A) 堰身之上水面係垂直者，

堰頂銳利方正，致溢流自墻頂之上緣跳起後，即不再觸及堰及堰身之他部。(B) 堰身下游通風情形良好，無負壓。(C) 堰長超過水頭之三倍，堰身之高則五倍於水頭。(D)水頭大於一公寸，小於一公尺。(F) 缺口兩側之側牆延伸至下游，以致溢流無兩端收縮現象。

如擬計入行近流速則可用下列之公式：

$$Q=1.84\,L\left[(h+h_v)^{3/2}-h_v^{3/2}\right]\cdots\cdots\cdots(2)$$

（2）伯森(Bazin)公式：

$$Q=mLh^{3/2};$$

$$m=\left(1.79+\frac{0.0437}{n}\right)\left[1+0.55\left(\frac{h}{p+h}\right)^2\right]\quad(3)$$

（3）赫爾西(Herschel)潛堰公式：

以上三公式僅適用於自由溢流，假定溢流水舌下之通風情形良好，其中壓力與大氣壓力相同。如尾水位高出堰頂甚多，以致溢流水舌之下水面已與下游水流混合，水舌之下並無空間，則此項溢流之流量須用潛堰之公式計算之。赫爾西之公式爲：

$$Q=1.84\,L(nh)^{3/2}\cdots\cdots\cdots\cdots\cdots\cdots\cdots\cdots(4)$$

n 爲潛堰係數，其値視潛沒度而異。如以 d 爲尾水位高出堰頂之水深，則 n 之値可自表12中查得：

(乙)三角形缺口(Triangular Wier Notch)：

本形缺口之溢水堰，最宜用以度量極小之流量，且以其流量係數較爲固定，受水頭變化之影響較小，亦較精確可靠。缺口兩側之牆，如係銳緣且側牆互成之角度爲九十度，

表12　赫爾西灣堰係數n之值

d/h	0.00	0.01	0.02	0.03	0.04	0.05	0.06	0.07	0.08	0.09
0.0	1.000	1.004	1.006	1.006	1.007	1.007	1.007	1.006	1.006	1.005
0.1	1.005	1.003	1.002	1.000	0.998	0.996	0.994	0.992	0.989	0.987
0.2	0.985	0.982	0.980	0.977	0.975	0.972	0.970	0.967	0.964	0.961
0.3	0.959	0.956	0.953	0.950	0.947	0.944	0.941	0.938	0.935	0.932
0.4	0.929	0.926	0.922	0.919	0.915	0.912	0.908	0.904	0.900	0.896
0.5	0.892	0.888	0.884	0.880	0.875	0.871	0.866	0.861	0.856	0.851
0.6	0.846	0.841	0.836	0.830	0.824	0.818	0.813	0.806	0.800	0.794
0.7	0.787	0.780	0.773	0.766	0.758	0.750	0.742	0.732	0.723	0.714
0.8	0.703	0.692	0.681	0.669	0.656	0.644	0.631	0.618	0.604	0.590
0.9	0.574	0.557	0.539	0.520	0.498	0.471	0.441	0.402	0.352	0.275

卽水面寬適爲水深之二倍，則溢流之流量可以下列公式計算之：

$$Q=1.38h^{5/2}\cdots(5)$$

其側牆互成之角度爲六十度者，流量公式爲：

$$Q=0.79h^{5/2}\cdots(6)$$

本形缺口僅宜用以計算較小之流量，爲求計算精確起見，水頭h之值以不超過六公寸爲宜。

（丙）西蒲來梯缺口(Cipolletti Wier)：

本缺口雖爲梯形，仍可視爲矩形銳緣缺口之一種，因其兩側之牆傾斜成橫一直四之坡度，以致適能消去矩形銳緣缺口所有之兩端收縮之影響，故計算流量之公式幾與用於矩形銳緣缺口者雷同。西蒲來梯所推荐之公式為：

$$Q=1.86Lh^{3/2} \cdots\cdots\cdots\cdots (7)$$

本缺口廣用於渠道中，用以度量灌溉所引用之水量。因不便計入行近速之影響，流量之計算不能十分精確，水頭h之值亦以不超過六公寸爲宜。

（丁）寬頂滚水壩：

平頂壩之壩頂寬度大於水頭之0.47倍者，統稱之寬頂滚水壩。溢流越過寬闊之壩頂時，水面必有一定之降落，並在壩頂上保持恆一之水深，稱爲臨界水深，其值約爲水頭之三分之二，其流線則大致係與壩頂平行。計算寬頂滚水壩之溢流之流量公式爲：

$$Q=CLh^{3/2} \cdots\cdots\cdots\cdots (8)$$

其中，係數C用於壩緣之爲小圓弧形者，其值約爲1.55；用於壩緣之爲方正者，其值約爲1.41。（見哈同R.E. Horton氏之溢流測驗報告）

壩頂之由弧線構成者，因可減少壩頂之水面收縮，溢流係數之值必較矩形銳緣缺口之溢流係數之值爲高，如習用之渥奇式(Ogee-Type)滚水壩，其溢流係數之值，可達2.20，參閱第二十章。溢流係數C之值係隨壩頂弧線形態之差異，而生顯著之變化，復與水頭之大小有關，故其值不甚固定。即就壩頂係銳緣者言，壩身之上水一面如順流而傾斜，亦可減少水面收縮，因而增多溢出之流量，其傾斜之坡度達四十五度時，增加溢流之量之值達百分之十。如傾斜向相反之方向，則因增加水面收縮以致流量減少，坡度達四十五度時，其值達百分之七。傾斜壩身之下水一面，每不致影響流量，惟其坡度坦至横三直一之坡度時，流量乃見漸少。

當下游水位高於滾水壩之壩頂時，此種滾水壩卽成爲潛壩。大體言之，潛水深與溢流之水頭比率，小於0.5時，潛水對溢流之影響可以從略；其比率小於0.75時，仍可用自由溢流之公式以計算其流量。潛水之比率大於0.75時，則溢流流量之計算必須求助於水工模型試驗。

(二)孔流之計算：

(甲)小孔：

孔口之直徑小於水頭h之八分之一者，所受壓力之中心可認定係與孔之重心相合。其流速公式爲：

$$V=K\sqrt{2gh}$$

其中；K爲流速係數，可用0.98，適用於銳緣平口及弧形之出口，h爲上游水面至孔心之水深，或孔之上下游水位差，計算此種水流之流量所採用之面積，應爲實際水流之横斷面，相當於孔之斷面面積與收縮係數之乘積。流量公式可書爲：

$$Q=CA\sqrt{2gh} \cdots\cdots\cdots\cdots (9)$$

孔口之係銳緣口者，C=0.61；

(乙)大孔：

如孔口大而水頭之相對值小，譬如水頭僅爲孔高之一倍許，此種孔流之計算有先予以分析之必要。請以自由出流爲例。純從理論言之，試以y爲孔口斷面之一水平分子所承之水頭，則相應之流速爲 $V=\sqrt{2gy}$ 。此項流速之平均數並不等於 $\sqrt{2gh}$，其中h爲孔之中心所承之水頭，亦卽自孔頂至孔底之各項 y 之平均數。如以代數式表示之，卽：

$$\sqrt{2g\left(\frac{y_1+y_2}{2}\right)}=\sqrt{2gh}\neq\frac{\sqrt{2gy_1}+\sqrt{2gy_2}}{2},$$

故大孔之流量公式宜先列成微分方程式，

$$dQ=VdA=dA\sqrt{2gy}$$

假定用孔口爲矩形，B＝孔寬，D＝孔高，則 dA＝Bdy，代入上式並作積分，

$$Q=B\sqrt{2g}\int_{h-\frac{D}{2}}^{h+\frac{D}{2}}y^{\frac{1}{2}}\,dy=\frac{2}{3}B\sqrt{2g}\left[\left(h+\frac{D}{2}\right)^{3/2}-\left(h-\frac{D}{2}\right)^{3/2}\right]=CBD\sqrt{2gh}\left(1-\frac{D^2}{96h^2}\right)\cdots(10)$$

式(10)與式(9)極爲相似，自不若逕用式(9)計算之爲方便。當h/D＝1時，其差誤爲1%，當 h/D＝2 時，差誤爲0.1%，此項差誤甚小，殊可從略。爲計入行近速之影響，式(9)尙可修正爲：

$$Q=\sqrt{2g(h+hv)}\ \cdots\cdots\cdots\cdots\cdots\cdots(11)$$

應用於銳緣之圓孔或方孔時，C＝0.58～0.61；應用於銳緣之矩形孔口，(指孔寬爲孔高之二至六倍者言)，C＝0.61～0.63。

進水閘或斗門，以其兩側爲翼牆或閘墩，底部爲平台，可遏制兩側及底部之水流收縮，故C之値較高。本頓(J. Bention)氏經多次之測驗，得適用於水泥三合土建築物之係數，(C＝0.72＋0.0073S。其中，S爲閘寬，以英尺計。如兩側之翼牆甚長，以致可引用較大之行近速，而所用之流量公

式爲式(9)時。卜來輔(Bligh)氏所推荐之值爲閘寬1.5～3公尺者，C=0.90，閘寬4～6公尺者，C=0.94，特寬之閘孔或橋孔可用C=0.96。

第十一章 明渠水流之計算

本章所用之符號除有註明者外，統依下列之表示；

v =平均流速，以秒公尺計。

r =水力半徑，以公尺計。

s =單位距離之水頭損失，即水力坡降，如爲等速流，此即水面或渠底之坡降。

n =糙率，其值見表。

p =壓力。

w =單位水重。

z =位能水頭，即在基準面上之水位高差。

d =水深，如爲明渠等速流，此即壓力水頭。

H =水流之總水頭。

H_l =水頭損失。

(一)等速流：

任一水道，其中流動之水具有自由之水面，即謂之明渠。明渠水流之特徵，爲水面所受之壓力恆爲大氣壓力。

灌溉工程中所論之明渠水流，恆以定量流爲範圍，即假定渠中流量之值係一常數也。定量流可有等速流與變速流之分。凡水流之數橫斷面中平均流速之值相同者，即謂之等速流，反之，即謂之變速流。明渠具有劃一之橫斷面，均勻之糙率，與劃一之坡降，則渠內水流其水面坡降適與底平行者，即係定量等速流。

明渠水流之流速係水力半徑與渠底坡降之函數，計算流速之公式之基本形式為：

$$V=Kr^{x}s^{y}$$

其中，係數K與指數x及y可依照實驗之結果擬定而演為經驗公式，習用之公式有其塞公式：

$$V=C\sqrt{rs} \qquad (1)$$

其中，C之值可用卡特公式解之，其公式為：

$$C=\frac{23+\frac{0.00155}{S}+\frac{1}{n}}{1+\left(23+\frac{0.00155}{S}\right)\frac{n}{\sqrt{r}}}$$

為便於計算，可查用表14；大體言之，其塞公式頗完善，應用之範圍亦廣，惟計算時必須查表，有時或感不便。亦可採用形式較簡，最便記憶之曼寧公式：

$$V=\frac{1}{n}r^{2/3}S^{1/2}$$

管內水流，如無自由水面，則所承壓力情形與明渠水流頗不相同，惟試將管流之橫斷面均分為二，則其流速分佈固與明渠水流頗為相似。計算管流之經驗公式甚夥，以國內灌溉工程中採用水管者尚屬罕聞，玆予從略。有關之計算，可即以其塞公式計算之。

(二)變速流：

表13 流速公式中"n"之數值表

適用於卞特氏曼龄氏及傅希海滿氏公式

表面情形	甚佳	佳	平常	劣
未塗漆之生鐵水管	0.012	0.013	0.014	0.015
塗漆之生鐵水管	0.011	0.012	0.013	
塗黑之熟鐵水管	0.012	0.013	0.014	0.015
電鍍之熟鐵水管	0.013	0.014	0.015	0.017
鉸釘螺旋水管	0.013	0.015	0.017	
粘土瓦管	0.011	0.012	0.014	0.017
水泥漿砌磚工	0.012	0.013	0.015	0.017
水泥灰漿鋪面	0.011	0.012	0.013	0.015
水泥混凝土管	0.012	0.013	0.015	0.016
木板水管	0.010	0.011	0.012	0.013
木板水槽				
預先有計劃者	0.010	0.012	0.013	0.014
無計劃者	0.011	0.013	0.014	0.015
以木條釘住者	0.012	0.015	0.016	
水泥混凝土河床	0.012	0.014	0.016	0.016
水泥鑲石河床	0.017	0.020	0.025	0.030
乾砌璧石河床	0.025	0.030	0.033	0.035
琢石河床	0.013	0.014	0.015	0.017
人工溝渠				
土質河床平直整齊	0.017	0.020	0.0225	0.025
礨石河床平滑整齊	0.025	0.030	0.033	0.055
河床爲礨石但凌亂如齒形	0.035	0.040	0.045	
河流迂緩彎曲	0.0225	0.025	0.0275	0.030
已疏浚之土渠	0.025	0.0275	0.030	0.033
河底爲泥土兩岸拋石	0.028	0.030	0.033	0.035
天然河槽				
(1) 河床整潔平直水滿無淺灘及深潭	0.025	0.0275	0.030	0.033
(2) 與(1)相同但有少許水草及亂石	0.030	0.033	0.035	0.040
(3) 河床整潔彎曲略有深潭及沙洲	0.033	0.035	0.040	0.045
(4) 與(3)同但水淺傾度及斷面不甚適宜	0.040	0.045	0.050	0.055
(5) 與(3)同但有少許水草及亂石	0.035	0.040	0.045	0.050
(6) 與(4)同河床多亂石	0.045	0.050	0.055	0.060
(7) 河流迂緩多水草或深潭	0.050	0.060	0.070	0.080
(8) 極多水草	0.075	0.100	0.125	0.150

表14　基塞氏C值(公制)

水力半徑R (m.)	糙率	水坡S 0.000025	0.00005	0.0001	0.0002	0.0004	0.001	0.01	糙率	水坡S 0.000025	0.00005	0.0001	0.0002	0.0004	0.001	0.01
0.05	n=0.010	38	44	51	54	56	57	58	n=0.013	28	31	35	38	40	41	42
0.1		49	56	61	65	68	70	71		36	41	44	47	49	50	51
0.2		63	70	74	77	78	79	80		46	50	53	56	58	59	59
0.3		72	77	81	84	85	86	86		53	57	60	63	64	64	65
0.5		83	86	88	90	91	91	91		62	65	67	69	69	70	70
1.0		100	100	100	100	100	100	100		77	77	77	77	77	77	77
2.0		115	111	109	107	106	105	105		90	87	85	84	83	82	82
3.0		124	117	113	111	110	109	108		99	94	89	88	87	86	85
5.0		134	123	118	115	113	112	111		108	100	93	91	90	89	88
15.0		151	135	125	121	118	117	115		125	114	102	98	96	94	92
0.05	n=0.017	19	22	24	26	28	29	29	n=0.020	15	18	20	21	23	23	24
0.1		25	29	32	34	35	36	36		21	23	25	28	29	29	30
0.2		34	37	39	41	42	42	43		28	30	32	34	35	36	36
0.3		40	43	45	46	47	47	48		33	35	37	38	39	40	40
0.5		47	49	50	51	51	52	52		40	41	42	43	43	44	44
1.0		58	58	58	58	58	58	58		50	50	50	50	50	50	50
2.0		71	69	67	66	65	64	64		61	59	57	56	55	55	55
3.0		78	74	71	70	69	68	68		69	64	61	59	59	58	58
5.0		87	79	75	73	72	71	70		76	70	66	63	62	61	61
15.0		105	90	83	79	77	76	75		94	81	74	70	68	67	66

表14 基塞氏C值(公制) (續前)

水力半徑R (m.)	糙率	水坡S 0.000025	0.00005	0.0001	0.0002	0.0004	0.001	0.01	糙率	水坡S 0.000025	0.00005	0.0001	0.0002	0.0004	0.001	0.01
0.05	n=0.025	12	13	15	16	17	18	18	n=0.030	10	11	12	13	13	14	14
0.1		17	18	19	20	21	22	22		13	14	15	16	17	18	18
0.2		22	23	24	25	26	27	27		18	19	19	20	21	22	22
0.3		26	28	29	30	30	31	31		21	22	23	24	24	25	25
0.5		31	32	33	34	34	35	35		25	26	27	27	28	29	29
1.0		40	40	40	40	40	40	40		33	33	33	33	33	33	33
2.0		50	48	47	46	45	45	45		42	41	40	40	39	38	38
3.0		56	53	51	49	48	48	47		48	45	43	42	42	41	41
5.0		64	59	54	53	52	51	50		56	51	47	45	44	43	43
15.0		81	71	63	59	57	56	55		72	62	55	52	51	49	48
0.05	n=0.035	8	9	9	10	10	11	11	n=0.040	6	7	7	8	8	9	9
0.1		11	12	12	13	13	14	14		9	10	11	11	12	12	12
0.2		15	16	16	17	17	18	18		13	14	14	15	15	16	16
0.3		18	19	19	20	20	21	21		15	16	17	18	18	18	18
0.5		22	23	23	23	24	24	24		19	19	20	20	21	21	21
1.0		30	29	29	29	29	29	29		25	25	25	25	25	25	25
2.0		36	35	34	34	33	33	33		32	31	31	30	30	29	29
3.0		42	40	38	37	36	36	36		37	35	34	33	32	32	33
5.0		49	43	43	42	41	40	39		44	41	39	38	37	36	35
15.0		65	56	51	47	45	44	43		59	52	40	48	42	41	40

變速流之計算，係依據白露里定理行之。白露里定理係自牛頓第二定律演化而得，闡述水流之總能係不變者。水流所具之能可分爲勢能與動能，其中勢能包括位能與水壓力所具之能。如以每單位重之水流所具之能衡量之，動能可以流速水頭表示之，水壓力所具之能可以壓力水頭表示之，位能可以水位高程表示之。故水流所具之總水頭可書爲。

$$H=\frac{V^2}{2g}+d+z$$

依據白露里定理，流速水頭，壓力水頭，與水位高程三者可互相轉化而無損耗。試取同一水流綫上之二點，如此二點間無水頭損失，亦無外力加入，則上游一點所具之總水頭恆等於下游一點所具之總水頭，列爲公式：

$$H_1=H_2，\quad 或\quad \frac{V_1^2}{2g}+d_1+z_1=\frac{V_2^2}{2g}+d_2+z_2$$

如所取之點均在渠底上，即假定z_1與z_2係分別表示上下游渠底所具之水位高程，則d_1與d_2即分別表示上下游水流之全部水深。可以推論：下游水流之深度如逐減，流速必逐增：水流之深度如逐增，流速必逐減，故變速流之水流情形即可依據上式計算之。實際上下游之二點間，恆有水頭損失，如摩擦損耗等，應予計入，故上式可修正爲：

$$\frac{V_1^2}{2g}+d_1+z_1=\frac{V_2^2}{2g}+d_2+z_2+h_l\cdots\cdots(3)$$

（甲）水面之壅高與低落：

築壩所造成之回水影響，即須應用白露里定理計算之，水流遭遇引水壩之阻擋，以致水面壅高，此項水面壅高之影響可達於遙遠之上游，應加計算，以便決定是否需添建防洪工事，庶不致因水面壅高而泛濫上游兩岸之田畝廬舍。由於天然河道斷面之無規律，如擬一次計算出上游某處之水面壅高情形，且要求相當精確之數字，則計算之公式須極複雜，殊不便採用。通常之公式恆僅計入水深之變化，而略去水道寬度之變化，除應用於斷面劃一與坡降一致之人工渠道外，此種公式並無價值可言，且須配備若干附表，計算亦不簡便。茲所推荐者為逐步試算法，雖略嫌繁複，惟可應用於斷面不規律之天然河道，堪稱實用。試擇適當之處，如斷面面積，或河底坡降，或糙率有劇變之處，酌將回水所及之水道，劃分為若干段，每段中之斷面面積與水力半徑應大體屬有規律而無特殊之變化，計算時，自鄰近引水壩之一段起，向上游逐段推算，每段之上游一端與下游一端之水面差可書為

$$\triangle h=d_1+z_1-(d_2+z_2)$$

代入式(3)，得

$$\triangle h=h_1+\frac{V_2^2}{2g}-\frac{V_1^2}{2g}\cdots\cdots\cdots\cdots\cdots\cdots(4)$$

此係計算變流速之基本公式。其中V_2為此段下端之平均流速，為已知數，v_1為此段上端之平均流速，須先假定上游水面高度，根據其斷面計算得v_1之值。h_1為此段內之水頭損失，此純為此段內之摩擦水頭損失，可用其塞或曼寧公式計算之。可先依據此段上端之斷面所具之水力半徑r與v_2，計算得s_2，再據此段下端之斷面所具之水力半徑與v_1計算得s_1，如此段長為L，則：

$$h_f = \frac{1}{2}(s_1+s_2)L,$$

代入式(4)卽可求得Δh。將Δh之値與此段下端之水面高度相加，所得之和，卽爲此段上端之水面高度，此爲試算所得者，應與前爲計算V_1而假定之水面高度相等，如差誤太大，應校正前所假定之水面高度，重行計算，務令計算者與所假定者相等而後已，通常稍作一二次試算，卽可得完滿之結果，如此逐段向上游推算，卽可求出全部回水線，將各段之長度縮短，則極精確之値亦可求得，計算築壩之壅高回水曲線時，如僅擬求得一近似値，可卽以$\Delta h = h_f$，因壩後水道中流速之差異每屬甚微也。如此求得之値稍高，惟其總差誤罕有達一公寸者。

計算舉例：假定洪水流量 = 500 m^3/s，有一標準渥奇式引水壩長100m。壩頂高度 El.100，流量係數 =2.2，計算得水頭=1.73m.故引水壩所壅高之水面高度爲El.101.73。又假定曼寧公式中之n=0.035。玆爲節省篇幅起見，爰將回水曲線之計算酌舉數條，列表如右，以供參考。

樁號	假定水面高度	A	V	$\frac{V^2}{2g}$	r	S	段內之平均S	段長L	h_f	次要之損失h_m	計算得Δh	計算得高度
0+000		400	1.245	0.079	3.8	0.00032						101.73
0+100	101.80	350	1.430	0.109	3.4	0.00049	0.00041	100	0.041	0	0.071	101.801
0+300	101.95	310	1.610	0.133	2.9	0.00075	0.00062	200	0.124	0	0.148	101.949

水流低落之回水線亦可用式(4)計算之。所應注意者，當水流深度大於臨界水深時，逐步試算法應向上游推算，而水流深度小於臨界水深時，則應向下游逐步計算。根據回水曲線之原理，計算順序必須如此，所得結果方屬精確，如計算順序之方向錯誤，則計算之錯誤恆鉅。

計算舉例：洮豐渠陡坡急水槽之坡降＝4：100，流量Q＝1m³/s.，正常水深 d＝0.44m 上游土渠之坡降＝1：2000，正常水深＝0.88公尺，渠內水深因受下游陡坡內水位低落之影響，將逐漸降落，其回水影響可達遙遠之上游，惟渠底坡降驟變處，水深以跌落至臨界水深＝0.575公尺爲度，不可能驟然降至0.44公尺，故陡坡急水槽之首段仍爲顯著之變速流，而非等速流，此項回水計算，應自圖中A點分向上下游推算，如擬標明水深，可將式(3)稍加調整可得：

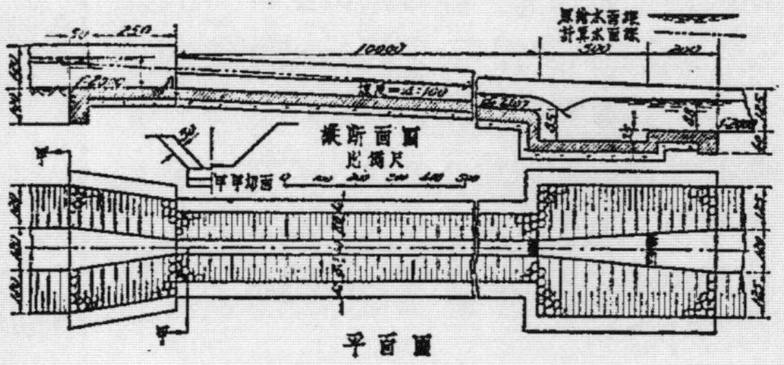

圖3　甘肅洮豐渠陡坡

$$d_I = d_2 + h_l + (z_2 - z_I) + \frac{V_2^2}{2g} - \frac{V_1^2}{2g}$$

如以 S_b ＝渠底坡降，則$z_2 - z_I = -S_b L$，而水頭損失$h_l = s_f L + h_m$，代入上式可得：

$$d_I = d_2 + (S_f - S_b) L + h_m + \frac{V_2^2}{2g} - \frac{V_1^2}{2g}$$

渠道及陡坡內之水深，即可用此式計算，詳見下表：

地點	假設水深	A	v	$\frac{V^2}{2g}$	r	s	段內之平均s	渠底坡度s_b	段長L	h_f	次要之水頭損失h_m	計算得水深
(推算自A點向下游) A		0.79	1.266	0.082	0.325	0.0045						0.575
4.0	0.478	0.423	2.36	0.285	0.241	0.0233	0.0139	0.04	4.0	0.0555	0	0.477
8.0	0.442	0.372	2.69	0.368	0.225	0.0330	0.0282	0.04	4.0	0.113	0	0.442
(自A點向上游推算) A		0.79	1.266	0.082	0.325	0.0045						0.575
1.5	0.585	0.81	1.234	0.776	0.330	0.0041	0.0043	0.0005	1.50	0.00645	0.03	0.5851
3.0	0.628	1.148	0.872	0.0388	0.385	0.00170	0.00290	0.0005	1.50	0.00435	0	0.6274
203	0.785	1.560	0.640	0.0209	0.456	0.00071	0.00120	0.0005	200	0.240	0	0.7859
603	0.815	1.730	0.578	0.0172	0.468	0.000576	0.000643	0.0005	400	0.2570	0	0.8457
1603	0.88	1.82	0.544	0.0152	0.494	0.000490	0.000533	0.0005	1000	0.533	0	0.880

(乙)漸變槽之計算：

地勢平衍地帶，渠水之位能恆屬可貴，渠工建築物之設計，應使水流順暢，俾水頭損失之值可儘量減低。土渠內如水流發生顯著之變化，亦應儘量使流水順暢，以免發生渦流而致渠床渠岸被冲刷。水道之橫斷面形式或斷面面積如改變爲另一新斷面，則水流情形卽隨之而生變化。爲使水流之變化順暢，渠工本身斷面之變化宜取逐漸改變之道。此段渠槽，用以聯接二斷面形式或斷面面積不相同之水道，俾水流之改變可以順暢者，稱爲漸變槽(Transition)，土渠與石渠渡槽，涵洞，或倒虹吸管等啣接處，所用以改變水流之入口及出口建築物均屬其例。

漸變槽可採用任用形式，可由簡單之平面組成。亦可由甚長之扭曲面組成。究宜採用何種形式，則視水頭損失可以允准之值，及減少亂流之重要性而定。通常可採用簡單之漸變槽，如直立式翼牆。苟渠水之位能甚可珍貴，水頭損失應儘量減少，或鋼筋混凝土建築物之工程費甚爲低廉，則應採用流線化之漸變槽。以下之說明將重在後者之設計。如實際不需如此精致之漸變槽，自可參照簡化。

設計漸變槽並無定則，大體言之，水面之縱剖面及漸變槽之槽身均不得具有稜角，而須由平滑之雙回曲線組成。(參閱圖28陡坡之出口)。水面高度變化之趨勢應屬相同。水面如係降低，即須賡續降低，且其變化之軌跡，應成一平滑之雙回曲線，水面寬度變化之趨勢，亦應相同。如爲放寬，即須賡續放寬：如爲縮窄，即須賡續縮窄：亦應由平滑之雙回曲線組成。

漸變槽之設計首在擬定槽身之長度•長度之擬定視斷面面積之變化而異。依據水力學之理論，水流如由面積較大之梯形斷面變爲面積較小之矩形斷面，此爲水流在啣接梯形土渠與矩形渡槽之入口內之情形，發生亂流之可能性較小；水流如由面積較小之矩形斷面變爲面積較大之梯形，此爲水流在啣接矩形渡槽與梯形土渠之出口內之情形，發生亂流之可能性較大，故出口之長度應較入口爲長，編者爰依據水流放大之理論，酌擬一經驗公式，以便估計此項長度。

$$L=C(B_1-B_2)\cdots\cdots\cdots\cdots(5)$$

其中L＝漸變槽之長度，C爲一係數；用於計算入口之長度，C＝1.25；用於計算出口之長度，C＝2.5，B_1與B_2爲漸變槽上下游之水面寬度。公英制通用。漸變槽之斷面形式之變化以由梯形變化爲方形爲止境；方形斷面變爲圓形斷面恆在暗管內行之。並且無須計算。

漸變槽內之水流既係變速流，自應援用式（4）計算之。漸變槽上下游之水面差、可用式(4) 一次計算得之。式中h_l包括摩擦水頭損失與亂流所引起之水頭損失。摩擦水頭損失之計算法與前節所列舉之計算水流之壅高與低落之回水曲線之方法相同，即：

$$h_f=\frac{1}{2}(s_1+s_2)L$$

亂流所引起之水頭損失：

$$h_{l_1}=\left|0.1\left(\frac{v_2^2}{2g}-\frac{v_1^2}{2g}\right)\right|$$

其中，||號表示用絕對値，即正數値，因h_{l_1}不得爲負數。前已言之，水流在入口內發生亂流之可能性較小，水頭損失原應較小，惟依照式(5) 之規定，入口之長度僅爲出口之半數，故此項水頭損失可認爲相等，再計算入口中之水流時，因$v_2>v_1$，故Δh恆爲正數，計算出口內之水流時，因$v_2<v_1$，故Δh可能爲負數，即出口內之水面係向下游逐漸升

高。由於斷面形式之逐漸改變，此項現象係屬可能者，惟此種水流每不可恃，通常計算出口內之水流時宜以$\triangle h=o$，爲極限，卽$\triangle h$不宜爲負數。

其次，可將漸變槽內之水面變化酌繪爲一雙回曲線，並將漸變槽之長度酌分爲若干段，向上游逐段計算流速及斷面面積，決定水深及斷面之底寬與邊坡之値，而後繪製草圖，務令底寬與水面之水平投影均由平滑之雙回曲線組成。槽底之高程如有顯著之變化，亦應由雙回曲線組成。如計算所得之結果與理想不符，可酌就草圖試行調整，重行計算，至滿意而後止，調整與計算須重複數次，此乃不可免者，惟試算數次後，卽可熟嫻此項設計矣。計算舉例，見第二十三章陡坡之入口與出口漸變槽之設計。

(三)臨界水流：

假定渠流之水深＝d，且平均流速＝v，則水流在任一指定之渠道斷面所具之總能，亦卽以渠底作基準(卽z＝o)之單位重水流所具之總能可書爲：

$$E=d+\frac{V^2}{2g}$$

當E爲固定之常數時，如水深d增大，則平均流速v必減小；反之亦同。因流量係水深d與平均流速v之函數，必有一種水深與流速之配合，其時流量之値最鉅。換言之，當流量係一常數時，E係d與v之函數，必有一種d與v之配合其時E之値最小。具有此種特殊條件之水流，通稱爲臨界水流。渠流如遇缺口而自由跌落，恆自行調整水深與流速之關係而成臨界水流，如此則維持水流關係之總能E之值係最小也，計算臨界水流之基本公式為：

$$\frac{A_c^3}{T_c}=\frac{Q^2}{g}$$

其中A_c＝臨界水流之橫斷面面積，T_c＝臨界水流之水面寬度。普通計算臨界水流之水深，即臨界水深，恆須用試算法求之，惟渠道之橫斷面如係矩形，則可一索而得，在矩形渠道內，水面寬T_c等於渠底寬b_c，$A_c=b_cd_c$，上式可化為：

$$d_c=\sqrt[3]{\frac{Q^2}{gb_c^2}}$$

亦可化為$\frac{d_c}{2}=\frac{V_c^2}{2g}$，故矩形槽內，臨界流速之水頭適為水深之$\frac{1}{2}$，亦即總水頭E之$\frac{1}{3}$。

(四)土渠內流速之最高值與最低值：

土渠內，渠水之流速，不可超過某一最高之值，否則渠底與渠岸將被冲刷蝕食，同時此項流速亦不可小於某一最低之值，俾能阻止水草之叢生及所挾淤泥之沉澱。故設計之流速之值，應適在此最高值與最低值之間。

渠道之工程費大致與其斷面面積成正比。為減少施工費用，渠道之斷面面積愈小愈佳，換言之，水流之流速愈高，則工程愈經濟。惟流速太高，則渠道將被冲刷而生災害，故渠水流速之最高値，應有適當之限制。超過最高値之流速，卽爲冲刷流速，此與輸送流速有別。土壤之抗冲性固與土壤顆粒之鉅細有關，惟粘合力亦係一重要之因素。凝實之土壤含粘土之成份愈多，則抗冲性愈強，流速甚高之水流或亦不致產生冲刷現象。而撒佈於水中之鬆散之粘土顆粒，則可以流速較小之水流輸送之。業經凝實之老渠恆較新渠之抗冲性爲強，渠中如有淤泥沉澱，則土渠之抗冲性逐增，卽係此故，水流之冲刷能力約與其流速之平方成正比。如平均流速相同，則水流愈深者之冲刷能力愈弱，因冲刷與否係取决於接近渠底之流速之値，而平均流速相同時，水流愈深，則底部流速之値恆愈小也。此可自渠流之水面至渠底之流速分佈曲綫圖獲得證明。水中之挾帶物影響冲刷力至鉅，在水泥砌面上，如水流挾有粗沙，每規定其流速不得超過每秒四公尺，而清水之流速則幾可無限制，據實際觀測，流速達每秒二十五公尺，歷時半載，毫無冲刷現象，玆將美國工程師學會所推荐之渠水之最高流速，列爲表15，以供參攷

表15　渠水之最高流速，以秒公尺計

挖方渠槽之土質	清水	渠水挾有粘性淤泥	渠水挾有非粘性之泥沙如粗細沙卵石等。
非粘性之細沙	0.45	0.75	0.45
非粘性之沙壤	0.55	0.55	0.60
非粘性之沉積淤泥	0.60	1.10	0.60
普通堅實壤土	0.75	1.10	0.70
火山灰渣	0.75	1.10	0.60
細卵石	0.75	1.50	1.15
極富粘性之堅實粘土	1.15	1.50	0.90
粘性沉積淤泥	1.15	1.50	0.90
非粘性之粗卵石	1.20	1.80	2.00
泥板岩與硬土	1.80	1.80	1.50

防止沉澱所需之最低流速之値取决於水流之輸送能力。水流所能輸送之顆粒之直徑，係與流速之平方成正比。顆粒之重量，則與流速之六次方成正比。惟此項原則，僅適用於顆粒之形態係相同者，沉澱物在水道中之移動，大致可分二類：一類爲懸移質係浮游於水中者，如細淤沙；一類爲推移質係沿渠底滚動及跳動者，如粗沙卵石等，通常每不可能，亦無須使渠系中粗沙之輸送，得暢行無阻，最終沉澱於所灌溉之農田，而有礙作物之生長，反之應利用渠首附近之建築物，阻止粗沙進入渠系之內。參閱第二十二章。浮游之泥沙之輸送，爲渠系設計之重要條件，另於第十七章詳論之，至爲防止水草，蘚苔，在渠內生長所需之最低流速可定爲：渠水深度少於六公寸者，其平均流速不得小於每秒七公寸；渠水稍深者，其平均流速不得小於每秒五公寸。

第十二章　水頭損失之計算

水流在流動之過程中，恆不斷消耗其所具之能，此項消耗如以水頭表示之即爲水頭損失。如流速與流向不變，則水頭之損失率係一常數值，此卽指定量等速流因摩擦而生之水頭損失言。如流速或流向發生變化，則除此項常數值之水頭損失外，尙應計入額外之水頭損失，通稱爲次要水頭損失。次要水頭損失包括下列數種：

(1) h_e＝放大之水頭損失，發生於水道面積放大之處。

(2) h_c＝縮小之水頭損失，發生於水道面積縮小之處。

(3)h_b＝灣曲之水頭損失，發生於水道有灣曲以致流向改變之處。

(4)h_o＝其他次要水頭損失。

全部水頭損失，包括摩擦水頭損失與次要水頭損失，可列式如下：

$$h_l=\Sigma h_f+\Sigma h_e+\Sigma h_c+\Sigma h_b+h_o \cdots\cdots(1)$$

各項水頭損失之值，可依照水工試驗所得之資料而估計，通常恆作爲流速之函數，此項流速指相關之局部流速言，且恆以斷面面積較小之水流之流速爲準。茲將計算各項水頭損失之資料均係公英制通用，彙列如下：

(一)摩擦之水頭損失：

摩擦之水頭損失，可卽以第九章所列之公式計算之，各項公式雖曾註明係用於明渠水流之計算，如擬用以計算管流亦無不可。管流之所以異於明渠水流者，在無自由水面而荷負有大氣壓力以外之水壓力。影響水頭損失之因素旣未包括壓力在內，各該公式自亦可用以計算管流。塔塞曾變化其基公式使便於計算管流。式九(1)可演變爲：

$$V^2=C^2rS$$

如以L＝水管長度，則水力坡降$S=\frac{h_f}{L}$，可得

$$h_f=\frac{LV^2}{C^2r}=\frac{2gL}{C^2r}\times\frac{V^2}{2g}\cdots\cdots\cdots\cdots(2)$$

管中滿流之水力半徑$r=\frac{d}{4}$，d爲水管之直徑，代入上式可得：

$$h_f=\frac{8g}{C^2}\cdot\frac{L}{d}\cdot\frac{V^2}{2g}=f\cdot\frac{L}{d}\cdot\frac{V^2}{2g}$$

此卽最習見之計算管流之通式。專爲計算管流之公式甚夥，可參考水力學專著，不擬一一列舉。

(二)放大之水頭損失：

因水道放大而生之水頭損失，可以下列之通式計算之：

$$h_e=C_e\frac{V^2}{2g}\cdots\cdots\cdots\cdots(3)$$

水道如係驟然放大，博達(Borda)會依據理論演得計算水頭損失之公式爲：

$$h_e=\frac{(V_1-V_2)^2}{2g}=\left(1-\frac{A_1}{A_2}\right)^2\frac{V^2}{2g}，卽$$

$$C_e=\left(1-\frac{A_1}{A_2}\right)^2\cdots\cdots\cdots\cdots(3)A$$

其中，A_1與A_2爲小管與大管之斷面面積，V爲小管中之流速。公英制通用，如此項放大係漸進者，則上式中應增加一係數Sin θ，其中θ爲放大之二邊互成之角度，卽

$$C_e=\left(1-\frac{A_1}{A_2}\right)^2\sin\theta\cdots\cdots\cdots\cdots(3)B$$

如因斷面驟然放大，出流遭遇大量之靜水，而面積不便估計，通常均假定出流之流速完全消失，卽$C_e=1$。

(三)縮小之水頭損失：

計算水道縮小所生水頭損失之通式爲：

$$h_c = C_c \frac{V^2}{2g} \cdots\cdots\cdots\cdots\cdots (4)$$

其中，V爲小管中之流速。縮小處如有極優良之喇叭式入口，則$C_c=0.04$；如斷面之縮小係漸進者，則$C_c=0.04\sim0.25$，視水流順暢之情形而定。如斷面之縮小係驟然而成者，則可用下表所列之值。

A_2/A_1	0.1	0.2	0.3	0.4	0.5	0.6	0.7	0.8	0.9	1.0
C_c	0.47	0.43	0.39	0.34	0.30	0.26	0.21	0.18	0.08	—

（四）灣曲之損失：

水道如有灣曲，則水頭損失恆較在直線水道中者爲鉅，此項額外之水頭損失，即爲灣曲之水頭損失。通常均認爲此項損失乃流速與灣曲半徑之函數。灣曲之水頭損失仍可爲：

$$h_b = C_b \frac{V^2}{2g} \cdots\cdots\cdots\cdots\cdots (5)$$

如灣曲之角度爲90°，R＝灣曲半徑，d＝水管直徑，則C_b之值可自下表查得。

R/d	1.0	1.5	2.0	3.0	4.0	5.0	10.0
C_b	0.40	0.32	0.27	0.22	0.20	0.15	0.10

如灣曲之角度爲45°，則可用上表所列值之¾倍；如灣曲之角度爲22.5°，則可用上表所列值之½倍。如以△爲

灣曲之角度，則其他角度之灣曲損失卽爲表列數字之$\sqrt{\frac{\Delta}{90°}}$倍。

(五)計算舉例：

如以H＝總水頭差，則式九(3)可經移式而得

$$H=h_l+\frac{V_2^2}{2g}-\frac{V_1^2}{2g}\quad 或\ H=h_l+\frac{V_3^2}{2g}-\frac{V_1^2}{2g}$$

其中，H爲輸水建築物上下游自由水面之高差，或上游水面與輸水建築物出口中心間之高差，視逸出之水流是否爲射流而定，V_1爲漸近流速，或上游渠中之流速；V_2爲水流在輸水建築物尾端出口處之流速；V_3爲出口外之流速或下游渠中之流速；h_l爲水流通過此項輸水建築物之全部水頭損失。以式(1)代入上式，並引入式(2)～(5)，可得：

$$H=\frac{V_3^2}{2g}-\frac{V_1^2}{2g}+h_l=\frac{V_3^2}{2g}-\frac{V_1^2}{2g}+\Sigma h_f+\Sigma h_e+\Sigma h_c+\Sigma h_b+h_o$$

$$=\frac{V_3^2}{2g}-\frac{V_1^2}{2g}+\Sigma f\frac{L}{d}\cdot\frac{V^2}{2g}+\Sigma C_e\frac{V^2}{2g}+\Sigma C_c\frac{V^2}{2g}+\Sigma C_b\frac{V^2}{2g}+\Sigma C_o\frac{V^2}{2g}$$

所須註明式中V爲一變數，各不相同，視局部實際情形而定。因所計算者恆係定量流，卽$V_1A_1=V_2A_2=V_3A_3$ ……或$V_1=V_2\frac{A_2}{A_1}=V_3\frac{A_3}{A_1}$……，故任一流速V均

可化爲 V_2 與一相關之面積係數之乘積。如面積係數與水頭損失係數合併。以K總括之，上式可化爲

$$H=K_1\frac{V_2^2}{2g}-K_2\frac{V_2^2}{2g}+\Sigma k\frac{2gL}{C^2r}\frac{V_2^2}{2g}$$

$$+\Sigma K_3\frac{V_2^2}{2g}+\Sigma k_4\frac{V_2^2}{2g}+\Sigma K_5\frac{V_2^2}{2g}$$

$$+\Sigma K_6\frac{V_2^2}{2g}=(K_1-K_2+\Sigma k\frac{2gL}{C^2r}+\Sigma K_3$$

$$+\Sigma K_4+\Sigma K_5+\Sigma K_6)\frac{V_2^2}{2g}$$

$$=(\Sigma k\frac{2gL}{C^2r}+\Sigma K)\frac{V_2^2}{2g}$$

其中，k爲一變數，視實際面積變化情形而定，$\Sigma K=\Sigma K_3+\Sigma K_4+\Sigma K_5+\Sigma K_6+K_1-K_2$。爲便於計算 V_2 起見，上式可演變爲：

$$V_2=\frac{\sqrt{2gH}}{\sqrt{\Sigma k\frac{2gL}{C^2r}+\Sigma K}}$$

故 $$Q=A_2V_2=\frac{A_2\sqrt{2gH}}{\sqrt{\Sigma k\frac{2gL}{C^2r}+\Sigma K}}\cdots\cdots\cdots\cdots(6)$$

此爲計算輸水建築物中水流之通式，亦可據以從事斷

面設計。

舉例：茲有磚工砌築之倒虹吸管，其糙率係數$n=0.02$其斷面爲面積相同之圓管，直經$d=1$公尺，管身縱斷面爲直線，管之兩端有簡陋之入口及出口建築物，以與渠道相聯。假定流量$Q=1$秒公方，倒虹吸管之長度$L=30$公尺，試求虹吸管上下游之水位差。

管身斷面旣屬一致，則管內流速相同。卽均係V_2，水頭損失僅有在入口之縮小之損失，管內之摩擦損失及在出口之放大之損失。如上下游渠中水流之斷面面積相等，卽$K_1=K_2$，則

$$\Sigma K=K_3+K_4=C_c+C_e$$

其中，C_c爲入口處縮小損失之係數，可用0.2；C_e爲出口處放大損失之係數，可用1.0。代入之：

$$\Sigma K=0.2+1.0=1.2$$

因圓管中滿流時水力半徑$r=\frac{d}{4}=0.25$公尺，糙率係數$n=0.02$，假定$S=0.01$，可自表14中査得$C=38$，在此例中：

$$\Sigma k\frac{2gL}{C^2r}=\frac{2gL}{C^2r}=\frac{19.6\times30}{38^2\times0.25}=1.63$$

代入式（6）：

$$1=\frac{\overline{0.5^2}\pi\sqrt{2gH}}{\sqrt{1.63+1.2}}$$

$$\therefore\quad H=0.23\text{公尺}$$

如設計時，H之值爲已知數，擬求虹吸管之斷面面積

，計算方法大致相同，惟須先假定一近似值，經試算校正一次後，始能獲得精確可用之值。

涵洞，水管，渡槽，虹吸管等之水工設計，與玆所舉之例大致相似，自可參照計算。參閱第二十五章木片管之水工設計。

第十三章 滲流與板樁

(一)滲流之理論：

設計水利建築物時，對於滲流問題，應作詳細之分析，妥善之處理，庶幾建築物確屬安全可恃。

水利建築物，分引水壩，冲刷閘，進水閘等。恆荷負有靜水壓力。如建築物之基礎係透水者，則由於底基所荷負之靜水壓力不平衡，水流即穿過此項透水性之基礎，向壓力較小之方向流動，而演為滲流。壓力水頭不平衡之差額即係滲流流動之水頭。

滲流對於建築物之影響，可分三方面言之；(一)滲流具有浮托力（Uplift Pressure），減低建築物之有效重衡，因而影響其安定性，浮托力如極強大或足以傾覆建築物(二)如基礎係土壤，則滲流減低土壤之剪力，使建築物在基礎上容易發生滑動現象；(三)滲流挾動底基沙土之顆粒，造成湧沙現象，底基土壤逐漸流失，遂使建築物坍陷。此三項影響可能互為因果；惟如對一三兩項防範得宜，則第二項恆不足為慮。

(甲)基本公式：

土壤中滲流情形與微管內水流情形相同。繼浦睡（Poiseuille）推演微管（Capillary Pipe）內水流之公式後，達塞（Darcy）依據試驗結果，演得滲流之經驗公式爲：

$$V=K\frac{H}{L}\cdots\cdots(1)$$

其中，V爲滲流之流速；K爲滲透係數，見表16；H爲滲流水頭，L爲滲流流綫之長度。可注意者，$\frac{H}{L}$乃水流之水力坡降。迨西歷一八九六年，以印度漢記引水壩之失事，克利本氏奉命進行沙粒間之水流試驗，以研究失事之緣由，自此滲流之理論與實際之工程設計，始發生聯系。水力坡降之理論，在壩工設計之運用上，遂受採用。嗣後司利得（Slichter）與金（King）氏卽從事試驗，進而推荐滲透係數之值。卜來輔（Bligh）復就水力坡降之理論，推演爲漏水線論（Theory of Creep）。來因（Lane）更改善計算漏水線之公式中之係數。迨模型試驗之直接滲漏法與電學類似法相繼發展，德國傅希海滿（Forchheimer）首創繪製流線網（Flow Net）之法，卽以流綫網作分析滲流之工具。證諸流綫網，滲流之一切現象及作用，均可明瞭。滲流問題乃可作肯定之解答。因流綫網係由有規律之二組曲綫組合而成，美國魏夫耳（Weaver）遂倡議用數學法計算滲流之性能，稍複雜者亦可用數學移式法（Schwarz Christoffel Transformation）求之，惟計算甚爲繁複。壩工底基之結構形態愈複雜，則計算卽漸爲不可能之事。印度曷斯拉（Khosla）乃就工地應用及水工試驗之成果，倡議獨立變數原理。（Theory of Independent Variables），計算工作遂大為化簡，此項計算公式復可製為圖解及表解，滲流之浮托力（Uplift Force）及出逸坡降（Exit Gradient）均可一索而得，至為便捷，裨益設計工作良多。

表16 滲透係數表

20%顆粒直徑（公厘）	0.005	0.01	0.02	0.03	0.04	0.05	0.06	0.07
滲透係數（Cm/Sec）	0.030	0.11	0.40	0.85	1.75	2.80	4.60	6.50
美國土壤局之分類	粘泥	細淤	粗淤				極細沙	

0.08	0.09	0.10	0.12	0.14	0.16	0.18	0.20	0.25	0.30	0.35	0.40
9.00	14.0	17.5	26.0	38.0	51.0	68.5	89.0	140	220	320	450
極細沙			細沙						中沙		

0.45	0.50	0.60	0.70	0.80	0.90	1.00	2.00
580	750	1,100	1,600	2,150	2,800	3,600	18,000
中沙		粗沙					細卵石

附註：此表僅供給粗略估計之值。如密度，溫度，或空隙度不同，則滲透係數之值亦隨之而生變化。20%顆粒直徑指實際土壤之顆粒有20%小於而80%則大於此項直徑。

滲流問題夙被認為不可捉摸之事，直至晚近，方有定論，世人對之仍欠明確之認識與充分之信心。故各項經驗假說仍廣受濫用，習聞之經驗假說及流網法將在下列諸節中，酌加評述，以供參考。

(乙)捷經論：

往昔從事沙土基礎上壩工之設計者，每認為主要問題在防範滲流之冲刷作用。壩下之透水基礎，可視同無數之潛在水管，因可溝通上游之河水流間下游也。此項水管應有足夠之長度，具備充分之摩擦阻力，以減低滲流之流速，俾底基之土壤不致被滲流所挾動。滲流之流速可用式(1)計算之，其中H與K之值可依照壓力水頭之差額與基礎土質情形擬定，在實際問題中，均係已知數，惟滲流流線之長度L如何度量，則頗難懸揣，因而發生若干假說。司利得乃假定滲流係沿其最短之捷經而穿過壩之基礎，有如圖4中折線ABHSαβ所示，故即以折線ABHSαβ之長度作爲式中L之值。依據司利得之意見，祗須計算所得之流速V之值，在安全限度內，譬如V<0.5呎/分，即不致發生湧沙現象，壩工之安全即屬可恃。

按司利得所臆度之滲流之捷徑，頗與自水工試驗觀察所得之最接近底基之一滲流流線相近似。惟如此求得之流速，僅爲沿此流線之平均流速，縱令其值在安全限度以內。仍不足以保證不致發生湧沙現象；此點容後再詳爲申敍。再滲流之浮托力亦爲一重要之因素，司利得之假說並未指明滲流浮托力之分佈，沿壩底之浮托力無從計算，護坦厚度之設計即無所依據。

(丙)漏水線論：

卜來輔認爲壩下滲流，係沿壩底之縱斷面與基礎之間爬行。而逐漸損耗其壓力水頭——此項水頭損失與爬路之長度成直線正比。故滲流流線之長度，即爲壩底與基礎相接面之長度。壩下之設有板樁者，滲流即沿板樁下行，繞過樁底再沿板樁上升；故板樁所增加之滲流流線長度卽爲板樁深度之二倍。滲流流線之長短，對於減低滲流所具之壓力—卽浮托力—與減低滲流之流速，具有相同之影響，而不論滲流究係沿水平面，抑沿垂直面爬行，（假定基礎之土質分佈係極均勻者）。試以 $\frac{K}{V}=C$ 代入式（1），則：

$$L=CH \cdots\cdots\cdots\cdots\cdots (2)$$

此卽卜來輔之經驗公式，其中C爲係數，其值視土質而異，見表。

表 17　滲徑之係數

土質	Bligh氏之C	Lane氏之C_1	土質	Bligh氏之C	Lane氏之C_1
沉淤或沉泥之河床如Nile河	18	8.5	粗礫內含小石者	—	3.0
雲母質之細沙河床如Colorado河	15	7.0	大圓石內含小石及砂者	—	2.5
中砂	—	6.0	大圓石內含礫及砂者	4—6	—
粗砂	12	5.0	軟粘土或軟泥	—	3.0
細礫	—	4.0	中粘土或中軟泥	—	2.0
中礫	—	3.5	硬粘土或硬泥	—	1.8
礫及砂	9	—	極硬粘土或硬泥板 hardpan	—	1.6

按卜來輔所臆度之滲流流綫，乃滲流之界限，而與水工試驗所得之多數流線之形態頗有差異，惟壩底如與基礎之接合欠緊密，則主要滲流卽將沿此項接合縫洩漏潛行，而與卜來輔之假說頗爲相符。實際除非壩下設有基樁且表層基礎

之沉陷較烈，此種現象恆不致發生。式（2）係依據克利本之實驗資料而擬出，惟與克利本之設有板樁之壩工實驗資料，並不相符，蓋垂直干涉物與水平底基對滲流之影響殊不相同也。近年印度各工程之失事，促成對此問題之廣博研究。證諸水工模型試驗。卜來輔之簡單理論，在計算滲流之浮托力時，不免錯誤，且是否不致發生湧沙現象，仍乏理性之計算依據以便判斷。再深度相同而位置不同之板樁，對滲流之影響，差異懸殊，尤非卜來輔之簡單理論所能解釋。

（丁）重衡漏水綫論：

來因分析世界上二百餘壩工後，倡議重衡爬路論（Weighted Creep Theory），即係依卜來輔之理論而將垂直截水牆與水平底基對滲流之影響分別加以衡量，實即卜來輔爬路論在垂直截水牆及傾斜面之應用上之修正。來因氏統計分析之結果，認為一尺垂直滲路之功效，可抵三尺之水平滲路。即壩下之垂直干涉物，如截水牆板樁之類，對滲流之影響，較水平者如平底護坦之類，更為有效。認為垂直爬路之有效係數為1，水平者為$^1/_3$，傾斜面之坡度陡於四十五度者，其效用約同垂直滲路，而傾斜面之坡度坦於四十五度者，其效用約同水平滲路，來因之公式與式（2）大致相同，而以C_I代C_0。C_I之值見表17。

來因之理論固為卜來輔理論之改善論，惟仍係經驗談，並無理性之依據。前節駁斥卜來輔理論之敘述，玆仍完全適用。來因理論是否較卜來輔理論為妥善，亦頗堪懷疑。

（戊）流網法：

流線網係由二組有規律之曲綫—即流線羣與等位線羣組合而成，參閱圖4。

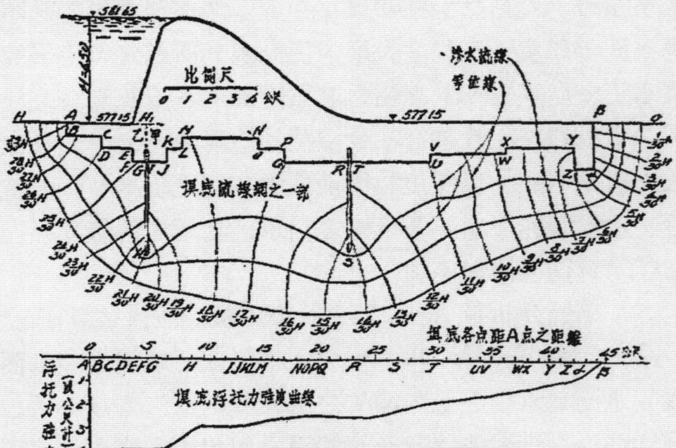

圖4. 漢惠渠引水壩模型試驗結果

流線羣表示滲流運行之軌跡。水道被壩工堵塞後，上游水面愈壅高，壩踵所承之壓力水頭遂較壩趾所承受者為鉅，承受高壓之水流即滲入基礎，向壓力較小之下游流動，繞過壩工之底基，終至下游地面逸出。如將此項滲流運行之軌跡繪製成圖，並酌行調整流綫之間距，依據式(1)，令各流線間之滲流流量恆屬相等，則所得者即係流線羣。此可憑藉水工試驗，用直接滲漏法求之。由於摩擦阻力招致水頭損失，滲流所具之壓力水頭，在滲行之經歷中逐漸消耗減低，至壩趾處即與下游水深之壓力相等。如將流綫羣上位能相等之點，聯以曲綫，即得等位線羣。所謂位能者指滲流可在側壓管內升高之水位言。故在同一等位線，側壓管可置於任何一點，而管內水位恆屬相同。因式(1)與電學上之歐姆公式頗爲相似。等位線亦可用電學類似法求之，等位線羣卽電壓相等各點之軌跡也。自幾何學之觀點言之，流線網具有兩項特徵：卽流線羣與等位線羣恆屬垂直相交，且流線羣與等位線因相交而成之網格恆可繪成稍有扭曲之正方形方格。參閱多數流線網後，條件相似之流線網卽可用目估手鈎法繪之，稍加調整，令所繪之流線網具備此二項特徵，則所繪者可與試驗結果極相近似。故熟諳此道者，每無須進行水工試驗，亦可獲得可用之流綫網。

流線網爲分析滲流之良好工具。等位線與壩底相交之點卽標明是點所承之壓力水頭，等於線所具之位能高度與是點之水位高度之差額卽係壓力水頭。此項壓力水頭與單位水重之乘積卽係是點所承之浮托力。將等位綫羣與壩底相交之各點之浮托力繪出，並以曲綫聯接之，卽爲壩底之浮托力分佈圖。因流綫間之流量恆屬相等，流綫網之方格卽代表單位流量之體積，故滲流之流速適與流線網之方格成反比。設dh爲流綫上每一方格所代表之水頭差，dl爲流綫上一格之長度，則代入式(1)得：

$$V = K\frac{dh}{dl} = K\left(\frac{H}{n}\right)\left(\frac{1}{dl}\right) \cdots\cdots\cdots\cdots\cdots (3)$$

其中，n爲流綫上所分之格數，H爲壩上下游之水位差。故量得任一方格之長度，卽可求得該方格內滲流之速度。故繪出流綫網後，滲流之浮托力及局部流速均可求得，甚爲合理可靠。

流綫網雖係分析滲流之正確工具，惟須用電學類似法方能求得精確之値。輾轉試驗需時，殊不若逕以數學法求解爲便。

（二）滲流之計算：

（甲）出逸坡降(Exit Gradient)

爲防範滲流所引起之災害，首在計算是否可能發生湧沙現象。湧沙現象恆首見於工程下游，如壩趾附近。此種現象，自表層首先發生，而表層土壤一經攪動，底層土壤卽逐漸上湧，繼續擴展，基礎土壤逐漸流失，以致壩基下形成穴洞，壩乃逐漸坍陷。通常稱此種發生穴洞之現象爲漏管現象(Piping Action)其意乃指滲流之流速甚高，致將底層土壤冲刷蝕食，實則此乃不健全之觀念。底層土壤之被冲蝕僅可發生於天然之漏管，或地層間之空隙夾縫中。

滲流沿其滲行流綫之任一點，具有剩餘壓力，其力向與流向相同，其値與滲流在此點所具之浮托力相等。因滲流至下游逸出地面時，流綫係向上與地面垂直相交，剩餘壓力之力向自亦係向上，表層土壤卽承受此項壓力之頂托，如此項壓力超過土壤之重量，摩擦力及粘合力等之聯合阻力，則土壤卽受托舉而浮動上湧。表層土壤之顆粒旣已上湧，底層土壤之顆粒必隨之而去，終至形成穴洞，逐漸向上游蔓延。此種由浮托而發生穴洞之見解，首爲特熱西（Charles Terzahi)於一九二五年提出，卽爲土壤力學界所支持。

試取同一流綫上之兩點，其間距爲dl，兩點間滲流之壓力之差爲dp，則土壤之單位體積所受之平均壓力 $F=\frac{dp}{dl}$。剩餘壓力之力向隨滲流之流向而變，其垂直份子則爲FCos θ 在滲流與下游地面相交之處，流向係垂直者，Cos θ =1，此爲剩餘壓力之垂直分子最爲鉅大之處。此時剩餘壓力卽爲單純之浮託力 $F=\frac{dp}{dl}$。可注意者 $\frac{dp}{dl}$ 爲一比率，依據流綫網之解釋，此卽壩趾處二等位綫間位能之差額與是處流網方格之長度之比率，玆定名爲出逸坡降(Exit Gradient)。至阻止土壤浮動之安全力除摩擦力與粘合力不計外，卽爲土壤本身之潛水重量。如以e＝土壤之空隙度 (Porosity) 之百分數，ρ＝土壤之比重，W＝單位水重，則土壤之潛水重 Ws＝W(1－e)(ρ－1)爲安全起見，必須 F＜Ws 其臨界點爲F＝Ws，假定 e＝40%，ρ＝2.65則 Ws＝W(1－0.40)×(2.65－1)＝0.99 或整數 1，此亦係一種比率，可謂之浮動坡度。就此種土壤言，如滲流之出逸坡降大於一此一，土壤卽將浮動而上湧矣。

浮動坡度之値，視土壤之空隙度及其比重而定，差異甚微。滲流之出逸坡降除應較此項數値爲小外，並須賦以適當之安全係數。俾在下述數種情況下，安全仍屬可恃(一)壩趾處，河床每爲急流冲刷而被淘成穴洞。滲流之新出逸坡降恆較原在地面上者爲鉅，同時穴洞四周土壤尙有向下之壓力，亦係促使洞底土壤上湧之分子，故最易發生災害。(二)滲流之出逸坡降，每受表面水流之波浪之影響而加增。波浪之作用有如間斷之抽水機，河床所受之壓力有時較平均水深所具之壓力爲鉅，假定水位之差額爲一尺，迨次瞬間水面降至平均水位以下一尺，則在此一瞬間河床上土壤所承受之水壓力之差額卽爲二尺。此項水壓力之差額自將迫令滲流之出逸坡降之値益形鉅大。(三)滚水壩上游之河水可能因有洪水而驟然蹇高，下游水位則尙未漲高，以致短時間水位差額頗鉅。再洪水驟退，滲流所具之壓力則不能有如表面水流之水位而迅速降低，因此亦可能造成鉅大之壓力差額。故土壤之浮動坡度之値雖多較1：1爲陡峻，滲流之出逸坡降之値則須遠較1：1爲平坦。參照美國墾務局及印度中央灌溉局之意見，玆規定滲流之出逸坡降應小於$^{1}/_{3}$。

以上係自力學觀點，說明滲流之剩餘壓力之垂直分子以在滲流之出逸處爲最鉅，因是處 $\cos\theta=1$。依據數學之演算與廣博水工試驗之參證，流綫網方格恆以滲流之入口及出逸處爲小，卽dl之値小。因dp爲一常數値，dl愈小則$\frac{dp}{dl}$之値愈大。試閱圖 4，觀察流綫網之密集，可知滲流係集中於板樁之底部及護坦之末端。在板樁之底部，滲流之剩餘壓力受覆蓋土壤之重量之壓制，不能產生災害。譬之，管之出口以物堵塞，管中物絕不能逸出。故論及滲流能否產生湧沙現象時，純以計算出逸坡降爲依據，乃至合理且可恃之道。至司利特，卜來輔及來因之假說不唯與滲流之眞實情形不符。縱令相符，所得者亦係平均値，殊難據以判定湧沙現象之能否產生。試觀圖4中，流綫網方格鬆緊懸殊，卽dl 之値懸殊，可以想見求平均數者所得差誤之鉅大。

試以圖4為例，作下列各項計算，以便比較：

(1)依照司利得學說，滲流綫長度與折線ABHS$\alpha\beta$相同，經量得L=28m，故

$$\frac{H}{L}=\frac{4.5}{28}=0.16$$

(2)依照卜來輔學說，滲流綫長度卽壩底與基礎接合縫之長度，經量得L=44m，故

$$\frac{H}{L}=\frac{4.5}{44}=0.102$$

(3)依照來因學說，垂直滲徑之有效係數為1，水平者為$\frac{1}{3}$，經量得，$L=\frac{23}{3}+21=29$m故

$$\frac{H}{L}=\frac{4.5}{29}=0.156$$

(4)依照水利實驗處所作之流綫網，在壩趾之最小方格$\Delta 1=0.5$m.m.，$\Delta h=\frac{H}{30}$，故

$$\frac{\Delta h}{\Delta 1}=\frac{4.5}{30\times 0.5}=0.3$$

出逸坡降可以簡單之計算得之，無須作模型試驗及繪製流線網，大為簡便省事。砌坦末端截水牆之深度d=2m，在α點之浮托力水頭h=0.6m，(此値如何獲得，容後再詳)，經廣博之試驗參證，垂直截水牆上浮托力大致係依循直綫變化而逐減，故可計算得出逸坡降為：

$$\frac{\Delta h}{\Delta d}=\frac{0.6}{2}=0.3$$

此與依據水利實驗處所繪之流綫網計算所得之結果相同。滲流在砌坦末端之出逸坡降均係如此計算。如坦末設置板樁，則出逸坡降應依照下列公式計算之，卽

$$\text{出逸坡降 } Ge=\frac{HA}{d}\cdots\cdots\cdots\cdots\cdots\cdots(4)$$

其中，H爲壩上下游水位差，d 爲板樁之底部至地面之高差，A 爲係數，可自下表査得：

表 18　出逸坡降之係數

d/b	0.02	0.04	0.06	0.08	0.10	0.12	0.14	0.16	0.18	0.20	0.22	0.24	0.28	0.32	0.36	0.40	0.44	0.50
A	0.063	0.066	0.070	0.075	0.081	0.088	0.098	0.103	0.109	0.116	0.125	0.130	0.136	0.142	0.150	0.158	0.169	0.175

表中b爲壩底水平投影之寬度。

(乙)浮托力：

前面敍述流網法時，已說明可自等位線羣與壩之底基相交各點聯綴浮托力之値，而得壩底之浮托力分佈圖。因等位線羣係有規律之曲線羣，可推演其數學公式，等位線羣與壩底相交諸點之浮托力自可逐一計算得之。滲流之運行，與電流之傳遞或應力之擴散，極爲相似。假定壩工具有水平之底基於地面上，則滲流之等位綫羣卽係同焦點之一組雙曲線

表 19　浮托力之係數

b_1/b	0	0.1	0.2	0.3	0.4	0.5	0.6	0.7	0.8	.9	1.0
α	ϕ_c之百分數										
2.0	42.48	39.93	36.79	33.29	29.13	24.91	20.32	15.44	10.24	5'03	0
2.5	47.40	44.80	41.50	37.60	33.20	28.50	23.50	17.90	12.20	6.10	0
3.0	51.22	48.67	45.21	41.03	36.42	31.32	25.89	19.84	13.46	6.85	0
4.0	56.98	54.37	50.48	45.86	40.74	35.25	29.35	22.92	15.83	8.08	0
5.0	61.07	58.17	54.08	49.01	43.62	37.90	31.76	25.09	17.63	9.27	0
6.0	64.22	61.34	56.64	51.32	45.79	39.77	33.48	26.76	19.06	10.09	0
7.0	66.83	63.65	58.89	52.92	47.11	41.15	34.48	27.98	19.62	10.85	0
8.0	68.84	65.43	60.00	54.13	48.22	42.28	35.93	28.96	21.11	11.60	0
9.0	70.48	67.00	61.13	55.41	49.15	43.04	36.67	29.76	21.88	12.00	0
10.0	72.0.	68.12	62.09	55.96	50.13	43.72	37.09	30.33	22.57	12.74	0
11.0	73.24	69.11	62.89	56.60	50.47	44.28	37.87	30.96	23.00	13.22	0
12.0	74.37	69.96	63.44	57.16	50.96	44.76	38.33	31.43	23.58	13.68	0
14.0	76.23	71.38	64.54	58.01	51.74	45.48	39.00	32.15	24.32	14.37	0
16.0	77.72	72.27	65.28	58.64	52.68	46.24	39.60	32.74	24.92	14.93	0
18.0	78.93	73.20	65.86	59.17	53.00	46.50	39.84	33.41	25.37	15.48	0
20.0	80.00	73.84	66.37	59.34	53.14	46.83	40.41	33.71	25.87	15.88	0
25.0	82.10	75.01	67.04	60.30	53.81	47.46	41.02	34.06	26.45	16.68	0
30.0	84.21	75.78	67.77	60.75	54.23	47.88	41.44	34.63	26.95	17.32	0

b_1/b	0	0.1	0.2	0.3	0.4	0.5	0.6	0.7	0.8	0.9	1.0	φ_{B2}
α	φ_D之百分數											之百分數
2.0	62.50	60.99	58.77	56.11	53.17	50.00	46.83	43.89	41.23	39.01	37.50	25.02
2.5	65.18	63.50	60.70	57.50	53.82	50.00	46.18	42.50	39.30	36.50	34.82	23.41
3.0	67.29	65.46	62.44	58.61	54.37	50.00	45.63	41.39	37.56	34.54	32.71	22.12
4.0	71.06	68.61	64.75	60.02	55.07	50.00	44.93	39.98	35.25	31.39	28.94	20.09
5.0	73.56	70.87	66.26	60.94	55.50	50.00	44.50	39.06	33.74	29.13	26.44	18.61
6.0	75.47	72.53	67.07	61.55	55.83	50.00	44.17	38.45	32.93	27.47	24.53	17.33
7.0	77.08	73.81	68.38	61.93	55.89	50.00	44 11	38.07	31.62	26.19	22.92	16.25
8.0	78.43	74.68	68.50	62.17	56.02	50.00	43.98	37.83	31.50	25.32	21.57	15.41
9.0	79.57	75.44	68.86	62.33	56.07	50.00	43.93	37.67	31.14	24.56	20.43	14.73
10.0	80.53	76.01	69.11	62.39	56.15	50.00	43.85	37.61	30.89	23.99	19.47	14.12
11.0	81.33	76.52	69.34	62.57	56.21	50.00	43.79	37.43	30.66	23.48	18.67	13.63
12.0	82.16	76.92	69.47	62.65	56.22	50.00	43.78	37.35	30.53	23.08	17.84	13.14
14.0	83.39	77.25	69.77	62.79	56.28	50.00	43.72	37.21	30.23	22.75	16.61	12.33
16.0	84.44	77.93	69.93	62.85	56.28	50.00	43.72	37.15	30.07	22.07	15.56	11.60
18.0	85.14	78.22	70.04	62.89	56.29	50.00	43.71	37.11	29.96	21.78	14.86	11.06
20.0	86.01	78.40	70.12	62.93	56.34	50.00	43.66	37.07	29.88	21.60	13.99	10.63
25.0	87.43	78.78	70.26	63.02	56.37	50.00	43.63	36.98	29.74	21.22	12.57	9.56
30.0	88.74	79.02	70.32	63.03	56.40	50.00	43 60	36.97	29.68	20.98	11.26	9.03

(Hyperbolic Curves)此可依據彈性力學而推演其公式，亦可獲得彈性照像及電學實驗之證明。如底基下設有板樁，則等位線羣卽將變形，等位綫羣與壩底之交點亦將改變，惟此項改變仍依循一定之規律，可用數學移式法推求。壩底之形態如極複雜，用移式法推求卽漸流爲不可能之事。曷斯拉乃依據工地應用及水工試驗之成果，倡議獨立變數原理，認爲可單獨計算各鍵點之浮托力，而無庸計入彼此之影響，因此項響影恆微，可予從略也。所謂鍵點間之浮托力，可認爲係按鍵點間壩底與基礎之接合縫之長度之正比而依循直綫變化逐減。各鍵點之浮托力可自下表19中查得。表中 =b 壩底水平投影之寬度，b_1＝板樁與壩底上游起點間之水平距離；d＝板樁之底部或截水牆之底部至地面之高差，$\alpha=\frac{b}{d}$。

爲說明此表之查用法，試以圖4爲例，列舉兩種典型之計算。

(1)壩底兩端之浮托力：

(子)B點之浮托力——表中之d卽此處AB之深度，經量得d=0.5m.b=23m.故$\frac{b}{d}=46.0$，自表中查得：

$\phi_{B_2}=7.5\%$，而$\phi_{B_1}=1-\phi_{B_2}=92.5\%$。

B點之浮托力水頭$=H\phi_{B_1}=4.5\times92.5\%=4.16$m.(H＝壩上下游之水頭差)。

(丑)α點之浮托力——經量得 d=2m，故

$\frac{b}{d}=\frac{23}{2}=11.5$，自表中查得$\phi B_2=13.4\%$。

α點之浮托力水頭$=H\Phi_{B_2}=4.5\times13.4\%=0.60m$。

（2）板樁上之浮托力

（子）H點之浮托力——經量得$HH_I=5.44m$，此即d之值，$\frac{b}{d}=\frac{23}{5.44}=4.23$，同時量得$b_I=3.65$，$\frac{b_I}{b}=0.159$，自表中查得$\phi D=67.7\%$。

H點之浮托力水頭$=4.5\times67.7\%=3.0m$。

（丑）I點之浮托力——須先計算甲點之浮托力，而後依據H與甲點之浮托力，照距離之直線比例，求得I點之浮托力。因$\frac{b}{d}=4.23$，$\frac{b_I}{b}=0.159$，自表中查得$\phi_C=53.6\%$。

∴甲點之浮托力水頭$=4.5\times53.6\%=2.41m$。

經量得H_I至甲點之距離爲1.5m.故I點之浮托力$=2.41+\frac{1.5}{5.44}(3.0-2.41)=2.6m$。

（寅）G點之浮托力——須先計算乙點之浮托力，而後依比例求得G點之浮托力。因$\frac{b_I}{b}=0.159$，得$1-\frac{b_I}{b}=0.841$，同時$\frac{b}{d}=4.23$自表中查得$\phi_C=11.58\%$而$\phi_E=1-\phi_C=88.42\%$。

乙點之浮托力$=4.5\times88.42\%=3.97$。

故G點之浮托力$=3.0+\frac{(5.44-1.5)}{5.44}(3.97-3.0)=3.7m.$

同理，可求得S點之浮托力＝2.1m.T點＝1.7；及R點＝2.4m. 按中央水利實驗處曾依據模型試驗結果，繪製壩底浮托力分佈圖，見圖4。如將所計算之各項值繪出，並連綴各點而成曲線圖，則與圖4幾可重合，據以設計，當足稱滿意。按如此求得之浮托力之值，原須更就板樁之相互干涉情形及壩底之傾斜坡度對浮托力之影響加以校正，以差誤不大，均予從略。

（丙）滲漏流量：

壩底滲漏之流量祇能作粗略之估計。宜先用目估手鈎法繪製流線網，而後採用式(3)以計算流量，即Q＝VA。假定m爲等位線上所分之格數，W爲壩身之長度，則面積A＝Lmdl，代入前式可得：

$$Q=VA=K\left(\frac{H}{n}\right)\left(\frac{1}{dl}\right)Wmdl=KWH\frac{m}{n}$$

如W與H均以公尺計算，則Q之單位爲秒公方。如不擬繪製流線網，亦可用式（1）估計滲漏之流量。假定D爲壩下透水層之厚度，W仍爲壩身之長度，則：

$$Q=KWD\frac{H}{L}$$

其中，L宜用滲流線之平均長度，可視壩下透水層情形酌定。

（三）板樁設計：

(甲)基本觀念：

板樁及截水牆爲減低滲流影響之有效設置，可節省透水基礎上建築物之材料，頗合於經濟之道，惟世人每惑於有關滲徑問題之陳舊觀念，以爲板樁既可增長滲徑，即可減少滲流之浮托力，並減低滲流之冲刷流速而可防止湧沙現象，而確保建築物之安全；馴至對板樁之功效，神秘視之；此乃亟應糾正者。試閱圖4，用二道板樁之滲徑較僅有上游一道板樁之滲徑爲長。而浮托力反爲加大，此爲模型試驗之成果，適與想像之情形相反。即僅用上游板樁與不用板樁者比較浮托力僅減少二八分之一。在此類低滚水壩，殊不易因些許浮托力之減少而節省壩工材料。此就對浮托力之影響言，板樁設置與否殊無關緊要。就防範湧沙現象言，前已說明，僅須重視滲流之出逸坡降，此係以坦末處流線網方格之大小作計算之依據。距坦末稍遠之上游各板樁，對坦末之滲流情形，幾無影響。坦末之流線網方格幾不因上游之有否板樁而稍作變動，故就防範湧沙現象言，上游各板樁毫無用處，徒然浪費材料而已。第二道板樁之設置，堵塞滲流去路，以致增加上游之浮托力，無益而有害，此項設置實屬錯誤。其上游之第一道板樁雖可減少滲流施於壩身之浮托力，惟效益至微，亦可從删。故如不明板樁在位置上之重要性，而任意設置板樁，則用板樁之初意盡失。且可招致災害。司利得之捷路論與卜來輔及來因之漏水綫論，均忽略位置於上游與位置於下游，板樁之功用上之顯著異點，實爲最大之缺憾。

板樁之功用，可自(1)浮托力(2)出逸坡降及(3)淘刷等三方面解釋之，而均與板樁之位置有關。另有一點亦應附帶指明者，板樁如漏水則其功用全失。壩工如依據設板樁之條件而設計，迨施工後板樁漏水，壩工即可能失事。鋼板樁之設於卵石基礎上者，恆有漏水之病，設於沙泥基礎上者方屬可恃。木板樁則必然漏水，且歷時既久難免腐爛，故不可用。最佳者乃混凝土或石砌之類似板樁之截水牆。本節之小標題雖有板樁字樣，編者則僅有意推荐截水牆與鋼質板樁。

(1)浮托力：

板樁以增加滲徑長度之故，對滲流之浮托力自有影響，其影響爲增加全部之浮托力。譬之同高之三角形，其底愈長，則面積愈大。惟垂直板樁本身所承之滲流之壓力，係由板樁自行荷負，而與建築物之平底無關，有效之浮托力分佈圖內，可不計入。故實際板樁之插入，僅對其上游之浮托力予以加大，對於其下游之浮托力則予以減少。準此而論，板樁置於壩踵，則全部浮托力可以減少，置於壩趾，則浮托力必有加增。經觀察衆多之模型試驗成果，此種影響僅限於以板樁深度作半徑之圓弧範圍內，在距板樁二倍深之距離處，浮托力幾無何增減。透水基礎上，滾水壩之壩身低，而護坦長者，壩身形狀係根據溢流情形而定，往往不因浮托力之消減，而得節省壩身之材料。壩之護坦長度係根據防冲刷之條件而定，護坦之厚度則係根據浮托力而設計。而壩踵處所設之板樁對護坦所受之浮托力之影響至微，可無庸計及。故就此等壩言，壩踵處無須設置板樁，否則徒增工費，實際上並無裨補。就蓄水壩及甚高之滾水壩言，壩踵設置板樁可收顯著之效益。可自結構分析中發現，浮托力愈減，所需之壩身斷面即愈小，如此則壩踵處之板樁對於工程經濟供獻殊多。

自前所列舉之計算中可看出，板樁兩側所承之滲流之壓力不能平衡，上游一面之壓力恆較下游一面之壓力爲鉅。此項不平衡之壓力即產生撓曲力率，而板樁即類似一懸臂樑。板樁之斷面即須依據此項撓屈力率而設計。

(2)出逸坡降：

滲流能否產生湧沙現象，純視其出逸坡降之值而定，出逸坡降則可依據坦末之流綫網方格而計算。水平護坦之末端，如添設垂直干涉物，如板樁及截水牆之類，則坦末之流線網方格立見放大，出逸坡降即行減小。此亦可自表18中查閱，如b之值爲常數，則d 之值如增加一倍，ϕ_{B_2} 之值僅增加若干成；換言之，d之值愈增，則出逸坡降之值愈減，因後者係與$\frac{\phi_{B_2}}{d}$之值成正比。往昔依照卜來輔等之理論，爲防止湧沙現象，必須整個建築物具備敷長之滲徑，俾滲流之平均流速在安全範圍以內，惟在坦末滲流之局部流速之值如高，則仍屬危險。玆所規劃者，僅在坦末藉板樁之設置以減小出逸坡降之值。坦末安全則他處絕無問題。前者須從全面着手，後者僅作局部之調整，不惟工程經濟多多，且安全可恃，此不可不察者。

前節曾說明，板樁之設於坦末者，必增加其上游之浮托力，爲平衡此項浮托力，或有將護坦加厚之必要，惟普通此項影響甚小，可以無慮。坦末有板樁則不需甚長之滲徑，可不用甚長之護坦，與不用此道板樁而用甚長之護坦者相比較，自較經濟。

緊接護坦之下游，通常每鋪設反濾設備（Inverted Filter），其功用一則可防壩面溢流冲刷河床，再則可防泥沙隨滲流上湧。此乃包括一層粗沙，直接舖於河床上已挖好之槽內，隨後鋪上逐漸加大之瓜子石，卵石及塊石。此項自下而上逐漸增大空隙度之反濾層，最後覆蓋以沉重整齊之大塊石，俾不致爲壩面溢流所冲動。反濾層可允許滲流通過，而阻止基礎內沙泥之移動。

(3)淘刷：

壩面溢流恆屬湍急，如護坦之消力設置欠佳，或尾水深度不足，此項急流往往冲刷河床，淘成穴洞。再水流所挾泥沙每多停淤於壩之上游，以致壩頂溢流多爲清水，循水性此項清水勢必重行挾起泥沙，故下游河床每有顯著之剝落，形成嚴重之冲刷現象。如此種現象聽其蔓延，護坦下之土壤亦將流失，終至護坦坍陷。坦末如備有板樁，即可阻止坦下土壤流失。如滾水壩低矮，而所承之水頭鉅大，則壩上游之河床有被冲刷淘成穴洞之可能，亦須設置板樁以爲防範。水之流速能否產冲刷現象，與水流之深度有密切之關係，可依十七(1)計算之，$V=0.528d^{0.64}$。其中V爲護坦上之平均流流速，d 爲水流應具之水深，庶不致發生冲刷現象，即可用此式計算得之。如護坦上之實際水深較計算所得之水深爲小，其差額即爲板樁爲防範冲刷所應具備之深度。

(乙)設計：

(1)原則：

(A) 滚水壩之下游板樁，即設於護坦末端者，其功用在防止淘刷，及造成安全之滲流出逸坡降。上游板樁一即設於壩踵者。其功用在防止淘刷，惟高壩則可用上游板樁以減少浮托力，甚屬有益。

(B) 板樁之用以減少浮托力者，不可隨意設置，蓋浮托力之局部變動，易產生不均勻之沉落。在普通湃奇式滚水壩，此道板樁可置於壩踵下，如此則其所增之上游之浮托力可由上游之水深平衡之，斯乃有利而無弊也。

(C) 壩上游之砌坦，爲最經濟之延長水平滲徑之方法，因其上有實際水深平衡滲流之浮托力，坦可甚薄，故屬經濟。其下墊粘土一層，對於防阻壩身底面與沙基間之滲流，裨益尤多。

(D) 木板樁與鋼板樁均不易完全嚴密而不漏水。板樁甚深，或基礎爲卵石構成者，板樁每有甚大之空隙，其實際功效如何，殊難懸揣，且局部之隙洞造成滲流集中之冲刷，與不均勻之沉落，尤屬危險。除沙壤基礎及淺板樁外，宜用混凝土或砌石截水牆。

(E) 滲流可自各方向流動，故爲減少浮托力，除上游宜有板樁一道外，其兩側(即河岸下)亦應有同深度之板樁，俾側面流動之滲流所生之浮托力，不致較正面滲流之浮托力爲大，惟側面板樁可成階級式，以逐漸向下游減少其深度。

(F)板樁設計，首在參照前述原則，擬定板樁之位置，次在決定其深度。上游板樁之深度，視壩身結構分析之成果而定。下游板樁之深度，視滲流之出逸坡降是否安全而定。爲使出逸坡降安全，可由增加下游板樁深度與延長上游砌坦二法得之。何者最佳，視經濟易行者爲斷。至是否能防範急流之沖刷災害，亦應加以校核，關於計算浮托力，出逸坡降及防淘止刷之深度等之方法，前已有詳述，可參照辦理。

(2)地層結構之影響：

以上各節所述，有一共同之假定，卽以所論之沙壤基礎爲均勻深厚者而言。惟地質分佈每極複雜，妥善之設計自應針對實際情形，斟酌取決。玆就習見之數種情形，撮要提示如下：

(A)均勻而透水之含粘土性(Clayey)基礎，如有相當深度，則板樁設計，可按純沙壤基礎設計。

(B)不透水之粘土基礎中，無滲流，亦不致產生浮托力故上下游板樁僅根據淘刷情形而設計，護坦厚度則以溢流之震動力爲設計之依據。

(C)沙礫合組之基礎上，板樁設計可與純沙壤基礎之設計相同，惟須合於二條件：(一)沙礫之組合應均勻，(二)沙量成份不少於總積體之百分之三十。應能充滿石礫之空隙。

(D)沙壤基礎中，夾有粘土層，則上游板樁宜打入粘土層內，惟不得透過之，庶幾滲流被切斷，卽不致有浮托力，而下游按淘刷情形所設計之板樁，則應設透水孔(Weep-Holes)，俾萬一上游板樁有空隙滲水時，不致發生嚴重之災害。

(E)在不透水之粘土層下，有極厚之沙層，如粘土層旣厚且寬廣，則可按照純粘土基礎設計，如粘土層甚薄，則仍按純沙壤基礎設計，惟此粘土層可視爲平衡浮托力之護坦之一部。

(F) 粘土層下游水層中之浮托力，可完全不影響粘土層上之浮托力。透水層中局部之粘土塊，不影響整個浮托力之分佈，惟可能產生局部特異之現象。

(G) 滲水之基礎，必須詳加鑽探，俾知其地質之分佈情形。對粘土性基礎，及沙層內夾有粘土層之情形，應特加注意。

第十四章　消力之措施

(一)消力之各種方式：

滚水壩，溢水道，陡坡，跌水等之下游，水流之位能降低，轉化爲動能，流速大增，水流湍急，冲刷作用猛烈，必須消殺此項急流之威力，以免河床或渠床漸被蝕食，而招致建築物坍陷之災害。吾國已成灌溉工程中，建築物之下游，每患冲刷問題嚴重，即由於消力措施不善之故。爲防止冲刷之災害，必須減低急流流動之速率，務令流速之値較表15所列之値爲低，方屬相宜，按急流動能之消殺，有下列四種方法，可供採用：

(甲)碰擊——使急流與固體或池中靜水相碰擊，急流之動能即有一部化爲熱量而消失，復因碰擊而生亂流，加強紊流，以致水流之內摩擦與外摩擦之消耗均鉅，動量(Momentum)大爲降低，流速減緩，水流即逐漸喪失其冲刷之威力矣。

。滾水壩或跌水下游所設之靜水池，消力檻等均屬藉碰擊以消力之例證。

(乙)表面摩擦——水流在流動之過程中，恆因摩擦生熱而逐漸消耗其動能，摩擦可分內摩擦與外摩擦兩類，外摩擦指水流與河床或渠床相接觸所生之摩擦言，內摩擦指紊流中水流分子互相碰擊而生之摩擦言。外摩擦係與河床或渠床之糙率成正比者；糙率係數愈高則水流因外摩擦而生之動能損耗愈鉅。惟糙率對於內摩擦之影響甚小，水深而流急則糙率之影響愈微。藉表面摩擦以消力，通常所用之方法係增強糙面，如在砌坦上排列之挫折石等是。同一橫斷面內，此項人工糙面之分佈應均勻，以免急流偏向，反致河岸或渠岸被急流冲刷。

(丙)灌氣(Aeration)——急流如沿一陡坡上升，終至脫離坡面而射入空中，復行墜下，自將消耗大量動能。急流射入空中時，即逐漸變成挾雜大量空氣之水流，有如乳狀液體，內部流線被切斷，產生內部水流分子之碰擊，動能多行化爲熱量而消失。此項消力措施僅用於水工試驗中，實際工程中尚少採用者。

(丁)水躍——滾水壩或陡坡之下游，水流湍急，恆係超臨界水流——即射流，流速至高，水流之威力殊難於短距離內悉予消散。在此種情況下，最佳之消力措施爲設法促成水躍。水躍一經形成，除大部動能損耗外，一部動能即轉化爲位能，水深大增，流速自減，水流漸近於常流，即不能產生冲刷之災害。此項消力措施頗受廣泛之採用。

上述之四種消力措施自亦可兼施併用。實際消力措施恆以促成水躍爲主，而以碰擊及表面摩擦爲輔，俾水流之餘力可全部消失，而河床河岸等不致有被冲刷蝕食之虞。

(二)消力之最優工具——水躍。

國內一般工程設計，消力之措施尚欠周密完善者；譬如，滾水壩之護坦設計仍多以卜來輔之經驗公式爲依據。此項護坦縱屬甚長，如急流不能在坦上形成水躍，純恃表面摩擦以消力，其效率甚低，急流仍將在坦末冲刷河床。亦有僅計算洪水時之尾水深度是否足以激成水躍者，如尾水深度不足，則設法促成之，至尾水深度較促成水躍所需者爲鉅則不另採其他措施，實則藉水躍以消力，以尾水深度適與促成水躍所需之水深相等時，功效最高，尾水深度過與不及均非所宜而須另謀補救。再由於洪枯水位與流量增減之關係各流域均不相同。頗有洪水時期可令水躍在護坦上形成。枯水期間則因尾水太低，急流將延繼至護坦下游，以致河床發生嚴重之冲刷現象，終至危及滾水壩之安全。故藉水躍以消力時，須作詳細之分析，務令消力措施達到完善地步。

設計一工程，如滾水壩，姑無論水躍能否形成，對水躍情形應詳加研究，可達成一有益之目的，以供作決定採用防護河床之最佳方式之依據。

如在各種流量情形下，水躍均能在河床同高之砌坦上形成，則祗須此項砌坦自壩趾處伸延至水躍之尾端，卽足以防護河床，蓋水躍下游水流歸於常流，應不致發生冲刷之災害也。平坦之矩形槽內，計算水躍之公式爲：

$$D_2 = -\frac{D_1}{2} + \sqrt{\frac{2D_1V_1^2}{g} + \frac{D_1^2}{4}} \cdots\cdots\cdots(1)$$

其中，D_1與D_2爲水躍上下游之水深，V_1與V_2則爲相關之各流速，公英制通用。水躍之長度約相當於$5D_2$。如急流至壩趾處立即開始形成水躍，則護坦之長度等於$5D_2$即已敷用。

實際情形每非如此簡單。譬如，天然河道中，築有一滾水壩，河流之洪枯各種流量所相關之實際尾水深度，每難適與產生水躍所需之理想水深盡相符合。實際尾水深度與水躍所需之理想水深之關係，可分爲下列四種：

（甲）第一種情形——各種流量之實際尾水深度，均較水躍所需之水深爲淺，即實際之尾水深度恆不足以促成水躍。

（乙）第二種情形——各種流量之實際尾水深度，均超過水躍所需之理想水深。

（丙）第三種情形——低水流量時，各種流量之實際尾水深度均較水躍所需之水深爲淺，高水流量時，實際尾水深度均超過所需之水深。

（丁）第四種情形——適與第三種情形完全相反。

防護冲刷之最佳方式，視實際情況究屬於四種中之某一種而定。玆詳論如下：

（甲）第一種情形：

第一種情形，多見於壩工之設於陡峻或有跌坎之河床之上端者。在此種情況下，尾水甚淺，不足以供應形成水躍所需之深度，以致水流以甚高之流速，流經護坦，冲刷河床；惟河床之陡峻或有跌坎者，多屬石岩，當可抗禦相當之冲刷，在此種情況下，護坦之末端常取一向上之弧形，裨將高速之水流掀之向上，使急流在坦之下游歷一甚長之距離始重行低落至河床。如此則由於水流與河床及水流彼此之碰擊，其動能大見消殺。冲刷現象或仍有之，惟已屬甚小或爲太遠，不足以危害壩工之安全。美國之Holyoke，Conowingo，Safe Harbor，及 Bull Run 等壩，均係如此建築。當尾水之深度與激成水躍所需之水深相差無幾時，消力檻之採用可極成功，惟壩之甚高者，溢流所挾之物，如冰凌等，其衝擊力至鉅，此項消力檻必須配以堅強之拉錨(Anchorage)以至工款或屬太費。再溢流之跌差與壩趾處急流之水深之比率如屬甚高，則消力檻之消力功效並不若一般所想像者之佳，且易損毁。故極高之流速下，以不用消力檻爲原則，其設於高壩所附之靜水池之下端者，亦以位置於水躍之下游爲宜。

如尾水位太低，不足以形成完全之水躍，可以一低矮之二道壩抬高之，二道壩位於主壩之下游，應有敷用之高度，俾在各種流量下，水躍均得形成於主壩之趾部。此法在美國曾廣用於土質基礎之壩工。

另有一法，在某種情況下亦稱適宜者，即爲挖掘靜水池於壩身之下游，具有充裕之深度，以便水躍之形成。如此則尾水之水位不變，水躍所需之深度乃由降低池底以致之。

如在主壩與靜水池之間，設備傾斜之坦，則靜水池消力之功效可大爲增加。高流速之溢流，經越壩面，順此傾斜之坦而下，可達於一適宜之高程，以致此項急流之水深與流速足以產生水躍，以抬高水位至實際之尾水高度，故在此點可完成一完全之水躍。此項傾斜之坦應自足以發生水躍以達尾水高度之最高一點，延伸至足以形成水躍之最低一點，如此則在各種流量情形下，確有效驗之水躍恆可望在此斜坦上，開始形成。在第一種情形下，此傾斜之坦將完全位於河床之下。傾斜之坡度，宜爲直一橫四之坡度，或稍平坦，坡度太陡，如超過直一橫三之坡度則其功效大減。

靜水池之長度，視所擬防護河床之性質而異。如河床抗沖刷力較強，靜水池之長度可較河床之易於蝕食者爲短，在易於冲蝕之基礎上，如池之下游設有消力檻，或乾砌海漫，則以水躍高差之五倍作池長，當屬敷用。

(乙)第二種情形：

第二種情形，多見於石質基礎之深在河床之下層者，故各種流量之尾水水面，均高於促成水躍所需之高度。在此種情形下，如仍用渥奇式滾水壩之普通護坦設備者，則越過壩面之溢流，即潛行於尾水之下層，以甚高之流速沿底部行歷甚長之距離，僅形成一極不完全之水躍。實際尾水深度，愈近於發生水躍所需之水深，則下游高流速所歷之距離愈短。如壩身下游築一抬高之水平護坦，以校正水深，則在某一種流量情形下，當可促成一完全之水躍，惟此項護坦或不適用於他種流量。

在第二種情況下亦可採用傾斜之護坦，有如前節所述者，不問流量之値如何，一有效之水躍均可望在此斜坦上形成。就水躍關係之第二種情形言，此項傾斜之護坦必完全位於河床之水平線上，故無須另設靜水池。美國之Madden 壩卽係如此建築者。

適用於第二種情形之另一類防護冲刷之方式，卽仍採用水平護坦，並盡可能置於甚低之位置，而將其末端曲成向上之弧形，俾可將潛行於水流底層之急流挑向水面，庶不致冲刷河床。美國Grand Coulee壩卽爲此類防護冲刷之典型例證。

(丙)第三種情形：

第三種情形，爲低水時期，尾水深度，不足以促使水躍形成於與河床同高之水平護坦上，而高水時期，尾水深度又嫌太鉅。此爲常見之情形，解決之道則爲用人工方法製造充裕之水深，俾低水期間，水躍得以形成於坦上，此則須採用二道壩，或設備消力檻於護坦之末端，二道壩須有充裕之高度，俾尾水深度不足之各種流量下，水躍均得形成。此項深度，亦可藉低沉護坦以致之。

如水之流速非極鉅大，第三種情形每宜於採用消力墩或齒形檻，設置於護坦之末端，卽可消去低水時期之高速水流之一部動能，以加速水躍之形成。此項消力設備，在高水時期，亦屬有益，彼時尾水度深，超過形成水躍所需之水深，急流沿河底潛行於尾水之下層，可爲此項消力檻或消力墩所截斷。傾斜之護坦，亦可適用於此種情形，爲適應環境，此坦之上端應在河床水平線上，其下端則應沉入河床之下。

(丁)第四種情形：

第四種情形爲低水時期尾水甚深，而高水時期則水深不足。此可藉二道壩或挖掘靜水池，以增加尾水深度，俾高水時期，水躍可以形成。爲適應高時水期之此種設置，必令低水時期之尾水深度，更超過在護坦上促成水躍所需之深度。在多數情況下，此種現象在低水時期每屬無礙。如認爲稍有妨礙，則可採用傾斜之護坦，以供給恰當之水深。

據司蒂芬 (Stevens) 氏研究，假定H爲滾水壩上游水面與其下游射流水面之高差，D_I 爲射流之水深，如 H與D_I之比率甚高，則水躍消力之功效甚爲鉅大，如此項比率甚小，則水躍之消力功效並不若一般所想像之佳，可以下例公式求得水躍消力之百分數。

$$消力之百分數=\frac{6.25+(\sqrt{1+16H/D_I}-3)^3}{(1+H/D_I)(\sqrt{1+16H/D_I}-1)}$$

依據此公式求得之值，略如下述：

消力之百分數	0	1.4	9.0	28.0	44.0	58.0	65
H/D_I之值	0.5	1.0	2.0	5.0	10.0	20.0	30.0

當H與D_I之比率甚低，挫折石 (Baffle Piers)可用以幫助消力，甚屬有效。在多數情況下，此項比率之低，乃由於H之值太小，因而流速亦屬較緩，故消力檻不至遭遇極鉅之震動。如此項比率之低乃由於 D_I 太大，則應採用拉錨之消力檻。

爲儘可能範圍內，化簡上述之分析，可假定水流係以均勻之分佈溢過壩之固定頂長，故一定之流量僅有一定之溢流情形，與一定之尾水深度。對壩頂長度作適當之選擇所致之尾水變化曲線與水躍高度曲線間彼此之符合程度，可能較擅定壩頂長度所致之結果爲佳。如初步決定之壩頂長度所產生之結果，屬於上節所述之第一種情形，則較佳之符合度，可獲自增長壩頂之長度。同理，上述之第二種情形，亦可籍酌減壩頂之長度，以資改善，爲獲取最佳之布置，每須估計防護冲刷情形相同之各種設計之價值，而選擇工費最廉者。

另有一點須附帶說明者，研究水躍發生之位置，已爲護坦設計另闢一新因素。試閱圖5，洪水壅高之水頭僅三尺，壩身任何一點所受滲流之浮托力，原不應超過三呎，而水躍內則有9.4呎與11.2呎之值，乃代表槽內未經平衡之水頭，即浮托力之強度。護坦之厚度，必須按所示之9.4至11.2呎之浮托力而設計，再水躍之位置並非固定者，由於下游水位之退落，或流量之減少，水躍之位置可能向下游移動。

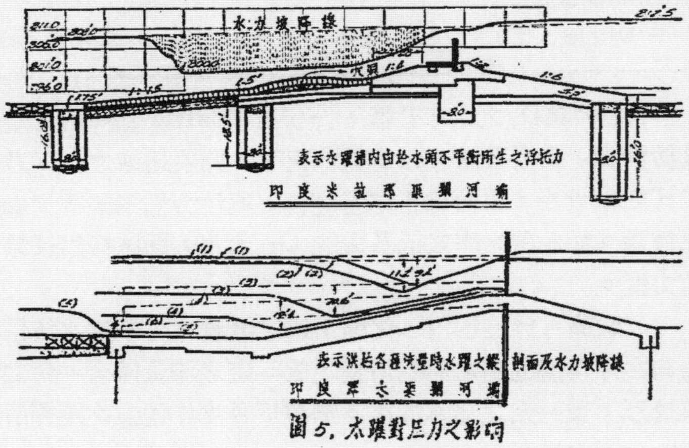

圖5. 水躍對壓力之影響

(三)導流牆與消力檻：

滚水壩下游河床之蝕食，多由於渦流之流成。渦流可分橫軸式，與立軸式兩種。橫軸渦流復可類別爲正渦流，與負渦流，視此項渦流究係增高抑係蝕食護坦末端之河床而定。

正渦流，指一部水流沿河床向上游流動，將冲刷之物質推移向護坦之末端，是以可防止鄰近之河床之冲刷穴洞。在此種情況下，護坦末端，水流之最高流速線，係向上趨向水面者。

負渦流中，河床被冲刷之物質順河流而下，以至冲刷現象逐漸擴展，鄰近護坦之河床漸至不穩定，而形成甚深之冲刷穴洞，此實有礙壩工之安全。在此種情況下，護坦末端，水流之最高流速綫，係向下以冲刷河床者。

立軸渦流有鑽探之作用，其高速水流挖出河床之物質，並挾往下游。由於垂直渦流之故，此項冲刷穴洞可能增至極大之深度，而爲害甚烈，此種渦流之形成，係由於(一)傾斜之水流——卽溢流係與滚水壩係成一銳角而非與之正交者；(二)每尺寬之溢水流量各不相同，此或由於壩頂之設備活動閘門者其閘門啓閉不一，或由於溢水之頂高不同，如滚水壩之設備有冲刷閘者卽爲顯著之一例。單位水量旣不相同，流速亦異，發生水躍之地點自有差別，以至水面高度懸殊，形成甚大之立軸渦流。

爲防止河床之冲刷，必須防止上述之立軸渦流與負値之橫軸渦流。前者之防止，應作下述之措置。

(甲)建築適宜長度之導水牆(Groynes)如在冲刷閘與滚水壩之間所設者是。參閱圖22。

(乙)盡可能維持溢水流量之均匀分佈，在緊接壩之上游河道內宜作治河工事，如設置順水牆(Guide Banks)之類，以順流勢。

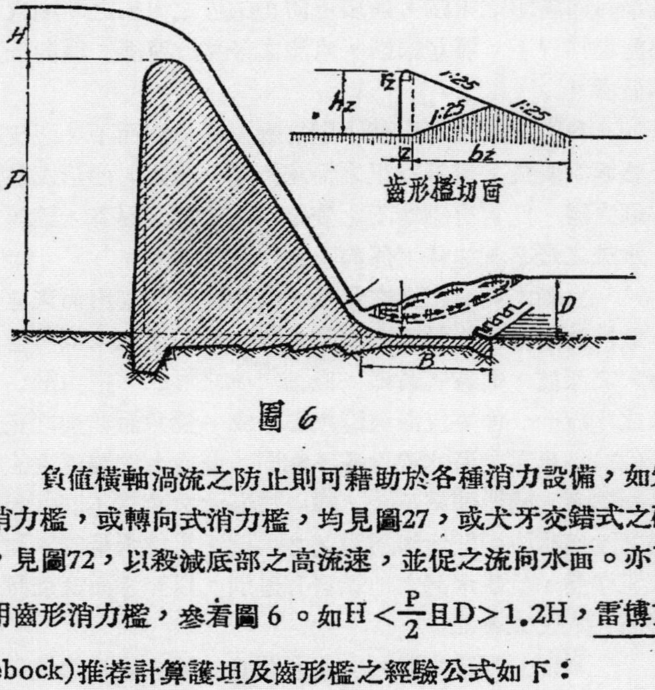

圖6

負值橫軸渦流之防止則可藉助於各種消力設備，如矩形消力檻，或轉向式消力檻，均見圖27，或犬牙交錯式之砌坦，見圖72，以殺減底部之高流速，並促之流向水面。亦可採用齒形消力檻，參看圖6。如$H<\frac{P}{2}$且$D>1.2H$，雷傅克(Rebock)推荐計算護坦及齒形檻之經驗公式如下：

護坦寬度$B=2H+\frac{1}{8}P$

齒之高度$h_z=0.08H^{2/3}\ P^{1/3}$

每一齒之寬度(齒之間距同)$t=1.25h_z$

齒之加厚$Z=\frac{1}{8}h_z$

齒之作圓半徑$r_z=\frac{1}{16}h_z$

第三編　渠道論

第十五章　渠　　系

(一)一首與多首

導引河流以資灌溉所採用之渠首制度可分二種：一曰一首制，一曰多首制。一首制如新近完成之涇惠渭惠等渠及都江堰工程是；多首制如綏甯之各舊渠是。李儀祉嘗爲文申論渠首制之優劣，略謂印度舊渠原爲多首制，後英人改爲一首制，然亦發現一首制之許多缺點：

(甲)一首制需龐大之幹渠與渠隄，多首制則分爲數渠而渠與堤皆小。

(乙)一首制之渠堤如爲洪水冲毁，不易修復，一面爲水，一面爲生長茂盛之田禾，無處取土；多首制則易於修理。

(丙)一首制有一部份破壞，即影響全局，多首制則可避免此弊。

(丁)一首制上游易於霸佔渠水，使下游水量不足，多首制則可避免此弊。

以此之故，印度灌漑工程，在今日，殆有復古之傾向。然究竟一首制之優點亦甚多，管理系統易於劃一，故頗有人主張仍用一首制，而另設備佐輔渠，以補其失。

多首制之用堰者，爭端甚多。如陝西各多首制舊渠，往往有下游堰民偷毁上游之堰，以至彼此鬥毆，死傷人命。

故此等渠不如採用一首制。山河堰爲一首制，然亦有同樣之弊，即下游之人欲浚深上游幹渠，而上游不肯，上游之人，寧溢水入河，不肯以多利濟下游之人，要之，在立法之完善與管理之得人耳。

一首制或多首制亦有爲地形所限，不能不採取一定之制者，如下游不易引水則採用一首制，一首制之渠不能及遠，則採多首制。

(二)渠線佈置

一灌溉區域內，渠綫之佈置，應自成系統，俾可自幹渠輸水以及於擬灌之各部田畝。渠綫之分佈與樹木之有幹有枝，甚屬相似；每一渠系常包括幹渠、支渠、子渠、斗渠、排水溝等。河道之兩岸均可灌溉，而水源流量敷用者，可於河之兩岸分別引水，各成一獨立之渠系；如設滚水壩以引水，則此二渠系可共一滚水壩。(參看圖8)。

幹渠之功用在控馭所灌之全部田畝，通常均以一平緩之坡降，位置於灌溉區中最高之地帶。幹渠供給各支渠之水量，而常以一支渠承其尾。幹渠與各分水嶺相交之處，爲每支渠之渠首。支渠之位置，每儘可能沿分水嶺而行，取其中高旁低，以便控馭分水嶺二面之田畝。當一盆地爲次要之分水嶺所分割時，則子渠之渠首位於支渠之渠線者，即沿此次要之分水嶺趨向下游。支渠與子渠均爲斗渠之水源，斗渠則輸水於兩側之農田，爲管理妥善計，斗門不宜設於幹渠中。

地形之有平滑一致之坡度者，即並無顯著之次要分水嶺時，渠線之佈置，除幹渠之部位仍循上述之原則外，可分下列兩類：

（甲）支渠以一平緩之坡降，橫越地形之主要坡度，位於所灌田畝之最高地帶。子渠順最大之坡度，輸水下行，以供應斗渠。斗渠乃自子渠之兩側引水，其坡降亦甚平緩，子渠之間距，視斗門出水流量與土質情形而定，通常均不致超過二至六公里。斗渠之長，則少於此項間距之半數。斗門之出水流量常在0.06至0.6秒公方之間。

（乙）支渠沿陡峻之地形坡度下降，子渠則以平緩之坡降橫越地形之陡坡，斗渠則再沿地形之陡坡輸水下行，以灌農田。斗渠之有甚大之坡降者，可減少滲漏損失，且可採用較長之斗渠，土方可節省；惟支渠內或需甚多之陡坡，跌水等建築物，此則應仔細比較二者之工程費用，以作決定。

幹支渠之分佈情形，除須配合地形，力求減少渠道土方外，並需注意渠道之輸沙能力，通盤籌劃，以期妥善。參閱第十六章。

（三）灣道

爲配合地形起見，土渠每有陡灣，渠身在灣外者易刷，在灣內者易淤，馴至渠之一側成爲深塘，另一側則水草叢生；且灣曲易致渦流及亂流，水頭損失甚鉅。是故吾人對土渠之灣道，誠不可不予以適當之限制。灣道之半徑愈大愈佳。

各種不同之經驗定則，用以限制灣道曲線與渠槽之寬或深之關係者，多欠合理，蓋影響灣道水流之最要因素實爲流速，且不同土質之抗刷性亦迥異。適用於普通土質之定則，用於較鬆軟或較堅實之土質時，亦應酌予校正。下列爲適用於普通土壤之安全公式：

$$R=10V^2\sqrt{A}+10 \cdots\cdots (1)$$

其中：R爲渠道中心線之最小半徑，以公尺計。V爲渠內平均流速，以秒公尺計。A爲水流之斷面面積，以平方公尺計。

如流速之值係屬通常習見者，威爾遜氏推荐較大渠道之曲線半徑，不得小於渠底寬之三至五倍。北美通用之規定，爲流速在每秒一公尺以下者，幹支渠之曲線半徑定爲渠水深之十五至三十倍，斗渠則用其水深之六至八倍。後者之規定較爲合理，蓋冲刷力乃與水深成正比，而與渠寬無甚關係也。印度聯合省，其土質多係淤泥，規定流量在一至一千秒公方者，土渠之最小灣道半徑，爲二十至二百公尺。

(四)輸水損失

渠道中滲漏與蒸發損失，可統稱之輸水損失。土渠中蒸發損失遠較滲漏損失爲小，通常不致超過輸水損失之百分之五，故可單以滲漏損失作輸水損失。土壤粿粒愈粗者，滲漏愈大。如渠水挾有甚多之淤泥，可望由沉澱之故，以逐漸減少滲漏。惟美國墾殖局曾作多次試驗，並未能指出，各渠經一長時間後，有任何減低滲漏損失之象徵。地勢較高之灌溉田畝所發生之滲漏，每使低田中之滲漏損失顯著減低。輸水之損失，可以下述之三種方式表示之：

(甲)以渠系中總流量之百分數表示之，每在百分之十五至五十之間。國內灌溉計劃通用百分之三十。此僅爲粗略估計之值，以渠道土質、地層、渠長、渠水深及渠道之潤水面積等因素變化複雜，各渠不同，未可一概而論也。

（乙）以渠道之潤水面積度量之，即規定每單位潤水面積流量損失之値，從而計算全部輸水損失。印度通用之數値如下：

渠身種類		每百萬平方公尺潤水面積中流量之損失，以秒立方公尺計
重粘土	(Heavy Clay)	0.6
石質	(Rock)	0.9
黑色棉土	(Black Cotton Soil)	1.5
已風化之岩石或卵石	(Decayed Rock Or Gravel)	3.0
冲積土或紅土	(Alluvial or Red Soil)	2.4

（丙）以輸水一里之流量損失佔總流量之百分數表示之，大致渠中流量愈大者，輸水損失所佔之百分數愈小。茲將美國農林部及司瓊氏之統計數字列述如下：

渠道容量（以秒公方計）	大於3.0者	1.5—3.0	0.7—1.5	小於0.7者
每公里損失之百分數	0.25—1.0	0.50—2.6	1.0—4.2	2.0—2.3

輸水損失所佔百分數之多少，視土質之透水程度而異。影響輸水損失之因素甚多，變化莫測，殊難作精確之估計。此項資料僅可供參攷之需耳。

（五）渠道之容量

幹渠之容量恆與所灌漑之田畝面積成正比。視灌漑率而異，參閱第三章。不僅須以平均値之灌漑率爲依據，且需注意某季或某月之最高用水量之估計。幹渠之最大容量應依照灌區之需要與水源流量變化情形而設計，(參閱第四章)。支、子、斗渠容量之決定，則尙與配水方法有密切之關聯，前已在第七章中有所申述。

幹渠之容量，自引水點起至幹渠尾端止，每屬相同；有時上游一段或須挾運額外水量，供給渠首所設排沙閘冲沙之用。幹渠中之流量應以足敷供應灌區內全部田畝之需水量與輸水損失爲最低之限度。譬如，玆擬灌田一萬五千市畝合10^7平方公尺，每旬之灌溉水深爲0.10公尺，輸水損失爲總流量之百分之三十，則幹渠中計劃流量之最低值爲：

$$Q=\frac{0.10\times10^7}{10\times86400}\times\frac{100}{100-30}=1.65\text{秒公方}$$

由於輸水損失之故，渠內流量，自引水點起至渠尾止，自應逐漸減小。爲配合此項流量之減少，幹渠之容量原可逐漸減小，惟以輸水損失之估計每難期精確，幹渠容量以維持原狀爲宜。支渠配水之採用續灌法者，將經常自幹渠引取一部渠水，在支渠渠首下游之幹渠容量卽應等於上游幹渠容量與支渠引水量二者之差額。支渠配水之採用輪灌法者，卽各支渠分別在某一短期內引取幹渠之全部流量，則幹渠之容量，自渠首至渠尾，應完全相同。通常殊少採用支渠間輪灌法者，故幹渠之容量，在每一支渠渠首之下游，恆較在其上游者爲小。

支渠配水之採用續灌法者，其容量可按所灌田畝面積比例定之。譬如，支渠之灌田面積爲三千市畝(仍援用前項舉例之資料），則支渠中之流量應爲：

$$\frac{3,000}{15,000}\times 1.65=0.33\text{秒公方}$$

支渠配水之採用輪灌法者，則支渠之容量視輪灌率而定。譬如，支渠每五日引水灌田一日，則支渠之容量應五倍於前項計算值，即應與幹渠之容量完全相等也。至支渠之容量是否上下一致，抑將在每一子渠渠首之下游減去子渠之容量，則視子渠之配水係採用續灌法抑爲輪灌法而定。計算子渠容量之方法，可參照計算支渠容量之方法辦理。

斗渠配水多用輪灌法，其容量不僅取決於灌溉面積，且視輪灌率而定。譬如一斗渠每六日輪灌一日，則其容量應爲依據續灌法計算所得斗渠容量之六倍。即使採用續灌法，斗渠容量仍宜加大，以便在某一短期內，利用多餘之渠水。斗渠之容量每有一最低之限度，視施水方法而異。如採用溝灌法，適宜引用之流量爲 0.01～0.05 秒公方，如係自由淹灌法，可用 0.03～0.10 秒公方；如係堤間淹灌法，可用 0.3～0.6秒公方。

渠道之斷面每令較計算者爲稍大，一則可稍富彈性：二則恐所依據之資料或有錯誤，三則渠內終不免稍有淤積，如斷面稍大，則祇須每年挖淤一次，不必隨時挖掘，養護管理較便。

第十六章　渠水挾沙問題與穩性渠

(一)概說

渠道引用之水源如挾有大量泥沙，往往招致渠道淤塞之弊。爲防止渠水所挾之泥沙停淤，渠水之流速宜高。惟水流湍急，則渠道將被冲刷蝕食，亦屬有害。從事渠道設計者須對淤積與冲刷二問題，愼審處理，兼籌並顧，此則有待進一步之硏討者。所引用之水源終年罕挾泥沙，卽渠道絕不至淤塞，則渠道設計大爲簡易，祇須渠水流速之值較表15所列者爲低，卽已盡善，對本章所述各點自可無庸顧及。

渠水挾帶之泥沙，並非絕對有害，亦有可取之點。膠淤狀之泥沙，不僅爲絕佳之肥料，且可塡塞渠身，以減滲漏。細沙則可使凝實之粘土變爲鬆散之混合土壤，而便於耕種。惟沿渠底滾動或跳動之粗砂，每係有害之物，應阻止其入渠，以免渠中發生嚴重之淤積。

理想之土渠爲穩性渠，乃指渠道之具備物質上之穩定性者，可解釋爲渠中絕不致有淤積與冲刷現象；亦可解釋爲渠中之淤積與冲刷可適相平衡，而斷面形式無甚變異也。穩性渠之設計，依據當前可用之學理，係以渠水所挾泥沙之性質爲主要條件；換言之，渠水流量相同而所挾之泥砂性質不同，卽須以不同之渠道斷面與坡降以適應之，庶幾渠中可無淤積與冲刷或淤積與冲刷可彼此平衡。

因渠道引用天然河道之水流，而河水所挾之泥沙逐季不同，渠水挾帶之泥沙自亦隨之而生變化。高水期間，河水之含沙量每屬豐盛，雖可於渠道之首採用種種設施，防阻大量泥沙入渠，恆不免仍有一部份泥沙在渠道首段停淤而生沙灘。惟此項沙灘，在高水期後，因水流之含沙量逐漸減低，即可被較淸之水流冲動，終於隨流下移，淤積現象乃逐漸消失。故一時之淤積，並無妨礙。

渠水所挾之泥沙旣時有變異，而渠水所挾之泥沙性質不同，則需以不同之渠道斷面與坡降以適應之，此在事實上殊無可能，除非渠內絕不致發生冲刷與淤積現象，以致渠道設計可與泥沙性質無關也。普通渠道設計應選擇適當之泥沙性質作依據，俾高水期間渠中稍有淤積，低水期間渠中稍有冲刷，而淤積與冲刷可大致平衡，是乃最合於理想之情形也。故設計之初，應先取得河中泥沙逐日變化之記錄表，估計渠道所將引入之泥沙情形，俾便選定泥沙之性質，供作渠道設計之依據。

吾國以地理水文之特異，河流所挾之含沙量極豐，尤以西北黃土域區爲甚，例如黃河之最高含沙量可達百分之五十，永定河達百分之四十，洛河達百分之六十，涇渭河均達百分之四十。而其他各國著名河流之含沙量均在百分之三以下，其最甚者，亦未超過百分之十，兩相比較，實爲極可駭異之對照。故渠水挾沙問題，在我國西北地區，除需注意所挾泥沙之性質外，復需注重所挾泥沙之總量，蓋粗沙固屬有害，而細沙太多，農田迅即淤高，亦屬可慮。西北爲我國發展灌漑事業最有希望之區域，各項工程規劃自應針對此項特性，深思熟慮，審愼處理。如何把握渠水之高度挾沙問題，需作有系統之合宜處置，其步驟可分爲：渠前挑砂、沉沙與冲沙；渠首沉沙、冲沙、排沙與挑沙諸項，俾渠系中所運行之泥沙總量不致過份鉅大，而後視幹支渠容量與輸沙能力，將含沙量作適當之分配，務使此項已入渠之泥沙，得暢行於渠系中，終達於農田。渠中旣無永久性之淤積，亦無永久性之冲刷，以臻於至善之境。此編者蒐集內外資料，分析研究所得之初步見解也。

前段所述之挑沙、沉沙、冲沙、排沙、配沙等，非憑籍建築物不爲功。且前四項旨在減少渠水挾沙之量而排之於渠系之外，配沙則係利用分水建築物以分配有關之幹支渠所挾之泥沙。凡此均在調節渠水所挾泥沙之量，並非渠道設計事項，將分在第二十二及第二十七章中申論之。至如何使渠水所挾之泥沙得暢行於渠系中，俾渠道內絕不至發生淤積與冲刷或淤積與冲刷可大致平衡，則純屬於渠道之縱斷面與橫斷面之設計問題，乃本章所擬研討之主體。

(二)渠水挾沙之理論

渠水挾帶泥沙之方式可分數類。在渠底平滑而渠水流速不高或所挾泥沙顆粒鉅大之渠道內，泥沙之運行常與渠底相接觸者，是爲滑動或滾動。如渠底崎嶇不平，泥沙於沉落渠底前係由渠流之水平份子挾帶而行。其顆粒卽不與渠底作連續之接觸，而係跳躍前進，此類運行方式通稱爲躍移(Saltation)。泥沙跳躍之範圍恆限於水流之底層，兼具推移與懸移二項運動。如渠水之流速漸增，則泥沙之跳躍運動亦隨之擴張，顆粒較小之泥沙可能受紊流之上升份子之頂托而升至水面，而成泥沙脫離渠底之運動並可能作無時限之延續。同時泥沙亦可受向下之份子之挾帶而下沉，復因地心吸力使其下沉之運動加速，因之泥沙上升之速度緩而下沉之速度急；惟愈近水面則含沙量愈減，而可能下沉之泥沙總量亦愈少，愈近渠底則含沙量愈增，而可能上升之泥沙總量亦愈多；故泥沙量之下沉率與其上升率必至平衡而後已。終必有一定量之泥沙永遠懸淤於水中，而為渠流之水平份子挾帶運行。在泥沙懸移之運行中，其主要因素為水流之紊動能力。而在泥沙沿渠底推移之運行中，(包括滑動、滚動與跳動)，其主要因素則為渠流之拖拽力。此為研究泥沙運行之基本原則。但因渠水挾沙之理論尚未至成熟階級，故實際工程設計祇可求助於經驗公式。

健全之理論公式雖不可得，但吾人可觀測實際已達穩性渠條件之渠道——卽每年之淤積與冲刷大致平衡而縱橫斷面殊少變異之渠道，蒐集水流與所挾泥沙之資料，加以分析，推演而得經驗公式，以供工程設計之用。吾國泥沙問題之嚴重性雖佔世界之首位，而國人不惟對泥沙問題之理論尚少研究，卽經驗公式亦付闕如。印度與埃及等國人士對此問題則頗有供獻。肯尼地(R.G.Kennedy)於一八九五發表其公式為

$$V_o = CD^{0.64} \quad \cdots\cdots(1)$$

此公式係觀測印度巴鋭都渠之資料研究推演而得者。式中：V_o為平均隱性流速，以秒公尺計，所謂穩性流速，係指既不致冲刷亦不致停淤之渠水流速；D為渠水深度，以公尺計

，邊坡部份之渠水深度不計在內；C爲一係數，視構成穩性渠槽之泥沙性質而異，可用下列之値：

極細之輕沙質淤泥	C=0.54.
稍粗之輕沙質淤泥	C=0.59.
沙　壤	C=0.65.
較粗之淤泥	C=0.70.

以上所述，係指穩性渠其渠槽係由與渠水所挾泥沙同類之可蝕性土壤所構成者言。國人每用此式以計算渠中有無停淤之弊。用C之値，視渠水所挾之泥沙情形而定。

繼肯尼地之後，有各項實際觀測其結果指明，在不同之渠道，隨泥沙種類之變化，式(1)中不僅C係一可變數，卽D之指數方次亦並非爲一固定常數，玆列舉較著之數式如下：

Kennedy：Upper Bari Doab Canal，

$$V_o=0.55D^{0.64}.$$

Lindley：Lower Chenab Canal，

$$V_o=0.58D^{0.57}.$$

Madras：Godaveri Western Delta，

$$V_o=0.39D^{0.55}$$

至D之指數方次與泥沙之性質是否有何關聯，則無從懸揣。故式(1)能否廣泛應用，殊滋疑竇。納塞（Lacey）重行檢討各項資料，發現如予以簡單之變通，則以上各公式，卽可加以整理。彼認爲穩性流速之公式中宜用水力半徑R以代垂直水深D。則前述各公式可化爲：

Kennedy：Upper Bari Doab Canal，

$V_0=0.645R^{1/2}$.

Lindley：Lower Chenab Canal，

$V_0=0.624R^{1/2}$.

Madras：Godaveri Western Delta，

$V_0=0.436R^{1/2}$.

以上諸式中R之指數方次完全相同，故其形式自較優越。如仍以肯尼地所觀測之巴銳都渠之泥沙爲標準，則納塞所建議之通式可書爲：

$$V_0=0.645\sqrt{fR} \cdots\cdots\cdots\cdots\cdots\cdots (2)$$

式中V_0以秒公尺計，R以公尺計，f爲泥沙係數，如以巴銳都渠之泥沙爲例，則f=1。各種泥沙係數之值，尙有待於研究。目前宜觀測實際渠道中之穩性流速V與水力半徑R之值，以計算f之值。約略之估計，可參照下列各數：

重沙	$f=2.0$.
粗沙	$f=1.5$.
中沙	$f=1.25$.
細沙或粗淤泥	$f=1.0$.
細淤泥	$f=0.7$.
極細淤泥	$f=0.5$.

納塞並推演得泥沙係數f與曼寧公式中之糙率係數n之關係爲：$n=0.0225f^{1/4}$。再泥沙係數f與泥沙之顆粒直徑d間之關係，納塞曾作大略之估計。爲$f=5\sqrt{d}$。其中d係以公分計之。

納塞之公式在印度廣受採用，公認爲優良。惟來因謇蒐集美國資料，用納塞公式計算所得結果頗爲紛歧。此項公式是否可供廣泛採用，仍屬可疑。式(2)中僅包括泥沙顆粒之因子，並未計入含沙量之影響，吾國江河所挾之沙量至豐，故用式(2)計算所得結果自難與實際情形相符。納塞所依據之資料，以河流挾帶推移質者爲主；吾國西北各渠所挾帶者以懸移質爲主。因黃土之顆粒至細，尤與印度之精形逈異。再影響穩性渠之因數頗多，來因曾歸納爲數類：(一)水力因數：如坡降、糙率、水力半徑、平均流速、流速分佈、水之粘滯係數、擴散係數等；(二)斷面形式：如寬、深及邊坡等；(三)所挾帶之泥沙性質：如顆粒大小、形態、比重、顆粒之組合、含沙量、渠床及渠岸之性質等；(四)其他因素：如渠線之曲直，水流之均勻程度及渠工之新舊等。影響穩性渠之因素既如此複雜，欲以單簡之公式計入各項因素之影響，自無可能。要作有關之計算，可仍採用式(2)，雖難望精確，差誤或不致鉅大。

(三)穩性渠設計

(甲)二元論

前已言之，穩性渠之定義可有二種解釋，其一爲渠內絕不致發生淤積或冲刷之現象。依照此項解釋，設計渠道斷面時，可就渠內發生淤積或冲刷之可能性，分別加以估計，務令渠內不發生淤積或冲刷之現象。此渠道設計二元論也。

渠道是否可能被渠水冲刷，取決於渠水流速與構成渠底渠岸之土壤之抗刷力；渠內是否可能發生淤積，則取決於渠水流速與所挾泥沙之顆粒直徑；構成渠底渠岸之土壤可與渠水所挾之泥沙毫無關係，故冲刷與淤積二問題，自可分別研究辦理。

第十一章內，防冲刷問題已加論述。表15所列乃表示渠內可允許流速之最高值。渠中之實際流速如較此項值爲低，渠內即不致發生冲刷現象。如構成渠床與渠岸之土壤太弱，以致表15中所列適合該項土壤之安全流速值太低時，即不能免除渠水所挾泥沙之沉澱。爲補救此項缺點除可設法調整泥沙係數外，亦可選用較高流速，但應將渠道酌予砌面，以防冲刷。此項砌面用淤泥粘土，夯實即可，既可防冲刷，復可減渠水滲漏，一舉兩得。再渠道完工後，恆逐漸凝實，其抗冲性亦逐漸增加。

爲保證渠中不致停淤，可用式（2）計算穩性流速，此爲渠內所允許之流速之最低值。如渠中之實際流速較此值爲高，渠內即不致發生淤積現象。穩性流速之值視所用之泥沙係數 f 之值而定。計算時應依照渠水可能挾帶之最粗泥沙以選用 f 之值；如此粗沙尙不致停淤，細沙自亦無停淤之可能。如依此求得之流速值太高，則渠道有被冲刷之慮，可增設沉沙池，使粗沙停淤於池內，以致下游渠水所挾者僅有細沙，如此即可採用較低之流速。

總之，渠中實際流速之值宜介乎自表 15 中查得之冲刷流速與用式（2）計算所得之穩性流速之間，如此則渠內即不致淤積亦不致冲刷，爲最合於理想。通常可令渠中流速稍高，如發生冲刷現象，則可憑藉節制閘之控制，以爲補救。

（乙）一元論

穩性渠定義之另一解釋爲：渠內之淤積與冲刷可彼此平衡；換言之，即此一時淤積，彼一時則冲刷，而淤積與冲刷之影響恆可相消。玆所論列恆指渠槽係由與所挾泥沙同類之可蝕性土壤所構成者而言；必如斯，方致渠內時而發生冲刷時而發生淤積，而渠內流量固未有所變更。此項渠道仍以式（2）作設計之依據，惟 f 之値視構成渠槽之最粗之顆粒而定。當渠水所挾泥沙之顆粒較細時，渠內即可能發生冲刷；渠水挾帶稍粗之顆粒時，渠內即將停淤。渠道之斷面係以某一定値之穩性流速作設計之依據，俾渠內兼具冲刷與淤積之作用而二者並可彼此平衡。此渠道設計一元論也。

渠內之淤積與冲刷縱可平衡，渠道斷面之形式是否穩定，仍待硏究。納塞曾論及，穩性渠之潤水周界與流量每成一自然關係，可表示如下：

$$P=5Q^{1/2}$$

式中P爲潤水周界，以公尺計；Q爲流量，以秒立方公尺計。將此項關係代入式(2)可得：

$$V=\left(\frac{fQ^{1/2}}{12}\right)^{\frac{1}{3}} \qquad (3)$$

可依據式（3）推論，當流量 Q 與泥沙係數 f 爲已知數時，穩性流速V 即爲某一固定之値，而可計算得之。流量與流速既爲已知數，渠道斷面面積 A 必爲某一固定之値。依據式（2），流速與泥沙係數爲已知數，水力半徑即爲某一固定之値，代入式十一（1）或式十一（2），渠道坡降亦爲一固定之值。故流量與泥沙係數二者已知數時，則流速，水力半徑，潤水周界，斷面面積及渠道坡降各僅有一適當之値可適合上述之公式；換言之，流量與泥沙係數二者爲已知數時，穩性渠槽之縱橫斷面之尺寸均成固定之値，而可逐一計算得之。如實際渠道之縱橫斷面之各値，與此項計算不盡相合，則渠道之穩定性卽不可恃，故依照一元論設計，渠道之縱橫斷面之尺寸僅各有一値可用，殊無選擇之餘地。

如流量與泥沙係數確定，則渠槽之縱橫斷面卽已固定。驟視之每感渠槽之設計，似極簡易，惟泥沙係數可憑藉排沙與沉沙建築物加以調整，流量亦可藉幹支渠容量之分配加以調整，因此渠槽設計仍頗有伸縮餘地，應仔細加以分析比較。

國內渠槽殊少由所挾泥沙同類之土壤構成者，渠槽土質與渠水所挾泥沙並無關聯，冲刷與沉淤自爲二事，並非以某一定流速之値而分野，故依照二元論從事渠道設計，已屬妥善。惟如能按照一元論之條件設計，當更安全，在塡方之渠槽內，亦不致發生萬一之不穩現象，並可斟酌渠道土質之實際情形，採用較陡之縱坡，或具有最有利之水力原素之斷面，以配合地形而節省渠道土方。

第十七章　斷面

(一)概述：

渠道之輸水量取決於其縱橫斷面。如爲配合地形起見，渠線之縱坡已於實地測量或紙上定線時予以固定之值，則可藉調整渠道橫斷面之形式，以選擇理想之流速，因橫斷面形式之變化可能產生不同之水力半徑故可獲得不同之流速也。惟此項選擇仍以防阻沉淤之最低流速及不致冲刷之最高流速為止境。

在渠綫縱坡之採用不受限制之處，例如地形陡峻，可採用任一縱坡而將剩餘坡降委諸跌水陡坡等建築物之採用，或渠綫可任意移動以便選擇不同之坡降，則可先選用不致冲刷渠槽之流速與適宜之橫斷面形式，而後計算坡降之值。如渠內輸沙問題應予考慮，則依照穩性渠之敍述設計，參看第十六章。

斷面之變化，除邊坡係按土質或砌面情形決定外，餘皆視水深與渠底之比率而異。概括論之，斷面可分為窄深式與寬淺式二類，此二類斷面之優劣點，每適相反；窄深式斷面之優點，即為寬淺式斷面之劣點，反之亦同。玆比較其優點，分述如下：

（甲）窄深式斷面之優點：

（1）挖方較為節省，地形之坡度愈陡，節省之程度亦愈顯著。在石質山地，採用此式斷面，最屬有益。

（2）近於最有利之水力因素之斷面。渠內水深既大，水力半徑每隨之加增，在渠線縱坡較平坦之處最為適用。此在平坦之灌區，每屬重要。

（3）減少植物生長之機會。渠水甚清者，水生植物易在渠內繁殖，如浸水較深，則不利此類植物之生長。

(4)渠道佔地較少。

(5)砌面所費較省。因潤水周界較小之故。

(6)滲漏損失較少，因滲漏損失係與潤水周界成正比之故。

(乙)寬淺式斷面之優點：

(1)在填挖方平衡之斷面中，愈寬淺者，挖方愈省。

(2)如窄深與寬淺兩種斷面其露出地面之水深相同時，寬淺斷面所維持之地面以上之水量較多。此在支子渠之直接輸水於農田者，較為有益。

(3)堤身安全，渠堤不易發生缺口。

(4)挖方之單價可較低，因工作及輸土便利。

(5)管理渠隄之邊坡較易。

(6)水流較穩定，可無窄深式之水面易刷渠底易淤之弊。

建築土渠，以能利用渠隄作渠水之行水槽為經濟，而最經濟之斷面，則為挖方足敷渠堤之用，並有充分之餘裕，以供用土浪費與填土收縮之須要。此項應具備之餘裕，在較小渠道，可定為總填高之百分之十，在較大渠道，可定為百分之五。簡言之，所謂經濟斷面，即指渠道之為半挖半填式者言。惟填方之渠堤，因較疏鬆，易致潰缺，而生災害，故渠道之土質不佳者，正常浸水斷面宜適在挖方之內，庶冲刷與滲漏之情形均能良好。

渠道斷面之設計，包括(1)決定横斷面底寬與水深之比率，或選用水深之値而計算渠底寬度，以適應理想之流速；(2)斟酌土質情形及交通之須要等條件，選定渠岸之內外邊坡及岸頂寬度。

(二)斷面形式：

(甲)按穩性渠設計：

渠水如挾帶泥沙，則渠道斷面應依照穩性渠之條件而設計。如採用一元論，則當流量Q與泥沙係數f為已知數時，代入式十六(3)即可求得穩性流速V；將V與f代入式十六(2)即可求得水力半徑R；將V與R代入式十一(1)或式十一(2)，即可求得渠道之坡降S；依土質情形決定渠岸之邊坡後，即可求得水深與渠底寬度；渠道之縱橫斷面之尺寸均迎刃而解。如採用二元論，則可酌依下列敍述選用斷面形式，而配合以適當之渠道縱坡，俾渠水流速既不致冲刷渠槽亦不致令所挾泥沙沉澱。如渠線縱坡業經選定，泥沙係數亦已確定，則將f與S分別代入式十六(2)及式十一(1)或式十一(2)，解此二聯立方程式，即可求得水力半徑R與流速V，而水深與渠底寬即可從而求得。

(乙)用經驗公式求水深：

愛其佛銳曾分析近代優良渠道之實例，其中多係美國墾務局所辦之工程，得一經驗公式如下：

$$D=\frac{1}{2}\sqrt{A} \qquad (1)$$

式中D為水深，以公尺計；A為面積，以平方公尺計。如以Z為渠岸之邊坡，即水平距離與垂直高度之比率。b為渠底寬度。則梯形渠槽之面積A＝(b＋ZD)D．代入式(1)得：

$$D=\frac{1}{2}\sqrt{(b+2D)D}$$

$$\therefore b=(4-Z)\ D\cdots\cdots\cdots\cdots\cdots\cdots\cdots\cdots(2)$$

渠道斷面卽可採用此項經驗公式設計。首先依照渠道土質情形自表15中查得渠水流速之最高値，酌用較此値稍低之流速，以之除流量所得之商卽爲面積A。渠底寬度與水力半徑卽可從而求得。將流速與水力半徑之値代入式十一(1)或式十一(2)卽可求得渠道坡降。如渠道坡降已定，僅擬設計渠道橫斷面，則可將式十一(1)或式十一(2)化爲：

$$Q=CA\sqrt{RS}\ ，或Q=\frac{1}{n}AS^{1/2}R^{2/3}$$

其中Q與S均爲已知數，A與R均可化爲D與b之函數，解上式與式(2)二聯立方程式，卽可求得D與b。惟流速是否太高仍宜校核。如果太高，可改用較爲寬淺之橫斷面，或變更渠道縱坡之値。

(丙)按最有利之水力原素設計：

摩擦水頭損失係與潤水面積成正比。如其他條件相同，由於斷面形式之變化，其潤水周界最小者，卽係斷面之具有最有利之水力原素者。此項斷面之輸水效率最高，因水力半徑相同時，面積最小；渠道土方可望節省，工程自屬經濟。

渠道斷面多爲梯形，矩形。間亦有用半圓形者。梯形斷面之邊坡視土質而定，該斷面是否具有最有利之水力原素，則取決於渠底寬與水深之比率，可以計算定之。試以

A ＝斷面面積。

θ＝邊坡與水平線所成角度。

W＝潤水周界。

R ＝水力半徑。

D ＝水深。

B ＝底寬。

$$r=\frac{B}{D}$$

則：$W=B+\frac{2D}{\sin\theta}$，惟$B=rD$，且$A=(B+D\cot\theta)D$或

$D=\sqrt{\frac{A}{r+\cot\theta}}$ 代入上式可得：

$$W=\left(r+\frac{2}{\sin\theta}\right)\sqrt{\frac{A}{r+\cot\theta}}$$

爲選擇 r 之值，俾 W 之值爲最小（此爲斷面具有最有利水力原素之條件），將上式微分之，並令$\frac{dw}{dr}=0$，經移式後得：

$$r=2\left(\frac{1-\cos\theta}{\sin\theta}\right)=2\tan\frac{\theta}{2}$$

故r之值視邊坡而異，自此項$r=\frac{B}{D}$之關係中卽可解得：

$$D=\sqrt{\frac{A\sin\theta}{2-\cos\theta}}\cdots\cdots(1)$$

$$B=2D\tan\frac{\theta}{2}\cdots\cdots(2)$$

渠底寬與水深之關係既定，即可採用前節所述之計算步驟，設計斷面。

據統計，各種斷面形式中，以半圓形斷面之輸水效率最高。水力半徑相同時，半圓形斷面之面積最小。故儘可能範圍內，輸水道之斷面形式可用半圓形，工程最爲經濟。至梯形與矩形之斷面，則以其形式最接近半圓形者乃具有最有利之水力原素。此項幾何關係可以式(2)所示之B與D之關係爲證。

爲便於設計最有利之水力原素之斷面起見，茲將各種不同邊坡之斷面述爲面積之函數，列表如下：

渠道邊坡	θ	d	b	P	R
1:3	18°25'	$0.548\sqrt{A}$	$0.178\sqrt{A}$	$3.647\sqrt{A}$	$0.274\sqrt{A}$
1:2	26°34'	$0.636\sqrt{A}$	$0.300\sqrt{A}$	$3.145\sqrt{A}$	$0.318\sqrt{A}$
4:7	29°45'	$0.662\sqrt{A}$	$0.352\sqrt{A}$	$3.021\sqrt{A}$	$0.331\sqrt{A}$
2:3	33°41'	$0.689\sqrt{A}$	$0.417\sqrt{A}$	$2.902\sqrt{A}$	$0.345\sqrt{A}$
4:5	35°40'	$0.716\sqrt{A}$	$0.502\sqrt{A}$	$2.794\sqrt{A}$	$0.358\sqrt{A}$
1:1	45°00'	$0.740\sqrt{A}$	$0.613\sqrt{A}$	$2.704\sqrt{A}$	$0.370\sqrt{A}$
3:2	56°19'	$0.759\sqrt{A}$	$0.812\sqrt{A}$	$2.636\sqrt{A}$	$0.379\sqrt{A}$
7:4	60°15'	$0.760\sqrt{A}$	$0.882\sqrt{A}$	$2.632\sqrt{A}$	$0.380\sqrt{A}$
2:1	63°26'	$0.759\sqrt{A}$	$0.938\sqrt{A}$	$2.635\sqrt{A}$	$0.379\sqrt{A}$
垂直	90°00'	$0.707\sqrt{A}$	$1.414\sqrt{A}$	$2.828\sqrt{A}$	$0.354\sqrt{A}$
半圓形	——	$0.798\sqrt{A}$	——	$1.773\sqrt{A}$	$0.564\sqrt{A}$

(丁)按滲漏損失最少之斷面設計：

滲漏損失，純就其與斷面之關係而言，通常均假定係與潤水周界之面積及渠水深度之平方根成正比。在渠道之邊坡上，由於水深之由深而淺，其平均滲漏強度，可定為渠底滲漏之三分之二。如以S表單位渠長之滲漏損失，則可依照前述之假定，書寫半理性公式為：

$$S=C\sqrt{D}\left(B+\frac{2}{3}\times\frac{2D}{\operatorname{Sin}\theta}\right)$$

$$=C\left(\frac{A}{r+\operatorname{Cot}\theta}\right)^{3/4}\left(r+\frac{4D}{3\operatorname{Sin}\theta}\right)$$

為選擇r之值，俾S之值為最小，可將上式微分之，並令$\frac{ds}{dr}=0$經移式後得：

$$r=4\left(\frac{1-\operatorname{Cos}\theta}{\operatorname{Sin}\theta}\right)=4\tan\frac{\theta}{2}$$

故r之值亦視邊坡而異，自$r=\frac{B}{D}$之關係中，可解得：

$$D=\sqrt{\frac{4\operatorname{Sin}\theta}{4-3\operatorname{Sin}\theta}}\cdots\cdots\cdots\cdots(3)$$

$$B=4D\tan\frac{\theta}{2}\cdots\cdots\cdots\cdots(4)$$

渠底寬與水深之關係既定，即可採用(乙)節所述之計算步驟，設計斷面。

(三)渠岸：

渠岸之設計，包括：決定渠岸頂寬，岸頂超出渠水之高度，渠道內邊坡及渠堤外邊坡等項。渠堤甚高者，則應視土質情形，酌設平台(Berm)，俾資安全。

渠岸之頂寬，視渠道之大小而異。較大之渠道，位置於半山坡者，挖方之一岸可稍單薄，蓋如有坍塌，尙不至產生嚴重之災害；而塡方之一岸，則必須寬厚，俾不至發生爲害甚烈之決口。塡方之岸頂，宜有相當寬度，以能供作大車路者爲佳。旣可便交通巡察，又可增進渠道之安全與保障。此項道路不得窄於三公尺，如土質爲輕鬆之沙土，則愈寬愈佳。每隔相當距離，應設廻車場，可設於挖方較多地點，利用棄土築成，卽無須多費工款。在較小之渠道，岸頂寬度，亦不宜少於一公尺。

塡方之岸頂，宜超出水面三公寸至一公尺以防渠水或有漫溢之慮，並備塡土之收縮。其土質輕鬆，易受風雨蝕食者，岸頂尤須稍高，惟岸頂甚寬者可不必太高。

渠道之邊坡，應較土壤之天然安息角度爲平坦，俾免土壤之坍塌滑動以策安全。土壤之安息角度，可就地實驗之。普通之土質，以採用橫二直一之邊坡，最屬習見，不宜較1½：1之坡度爲陡。沙土之渠岸，宜稍平坦，如爲堅實之土壤，則可稍陡。挖方內之坡度，可較塡方內之坡度爲陡。砂與卵石之混合物，可用1½：1之坡度。堅實之土，尙可採用較此爲陡者。完好堅固之岩石，除在極深之挖槽外，可採用垂直之邊坡。其他土質之安全坡度，均在堅岩邊坡與沙土邊坡兩値之間。

渠道外側之一岸，卽指渠堤言，必須愼審建築。如挖方材料之可用於建築渠道者，其顆粒甚粗，則應注意將其中所含顆粒細者置於渠道之內坡——卽渠水所接觸之隄內邊坡，而將較粗者置於渠道之堤外邊坡，以減滲漏，而增進渠岸之安全性。在良好之基礎上，粗卵石與碎石構成之渠提，頗合於理想之堤岸，惟水流浸及之邊坡，應酌鋪粘土等使不易漏水耳。

(四)砌面：

渠道幹支渠之加以砌面，已逐漸廣受採用，其主要功用有下述數點：

(一)防止寶貴水量之滲漏損失。

(二)增強渠岸之安全性，防止大量滲流所造成之湧沙現象。

(三)防止因渠水滲漏所引起之農田積水壅塞，以致毀壞農田之肥沃性。

(四)防止渠身之冲蝕。有時爲配合地形，每需採用甚陡之渠道縱坡，如此則採用砌面，可省去陡坡，跌水等建築物。

(五)減低渠槽之摩擦阻力，使渠水之流速增高，乃可減少渠槽之斷面面積，減少堅石之挖方數量。

渠道砌面所用材料之種類甚多，其效率各不相同，玆舉例如下：

(一)混凝土砌面(成份1：2：4)——8公分厚者可減少滲漏損失90%。

(二)水泥漿砌面(成份1：4)——11.5公分厚者可減少滲漏損失75%。

(三)塊石砌面——15至30公分公厚者可減少滲漏損失

75%至95%。

(四)粘土砌面——7.5至15公分厚者可減少滲漏損失50%至75%。

(五)瀝青或柏油砌面——如每平方公尺施用9.4公斤可減小滲漏損失50%至60%。

以上所列減少滲漏損失情形，係指由某渠測驗所得結果，籍此可比較各種砌面之效率優劣，而略得一清晰之概念，實際砌面究能減少滲漏若干，仍視實際渠道土質，地層結構等情形而異，不可拘泥也。

混凝土砌面，多採用五至十公分之厚度，每隔六至十二公尺，宜酌留伸縮縫。混凝土砌面，祇可鋪砌於已充分沉實之堤岸，否則不均勻之沉落，每致促成其分解危害砌面之安全，而減低其效率。砌面之渠道，應儘可能範圍，採用具有最有利水力原素之橫斷面，俾可節省材料。

渠道之採用砌面者，不惟養護費用較省，滲漏損失較少，其初次之工程費亦可較不砌面之渠道爲低，蓋其中所通過之流速，可增大二至四倍，其横斷面面積較小，可節省工程數量也。陝西梅惠渠以灌溉區地形陡峻，渠線之縱坡甚陡，其值在$\frac{1}{400}$至$\frac{1}{50}$之間，形同陡坡，全渠均就近取用片石鋪砌厚二公寸之砌面，以1：4石灰漿砌，1：5水泥漿拘縫，乃國內採用渠道砌面規模最鉅之實例。

第四編　建築物

第十八章　引水工程之佈置

(一)概述：

引水工程位於渠道之首，其措置之優劣，不僅關乎渠道引用水量之敷否，且影響下游各項工程之安危，殊足重視，爰於細論各個別之建築物前，就引水工程之一般佈置，首加闡述。

吾國舊式渠工，每僅於河岸開挖引河，導引河水，以供灌溉，如綏遠寧夏區黃河兩岸之諸舊渠是。(參閱圖9)。至較小河流沿岸之渠工亦有於渠口設堰者，其法為堆置內實塊石之竹籠、柳捆、或設置榪槎，橫亙於河道中，堵截溪流，壅高水位，以逼水入渠。

舊式渠工之各項引水措置，頗多與現代科學原理暗合者，惟工事簡陋，缺點甚多，綜計約有數端，略如下述：

(甲)渠首無固岸導流工事，兩岸時有坍塌，渠口形勢變遷無定，引水量殊不足恃。

(乙)竹籠柳捆等堆置而成之堰滲漏甚鉅，以致引水量每屬不敷，且質地與結構多欠牢固，洪水期內，每被冲毀，雖初次建築費較省，但歲歲重修，財力人力，耗費殊鉅。

(丙)渠首無防淤設備，渠道佈置復乏通盤籌劃，泥沙入渠易致淤塞。

(丁)渠首無進水閘，從無調節入渠水量，以致洪流入渠，渠道時被冲毀。

新式引水工程之初次工程費雖稍高昂，但其佈置結構堅固合理，頗能匡正舊式渠工之失。新式引水工程包括：(甲)斟酌需要，設置挑水壩，導流牆，防洪牆及護岸等工事，以防範洪流而固定渠口；(乙)設置永久性之進水閘以調節入渠流量，並酌附工事以控制入渠泥沙；(丙)設置不透水之攔河壩，以提高水位；(丁)壩側酌設沉淤槽，冲淤道，及冲刷閘，以防阻大量泥沙入渠；(戊)在渠道內渠首之稍下游，酌設溢水道，節制閘，沉淤池，排沙閘，洩水閘等，以策渠道安全。必要時，更設船閘及筏道以便航運，設置魚梯以利水產。綜觀此種新式之引水工程，規劃週到，已日臻完善之境，其成果之佳，實非舊式工程所能比擬。

(二)引水佈置：

設備引水工程之主要宗旨，在導引敷用之流量，以供應灌區農作物之所需及渠道輸水之損失。引水工程之佈置究應如何，方始相宜，須視實際環境而定。

新式引水工程中，有須設置蓄水壩蓄水，以調劑水源流量之盈虛而宏灌溉之利者，其辦法係於蓄水壩之壩身設出水孔，下承引水渠，出水孔設閘門以調節入渠之流量。因水頭甚鉅，出水每甚湍急，渠前消力困難，亦有於蓄水壩之下游，另設攔河引水壩攔水入渠者。至上游並無蓄水庫者，引水工程之措設，須視水源流量情形而定。此乃本章論述之主體。

灌溉工程設計參考手冊

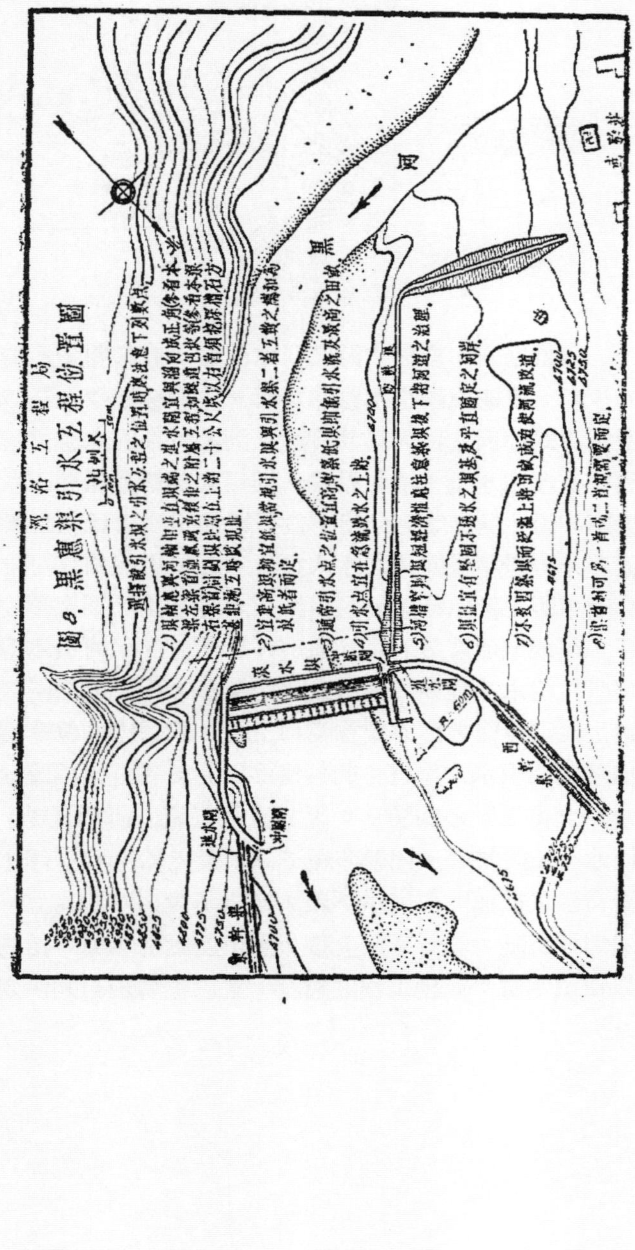

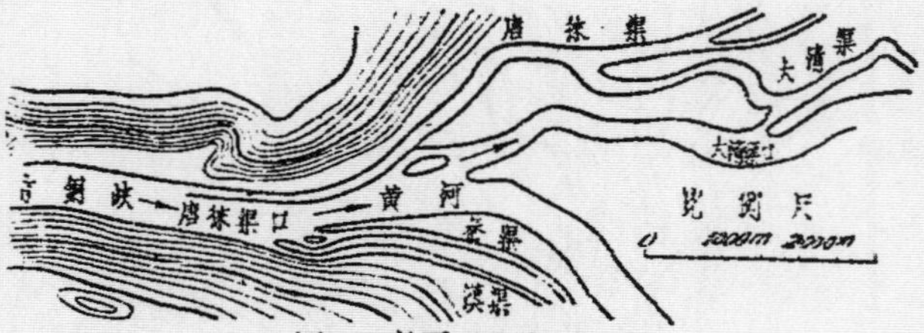

圖9 寧夏各渠渠首

灌漑期間，自然水源之枯水流量，有較渠道內擬引水量爲少者，有適與擬引水量相埒者，有遠較擬引水量爲鉅者，引水方式卽因之而大異其旨趣。如灌漑期間水源之枯水流量與渠道擬引水量，不相懸殊，則無論其情形係屬不敷導引，抑適相埒，其至略有超出，設置攔河引水壩恆爲切要之圖，蓋有此方得堵截適量之水入渠也。此項引水佈置可參閱圖8。至水源之枯水流量如超出擬引水量甚鉅，則究須設引水壩否，須視地形情勢而定。通常每無須設置攔河引水壩，採用喇叭口引水工程亦可導引敷用之流量，因渠道之縱坡恆較河道之縱坡爲緩，如將渠首沿河上移，俟河中水位高度敷用，卽可順利引水入渠也。此類情形習見於各巨大河流如黃河等沿岸之渠工。參閱圖9。因其流量甚鉅，河槽寬廣，如築壩攔水，所費旣多，困難亦鉅，且須設置船閘筏道等，不免有礙自然之航運，如引水不多，自以不設引水壩爲宜。惟亦有爲地形所限，渠首不便上移，必須設置引水壩，抬高水位，以便引水者。此種工程之施設，當以經濟安全爲決定之依據。

設引水壩與不設引水壩之引水工程之佈置頗不相同，茲分論之。

（甲）無引水壩之引水工程：

無引水壩之引水工程，即僅設有喇叭式之渠口，憑藉水流就下之原則，導引河水入渠。選擇渠口之地點，應注意之處分述如下：

（1）如河之兩岸堅實，溜向穩定，可就主流之岸側開挖缺口，設進水閘放水入渠。進水口之設於河流灣道之外側即河岸之凹入處者，易被冲刷；設於河流灣道之內側即河岸之凸出處者，易致淤塞，均應妥為防護。必要時，可酌建挑水壩以挑溜向。

（2）如地勢利於引水而河中水流散漫分歧，可擇一水流暢順，不易淤塞之歧道，設進水閘以引水，或就地形設所謂『魚嘴』，以分水入渠。

（3）如河流之沿岸多沙灘，則進水閘之位置可距河道稍遠，閘前設引水渠，導引河水入閘。進水閘之側，如設置冲淤閘，則此項引水渠可同時兼作冲淤道，俾進水閘關閉時，引水渠中仍然

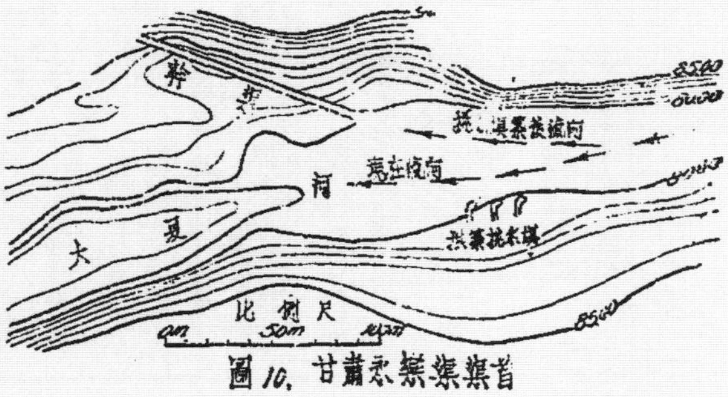

圖10. 甘肅永樂渠渠首

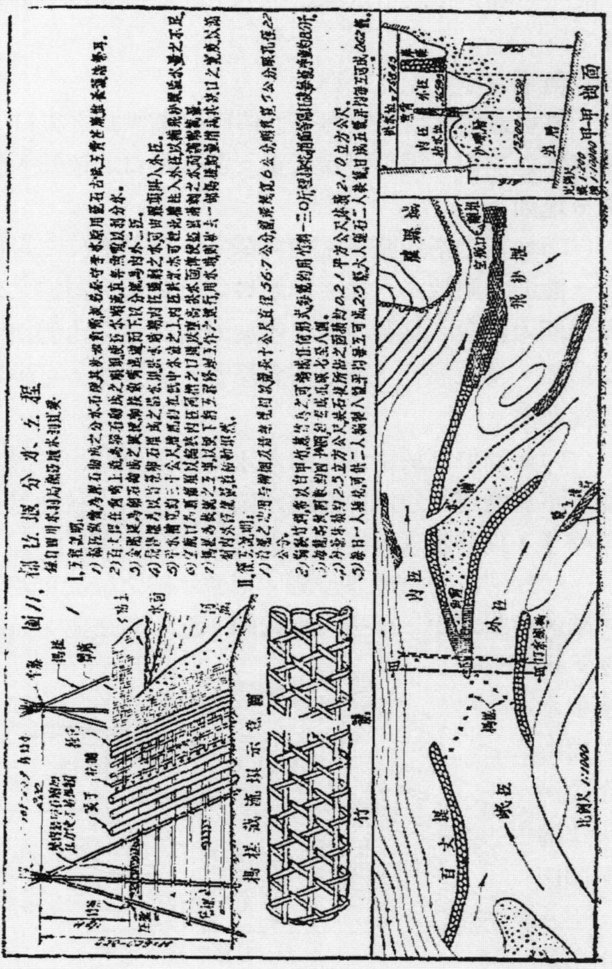

有水川流不息，經由冲淤閘復洩入河中，如此則引水渠內不致停淤。

規劃此項引水工程時，有兩點應特予注意者：引用流量務令足額，其一也；入渠泥沙，力求減少，其二也。

如何方能引足流量，須加計算。計算之方法，則視引水工程之佈置而異。設魚嘴以引水者，可就口門寬窄之比例及水流形勢，以占水源流量入渠之成數。在河道平直地段，鄰近魚嘴之處，有設平水床者，如此則入渠流量之多寡適與口門之寬窄成正比。譬如，口門之寬度佔河寬之四成，則經由口門入渠之流量亦爲河中原有流量之四成。如於河岸設喇叭口以引水，則流量之計算稍涉複雜。河中流量被渠道引去一部後，流量減少，水位勢必低落，渠道卽不能照原計劃引足流量。水位低落之影響雖可達於遙遠之上游而令全部水面坡降發生變動，惟水面坡降變動最遽烈部份仍在鄰近流量遽形減少之處。換言之，渠道進水口上下游之河中水位必相懸殊，而該處局部之水面坡降必甚陡峻，此項陡峻之水面坡降復孕育遽烈之加速流，因流速大增，以致渠道引水益感困難。欲精確計算此項入渠流量之值，非失之過份繁複，卽屬不可能之事。故祗可粗略估計之。可先計算河中流量減去渠中流量之差額，再推測剩餘之河中流量在渠口附近所能保持之河中水位，參閱圖12。入渠流量卽依據此項基準水位，依照自明渠分水之計算流量方法計算之；換言之，卽以此項基準水位與渠內滿流水位之差額作水頭，減去經由進水閘之水頭損失後，卽爲入渠水流之流速水頭，從而算得流速之値，此項流速

圖12

與進水閘處水流斷面面積之乘積卽爲入渠之流量。此僅爲估計流量之法，所得結果僅爲近似值，實際入渠流量乃恃酌量啓閉進水閘門以調節之。爲避免進水閘引入太多泥沙及防阻淤塞渠道，可採取下述措置：

（1）原則上，進水閘宜設於河槽固定，河身開始微有灣曲之外側，俾河水流向之變遷較小，閘前不致停淤。按之河工原理，河身開始微有灣曲之外側，水中推移質恆屬較少，進水閘如設於彼處，入渠粗沙自可減少。

（2）如爲地形所限，進水閘祇能於河道灣曲之內側，則可斟酌情形設置挑水壩，以挑流向。

（3）防止泥沙入渠之要務，在避免引入河中之推移質，蓋推移質多屬粗沙石礫，最易淤塞渠道。推移質係沿河底移動，運行範圍僅限於水流底層，如於進水閘前設置溢水牆檻之類，僅使溢入表層水流，自可防阻粗沙入渠。

（4）渠道之首與河水主流所成之角度不宜爲鈍角，通常均在六十度以內，以減少河中因渠道引水而生之橫流，蓋橫流每攪起河中之推移質，以致增加入渠泥沙之量。

（5）進水閘之距水源稍遠而於閘前設引水槽者，槽底應較閘底爲低，並於槽內進水閘旁設置冲刷閘，下承冲刷道折返水源，以便冲刷槽內之淤積。參閱圖8右渠首。

（6）進一步之措施，係斟酌需要，在渠道首段設置沉淤槽及冲刷閘，俾能控制已入渠之泥沙，使某類泥沙仍可暢行於渠中，顆粒粗大之泥沙必將沉澱於沉淤槽內，終被排洩於渠外。

（乙）設滚水壩之引水工程：

此項引水工程之主要建築物爲攔河引水壩，橫亘於河道之中。引水壩之功用有二：一在堵水入渠；一在抬高水位。修築一引水壩之主旨，究在利用其何項功用，每爲一經濟問題，須費推敲。如經勘測，可供修壩之壩址在二處以上，則壩址之决定，須就經濟觀點，詳加比較。壩址如沿水源上移，則渠道雖加長，引水壩之壩身則可減低，因渠道之坡降恆可較河道之坡降爲坦也。反之，壩址愈在下游，則渠愈短而壩愈高。究宜築較低之引水壩於上游，抑宜築高壩於稍下游，當視壩身與渠道加長二者工費之總和爲最低者而定。就尋常情形言之，壩址宜在上游，尤宜在河道中急流跌水之上游，俾築低壩卽可引水漑及最高之田畝，因築壩工費係與壩高之二次方成正比，建築低壩而生之工費總和每較低也。

設置引水壩之地點，恆在灌區最高田畝之上游。壩址宜有堅固不透水之壩基及平直固定之河岸，並須注意不致因築壩而泛濫上游田畝村鎮，或迫使河流改道他趨。引水壩壩址之勘定可依下述方法之一行之：

（1）依據所測之灌區地形詳圖，斟酌灌區形勢，作紙上定線，擬定幹渠渠線，復參照有關河床地質鑽探之資料，以選定適當之壩址。此法每僅可粗定引水壩之位置，供作採用下述二法之依據。

（2）自灌區欲施灌溉之最高田畝起始，用酌定之渠道縱坡，以水準儀施測一理想之渠線，向水源之上游延展，至與水源相交之處爲止。此項交點卽可作爲渠首工程之位置，壩址可在此項交點之附近實定選定之。

（3）經實地考察後，直接在河道上選定適宜之壩址數處，估計各引水渠之長度，並用水準儀測定自各壩址至灌區最高點之水位差，擬定各引水壩之高度，再依照前節所述，比較何者最爲經濟。

大體言之，引水壩之軸應與河流相垂直。壩之一端或兩端均可設進水閘，視灌區之實際需要而定。壩端進水閘之前，每留有冲刷閘與冲刷道，其方向與河水流向相同，順應流向，以利冲淤。進水閘宜與冲刷道垂直相交，庶幾進水閘前可保持一清水水道而免大量泥沙進入渠中。此項設施之決定，應避免艱鉅之附屬工程，如開挖深槽，設備隧洞，包坎等。此項引水工程佈置之大致情形，可參閱圖8。河道之可通航與產魚者，並應酌設船閘，筏道，魚梯等，以應需要。至引水工程所轄各項建築物之設計細節，容於細論各該建築物時，再行詳述。

第十九章 蓄水壩

蓄水壩係橫亘於河道中之建築物，用以堵塞原有水道，瀦水成庫，以濟水量匱乏時之需要者。蓄水壩恆附有溢水及洩水設備，俾庫中水位到達一定高程後，水卽經由是項設備逸去，以免漫溢壩頂而造成災害。

蓄水壩可分重力壩，土壩，拱壩，鋼筋泥凝土壩，木榪槎壩等數種，究宜採用何種，可依據下述三主要因素而定。大體言之，卽以何者最經濟爲斷也。

(一)便於取用之工料，如土壤，石料，洋灰，木料等

(二)壩址處河床及兩岸之地質情形。

(三)擬建壩之高度與長度。

譬如，在一巖石山谷中，附近不便取土，且土與石間每不易構成嚴密之接合縫，自無建築土壩之理。再如山谷甚爲窄狹，河床及兩岸均爲堅固石質，自以採用斷面單薄之拱壩最爲經濟，且安定可靠。反之，如河面甚爲寬廣，河床鬆軟，兩岸有優良土壤可供取用，當以築土壩爲宜。此每爲一經濟問題，要在善加比較，不執拘泥也。

築高壩以蓄水，乃開發水利大勢之所趨，爲國內水利界必取之途徑，惟高壩之修築，其安危爲下游居民生命田產之所系，必須十分愼審，首重合理可恃之工程設計，自有詳加研討之必要。玆爲篇幅所限，經斟酌國內需要，特提出重力壩與土壩二者之設計，分别加以闡述。

就國內情形言之，蓄水壩之修築，尙在萌芽時期，類似之建築物，如攔河圬工滾水壩，土堤等則甚夥，其結構設計應分别比照重力壩及土壩辦理，方屬週到可恃。故純從研

討學理言，此二項壩工之設計亦有特加闡述之必要。至築庫蓄水，除主要之蓄水壩外，附屬工程如溢水及洩水設備等亦有足一述者，茲暫從略，俟築庫之風盛行時，再行補充。

(一)重力壩：

(甲)概述：

重力壩係憑藉本身之重量，以抗拒所荷負之外力，將其傳達至壩之基礎。壩身斷面大體為三角形，蓋所荷負之主要外力乃水壓力，其值係循直綫變化隨水深逐漸增大也。重力壩有用水泥混凝土或漿砌條石及塊石而成者，通常仍以混凝土建造者為多，亦有於混凝土中雜置大石塊，藉以節省水泥者，其數量幾達混凝土體積百分之三十，。此種壩最能持久，且所需之養護最微，其優點迥非他種壩所能及。

重力蓄水壩其高度在二十公尺以上者，恆建於石質河床上。河床之表面無石質者，即須深挖壩基，至達地下石層為止。設計前，應先取得壩址鑽探之資料，石層中如夾雜有滑溜之泥層，巨大罅隙或鬆動漏水之夾層岩，均應調查清楚，以便注意解決，庶幾壩工之建築可屬安全經濟。

重力壩之壩軸，除確因利用弧度所生拱形作用，以節省工料者外，以成直線為宜。壩軸之位置通常均在山谷最窄狹處之上游，其壩趾則伸延至最窄狹處，如此則壩身體積每屬較小，且較安全也。

(乙)設計資料：

設計之先，首須決定壩所荷負之各種力，設計普通重力壩所須計入者，可分(1)靜水壓力(2)浮托力(3)游壓力(4)

冰壓力(5)地震影響(6)壩身所受地心吸力及(7)壩基應力七種。他如流水碰擊力，風力，水浪，以及不平衡之大氣壓力等，以影響較微，在一百公尺以下之壩，可無庸計及，茲均從略。

在細論前述各種力之計算前，茲先將所用之符號，彙列如下，以簡化敍述。

H　＝壩後水庫中之全部水深，以公尺計

h　＝水庫中自水面至所論之斷面間之水深，以公尺計

d　＝下游壩趾處之水深，以公尺計

b　＝壩寬，卽壩身水平面上之寬度，以公尺計

e　＝偏差，卽合力之着力點至底基中點之距離，以公尺計

w　＝單位水重，以t/m^3計

w_I　＝游泥之單位重，以t/m^3計

W　＝壩身之重量，以公噸計

s　＝壩身材料之比重

R　＝垂直力與水平力之合力，以公噸計

U　＝浮托力，以t/m^2計

ΣH＝各水平力之和，以公噸計

ΣV＝各垂直力之和，以公噸計

p　＝垂直應力，以t/m^2計

α　＝壩之下游面與垂直線所成之角度

β　＝壩之上游面與垂直綫所成之角度

θ　＝合力與垂直綫所成之角度

f =摩擦係數

a =地震所生之加速率與地心吸力之加速率間之比例

(1)靜水壓力計算：

靜水壓力之强度係與水深成正比。在某一單位寬度之潛水垂直面積上之靜水壓力，可按下列之一般公式計算之：

$$P_W=\frac{1}{2}w(h_2^2-h_I^2)\cdots\cdots\cdots\cdots(1)$$

式中h_I爲水面至此垂直面積頂點之水深，h_2爲水面至此垂直面積底部之水深。此項壓力之着力點距水面之距離爲

$$\overline{h}=\frac{2(h_I^2+h_Ih_2+h_2^2)}{3(h_I+h_2)}\cdots\cdots\cdots\cdots(2)$$

水壓力之力率(Moment)卽以上述二式作計算之依據。蓄水壩之上游壩面每稍有傾斜之坡度，如此則上式所求之水壓力僅爲總水壓力之水平分子，其垂直分子卽爲斜面上所承之水重，其着力點係通過此項水重之重心。水壓力之水平分子與垂直分子所生之各力率，以分別求之，較爲簡便。

(2)浮托力之計算：

水流每可滲入壩身或潛行於壩基，除壩之表面承受水壓力外，壩身每承受水之浮托力。砂礫或土質之壩基內，滲流之運行，已於第十三章內詳述，本節之敍述將以石質壩基之滲流問題爲限。因蓄水壩基大都爲石質，此時浮托力之主要影響僅在減低壩身之有效重量耳。壩基岩石雖有不透水者，以壩身與岩石間之接合縫每不易十分嚴密，仍不免有滲流通過

。即使在壩踵處，設置不透水之板樁或截水牆，並於板樁下游酌設排水溝道，以接合縫每難嚴密，欲完全消除滲流之浮托力，幾無可能。再，混凝土雖透水至微，以蓄水壩之體積甚鉅，每須分塊（Block）建築，並設有伸縮縫，水流即因此滲入，故壩身設計，每認為任一橫剖面均承受水之浮托力。此項浮托力不能予以精確之計算。通常可假定在某一橫剖面上游之一端所承之浮托力為 0.5h ，其下游一端所承浮托力之值為零，兩端間之浮托力循直線變化形成三角形。至在石質壩基上，如壩之下游有水，則壩趾處之浮托力應與下游水深同，壩踵處之浮托力應為：

$$U=dw+C_I w(H-d) \quad \cdots\cdots\cdots\cdots(3)$$

壩基之為水平岩者，$C_I=0.7\sim1.0$，壩基之為整塊岩石者，$C_I=0.5\sim0.7$，為便於計算，通常均假定浮托力自壩踵處循直線變化逐漸降至壩趾處。壩基之有罅隙穴洞者，應施壓力灌漿，乃施工問題，不在論列之內。

（3）淤壓力之計算：

壩之上下游每有填土，以此項土壓力每屬甚微，可以從略。洪水期間，河水挾淤每鉅，壩後每有淤積，惟蓄水壩恆設有冲淤設備，以致淤積之高度每屬有限，此項壓力亦每可從略，惟在防洪水壩及攔河引水壩，以壩後可能淤平，所承之淤壓力可按下列簡式計算之，

$$P_S=C_2 w h_S^2 \qquad (h_S=\text{淤積物之高度}) \cdots\cdots\cdots(4)$$

淤積物如為細泥，$C_2=0.7\sim0.5$，淤積物如為粗沙，$C_2=0.5\sim0.4$，淤積物如為石礫，$C_2=0.3\sim0.2$。

（4）冰壓力之計算：

冰壓力亦係不能精確計算者，其值隨冰之厚度，結冰後氣溫變化之速率及累積之時間，蓄水庫之形狀，兩岸之坡度等因素而異。冰之厚度不足三公寸者，冰壓力對壩工之影響可無庸計入。各方估計冰壓力之值，每相懸殊，在通常情況下，可假定其值為每平方公尺十至五十公噸，此項壓力之面積係指冰與壩相接觸之面積言。冰之位置視冬季水庫中之水位而異，最高之高度與溢水道之頂同，可斟酌各個別之情形定之。

（5）地震影響之計算：

世上無任何一地可絕對不致遭遇地震，除甚低之壩外，蓄水壩之設計應酌行計入地震之影響。其影響之程度視震波之幅長，震動之週率及震動之方向而定，不能精確計算。地震對壩工之影響可分對壩身之直接影響與間接影響二類，間接之影響即指地震對靜水壓力之影響而轉施於壩工者言。除極高之壩外，垂直方向之地震所生之影響恆可從略。通常蓄水壩之設計僅計入水平方向之震動且力向係朝下游者，因其增加促使壩身下滑之外力，情形最為惡劣也。地震直接施於壩身之壓力為

$$P_e = Wa \quad \cdots\cdots(5)$$

根據地震記錄，a＝0.04～1.00，設計習用之值為a＝0.10，此項壓力之着力點與壩身之重心同。關於地震對靜水壓力所增加之值，可用下列之公式估計之，

$$F_w = 0.555awh\sqrt{Hh} \quad \cdots\cdots(6)$$

此項壓力之着力點約在水面下0.4h處。

(6)壩身之重力：

壩身之重量乃重力壩安全之所系。在任何情況下，重力壩之安全程度大致與壩工材料之比重成正比。壩身之單位重視所採用之石質而異，通常所用之值如下：

石　質	砌石壩（公噸/立方公尺）	混凝土壩（公噸/立方公尺）
沙石	2.1	2.25
石灰石	2.4	2.4
花崗石	2.5	2.5
花崗石質卵石	…………………………	2.4

(7)壩基應力之計算：

在穩定之情況下，作用於壩身之合力必爲壩基所生之力量相等而方向相反之應力平衡之；合力之垂直分子招致壓應力，其水平分子則產生摩擦阻力與剪應力；底基之垂直應力與水平應力宜分別求之。

因壩身與壩基之質料恆稍有彈性，壩基垂直應力之分佈頗涉複雜。壩基之爲石質者，因壩身與壩基所具之彈性對應力分佈之影響幾可相抵，應力之分佈大致係依循直綫變化。壩基每非性質均勻之整塊岩層。如地層結構複雜，或有罅隙等，則理論計算之值卽難與事實相符。根據晚近之例證，如壩基爲岩石且應力均屬壓應力，則梯形應力分佈圖之假定不致與實際相去太遠。採用此項假定，可使垂直應力之計算大爲化簡。底基之垂直壓應力，可視爲直接壓應力與撓曲應力二者之和。祇須求得在底基兩端之壓應力之值，分別以直

線表示之，再在此二直綫之端聯以直線，即爲底基壓應力之分佈圖。兩端壓應力之值：可以下列公式計算之

$$p = \frac{\Sigma(W)}{b}\left(1 \pm \frac{6e}{b}\right) \cdots\cdots\cdots\cdots\cdots (7)$$

此式第二節前有正負號，如用正號則求得之值乃底基一端之壓應力，其值最高，如用負號則求得之值乃另一端之應力其值最低。壓應力之最高值與最低值之位置究在上游抑在下游，視設計時認爲壩後靜水壓力是否存在而定。壩後蓄水滿庫時，最高值之壓應力在下游，最低值之壓應力在上游。如庫內放空無水，則最高值之壓應力在上游，最低值之壓應力在下游。又上式中，Σ(W)除包括反應力外，其他一切作用於壩身之垂直應力，浮托力亦包括在內。前已述及，蓄水壩之建於石質壩基者，浮托力可能存在，故應行計入。惟實際上究存在與否，殊難作確切之保證。爲確保壩工之安全起見，通常計算最高值之壓應力時，(如下游壩趾處無水)，每不計入浮托力，俾所得之壓應力之最高值仍在安全限度以內，至計算最低值之壓應力時，則應計入浮托力，俾壓應力之值仍不致爲負數，即不致產生張應力(Tension)也。從上式中可見，如 $e < \frac{b}{6}$，則p之值不致爲負數。此項原則演爲著名之中三分點定律，即在各種情况下，作用於壩身之合力必須落於底基之中三分點以內，必如斯，底基始不致有張應力也。

合力之水平分子：純恃沿壩身或壩底接合面上之摩擦阻力與剪應力所克制。直至晚近數年，設計中通常僅計入摩

擦阻力，蓋重力壩中建築縫（Construction Joint）之剪應力殊不可恃也。摩擦力之分佈情形可不必細究，計算時僅籠統估計全部摩擦阻力而已，其計算公式爲：

$$P_f = f\Sigma(W) \quad \cdots\cdots(8)$$

壩身接合縫間及壩底與石基間之摩擦系數 f 之值，通常假定在 0.6～0.75 之間，惟石基內如夾有鬆軟易於滑溜之地下層，且距地面不遠者，應詳加鑽探，酌將是項地下層挖去或減小所用 f 之值。低壩之建於卵石或沙泥質之地基上者，f 之值僅在0.5～0.3之間，其確數可用實地試驗定之，且必須賦以適當之安全系數，其值每在 2.0 以上，此不啻將 f 之值折半計算也。

（丙）設計原理：

重力壩之設計原係一三元問題，壩身所生之應力甚爲複雜。就其荷負應力之方式言，實兼具水平大梁（Beam）及垂直懸臂樑（Cantilever）之功。在普通情形下因壩身甚長，所生之大樑作用至微，故可從略，惟懸臂樑之作用如須計入，則設計工作仍甚繁複。試將壩身劃分爲若干單位懸臂樑，（實則壩身之垂直建築縫等已爲具體之劃分）；由於懸臂樑本身長度之差異及其距離山谷兩岸之遠近不等，各懸臂樑承受壩後靜水壓力等而向下游所生之偏差（Deflecton）自不相同，在河中心者偏差恆鉅，近兩岸者則微，以致產生扭轉力（Torsion），因之需重行分配各懸臂樑間之應力，蓋各懸臂樑除本身可以抗阻直立之彎曲力及剪力外，並將傳遞一部剪力至其鄰近之懸臂樑，終達於兩岸。各懸臂樑間應力之重行分配，可用試重法(Trial-Load Method)求之，藉水平方向剪力之傳遞，以調整各懸臂樑之偏差，並使各聯接點(Conjugate Points)偏差一致。此事仍甚繁複。壩之用石砌者，砌縫之剪應力亦不可恃。本書所論列僅以一百公尺以下之壩爲限，以下之論述將採取習用之簡單假說，僅注意壩身重量所具之安定性，而略去剪應力之傳遞，化三元問題爲二元問題，以便求解，此即所謂重力分析法是也。試取一段單位長度(如一尺長)之壩身，假定係由與壩軸相垂直而互相平行之二平面所切成，視此段壩身爲一獨立之單位。即認爲此段壩身原來所荷負之一切外力，係經由此段壩身重量之克制，逕行傳遞至此段壩身之底基，而不計及鄰近之剩餘壩身對此段壩身之相互影響。採用此項假說，可使問題二元化，其計算工作大爲簡化，計算成果亦頗可用。以下論述均以此項假說爲依據。

(1)結構分析：

玆所論之結構分析，僅限於安定性分之分析，其工作之一在分析壩身憑藉其本身重量所具之安定性，另一在計算壩身內部及壩基上之壓應力是否安全。此外，因本文之對象爲實體重力壩，即純由混凝土或砌石建築而無鋼筋者，故規定壩身任何部分均不容有張應力存在，至剪應力及壩身內部應力分佈之詳情，均不擬論及。

重力壩失事之現象，可大致分爲滑動與傾倒二種。此項現象可發生於壩身或壩基內任一近乎水平之接合縫或地下層。爲防止此項失事，下列三原則必須遵守：

(A) 中三分點定律應予遵守

爲防止壩身傾倒，原祇須規定壩工所荷負之一切力之合力應落於底基以內；如壓應力之最高值未超出安全限度，壩工即無傾倒之可能。惟式(7)啓示，合力必須落於底基之中三分點以內，此乃因混凝土與砌石之張應力殊不可恃，必如斯則底基方不致有張應力存在也。按照此項啓示，則壩身之安定性愈增，而愈無傾倒之可能。壩工所荷負各力之計算方法，已於前節分別敍述。合力可用圖解法，或代數法，或二者之混合法求之。混合法較便，稍諳力學者均知，茲不贅。

(B) 合力之水平分子應較摩擦阻力爲小

爲防止滑動現象，除剪應力不計外，沿壩身或壩底之任一水平面上之摩擦阻力，應能克制各該平面上水平方向之外力。式(8)中，$\Sigma(W)$即係合力之垂直分子（包括壩身重，所承之靜水重，浮托力及其他垂直之力），可知壩身抗阻滑動之安定性，固與合力有密切之關聯。如以$\Sigma(F_h)$代表一切水平方向之外力，則壩工之安定性所要求者爲：

$$f\Sigma(W) > \Sigma(F_h)$$

或

$$\frac{\Sigma(F_h)}{\Sigma(W)} = \tan\theta < f$$

其中，θ爲合力與垂直綫所成之角度。如 $\tan\theta$ 之値小於摩擦係數 f，則壩工可無滑動危險。通常每規一安全係數，即

$$\text{安全係數} = \frac{f}{\tan\theta}$$

低壩之築於卵石或沙泥質之地基上者，安全係數之値在2～3間。壩之築於石基上者，安全係數之値如大於1，已屬安全可恃，以實際滑動必產生剪應力，殊有助於壩工之安定性，而上式中並未計入此項剪力也。再，河床每係梯形，且壩身多係砌入河床內，甚至設有錨基，故沿壩基之滑動尤不易發生。

(C) 壩身與壩基所生壓應力之値應在安全限度以內

壩身及壩基之壓應力其値不得超過築壩材料及基礎之承壓能力，以免壓碎。壩身或壩基之部份壓碎，每致逐漸擴大，演爲壩工傾覆或滑動之災害。式(7)所求得者乃底基之垂直壓應力。最高値之垂直壓應力恆在底基之一端，惟此並非壩基或壩身內壓應力之最鉅者，最鉅之力向傾斜，係由與壩面相垂直之平面所荷負。

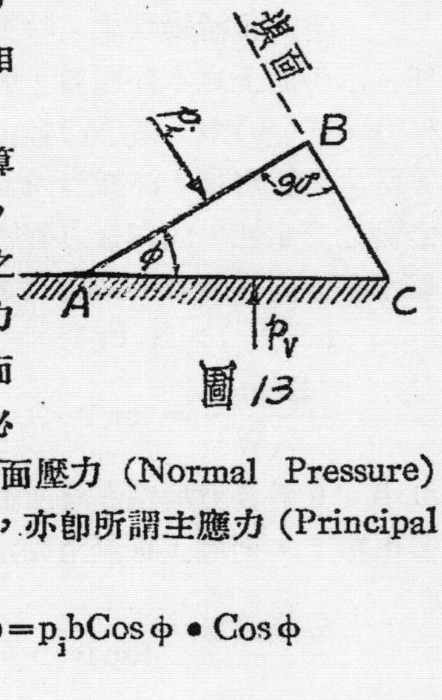

圖 13

試取壩趾處（壩踵處計算法同）一小段 ABC 作自由體，其本身重量不計。BC 代表壩之一面，自未荷負剪力，卽剪應力之値爲零。按力學原理，與 BC 面相垂直之 AB 面上之剪力應亦必爲零。故 AB 面上僅荷負有正面壓力 (Normal Pressure)——卽圖 13 中之傾斜應力 P_i，亦卽所謂主應力 (Principal Stress) 是也。

令 $\Sigma F_V = O$，　則　$p_v b = p_i b \cos\phi \cdot \cos\phi$

故　$p_i = p_v \sec^2\phi$ ……………………………………(9)

ϕ之值，在壩之上游一面者，每屬甚微；在下游一面者，其值恆生30°～45°間。循此而論，則 $P_i = 1.33 \sim 2.00 P_v$，壓應力之值是否安全，應以P_i為準。以其力向在壩趾處恆與壩面平行，壩趾宜有截角，如圖16所示，俾有寬裕之面積以荷負此項應力。

壩身及岩石壩基之許可壓應力，可檢具樣品，在試驗室中測定其壓碎強度（Crushing Strength），其值恆在1500T/m² 以上。近代高壩多用混凝土建築，其二十八天之壓碎強度可達 3000T/m²（約合每方吋四千磅），最高可達7000T/m²，習用值則為 1,500～2,000T/m²，經長時期凝固後，其值尚可加增。許可壓應力之值應低於壓碎強度，習用之安全係數為4～7。大體言之，混凝土之許可壓應力可用每方吋六百五十磅，此為有關混凝土建築之書籍所常推荐者。但因此項值可能與實值相差懸殊，故仍宜實地試驗定之。美國大苦力壩(Grand Coulee Dam) 高五百五十五英尺，計算所得之最大主應力為每方英尺十一萬磅，或每方吋七百六十磅(計入地震之影響)。及每方英尺七萬八千磅（不計入地震之影響）。國內修建重力式蓄水壩，尚在萌芽時期，一時或不至建築極高之壩，故壓應力方面當少顧慮。

重力壩亦有築於非岩石基礎上者，其壩身必屬甚低，且為防止滲流之災害及為防止滑動計，其所備之壩底必甚寬廣，相對言之，此項壩基之容許壓應力當仍屬豐裕。紐約建築法曾作下列之規定：

地基種類（最小厚度三公尺）	容許壓應力 T/m^2
石礫……………………………	60
粗砂……………………………	40
堅實粘土………………………	20
鬆軟粘土………………………	10

基椿不宜用以支承鬆軟基礎上之壩工。儎重之爲基椿支承者，其底基之土壤每逐漸變爲鬆軟，甚至沉落而與壩底分離，因而產生嚴重之潛流或漏管現象。壩之建於椿基上者，必須在上游配以截土牆(Cutoffs)，砌坦，排水溝道，或其他足以控制滲流之設備，截土牆本身亦有荷負儎重之功。如截土牆伸至地面下d公尺處其所能支承之壓力 R_d，係由下述三因素合組而成：

(a)地面處地基之容許壓應力R，其値見上表。

(b)地面下之泥土或砂礫重，$E=w_I d$。其中，w_I 爲乾土或沙礫之單位重，或泥土或沙礫之單位潛水重，視設計所假定之條件而定。

(c)截土牆之四周與地基間所生之摩擦阻力F。砌石牆與不粘性土壤 (Cohesionless Soil) 間之摩擦阻力約爲 $1T/m^2$，砌石牆與粘土間之摩擦阻力約爲 $2.5T/m^2$，砌石牆與沙礫混合物間之摩擦阻力約爲 $3.5T/m^2$。

綜上所述，$R_d=R+E+\frac{dF}{b}$，單位爲 T/m^2，其中b爲截土牆之寬度。基椿應分爲支承基椿(Bearing Pile)與摩擦基椿(Friction Pile)二類。支承基椿在傳遞儎重至一堅實之地下層，其主要設計條件在使基椿斷面所具之壓應力之總和足以支承壩之儎重。摩擦基樁則純恃摩擦阻力以支承儎重。非極不得已時，不得採用基樁以支承壩工。用途旣少，故不多贅。

綜上觀之，設計所要求者，僅爲合力必須落於底基之中三分點內且 tan θ之值小於摩擦係數 f。因高壩恆建於岩石基礎上，而本書所論者係以一百公尺以內之壩工爲限，故壓應力之值祗須粗略估計，恆在安全限度以內，不足重視。明乎此，則知計算工作實屬甚簡。

（2）壩形設計：

壩形之設計有足一述者。純從理論方面言之，如壩工之儎重僅有靜水壓力及分佈如三角形之浮托力，則一簡單三角形之壩身斷面卽可滿足安定性之要求。倘此三角形於上游之一邊係垂直者，其頂點與最高水位同高，則位於下游之一邊之傾斜度可計算如下。試列力率方程式：

$$\frac{wh^2}{2}\cdot\frac{h}{3}-\frac{c_I whb}{2}\cdot\frac{b}{3}=\frac{bhsw}{2}\cdot\frac{b}{3}.$$

故 $$\frac{b}{h}=\sqrt{\frac{1}{s-c_I}}$$

壩身材料之比重 s 約爲2.4，c_I 之值依照(乙)(2)節之敍述可用0.5，則b＝0.72h，卽底寬約爲壩高之七成。惟三角形之斷面殊不合實用，有時亦並非最經濟之斷面。

壩頂每須有適當之寬度，以應水中浮體之碰擊，修建道路之需要等。在適度之範圍內，此項設施每令壩工之總體積減少而非加增。壩頂寬度所加於壩身斷面之影響，可自圖

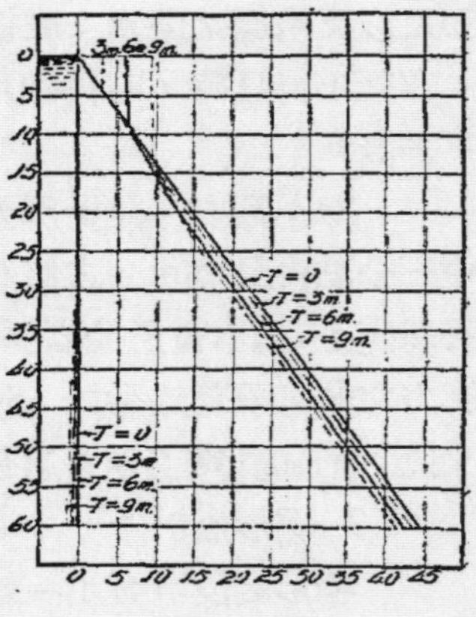

圖 14

14中觀之，壩身上層所增加之體積可爲下層之節省所抵消，故最經濟之壩頂寬度視壩之高度而異。克銳已（W.P.Creager）嘗爲文稱，如不計入地震之影響，普通中型壩之最經濟頂寬約爲壩高之14%，此處所謂壩高指壩之平均高度言，如須計入地震之影響，鉅大之上層斷面則非所宜。低壩之頂或較經濟所要求者尙須加寬，俾可供作行車之道路也。

壩頂恆須備有超高（Freeboard），卽壩頂超出庫中最高水位之高差，以防波浪侵越壩頂及蓄水漫溢。超高之値恆在壩高之百分之五以內惟不宜少於一公尺。壩頂如須供作道路，兩側每須備有欄杆扶手等，如以堅固之實心牆爲之，則此牆可兼作超高之一部份。

重力壩之形態，如僅依據理論之計算，應爲多邊形，實際爲兼顧施工之便利計，多修成簡單之形態，除接近壩頂之加寬加高部份外，大致與前所論之三角形斷面極相近似。大體言之，壩面之坡度恆無遽然之變化，有之則在接近壩頂部份及壩身與壩基相接之處。根據材料力學，壩形遽變之處必招致應力之集中，其値可達理論上之無窮大。因壩工材料恆稍具彈性，遽變之度角亦非如理論之尖銳，彈性照像之結果證實實際所增之應力非極鉅大，且範圍僅限於局部。爲避免應力集中，壩面坡度改變之處，應設小圓弧(Fillets)銜接之，參閱圖16。

設計高壩時，應注意勿令壩趾處壩面之坡度過份平坦。否則，接近壩趾之垂直面上可能產生張應力，以致沿此項垂直面上壩身呈現裂隙；垂直剪力之失事亦屬可能。通常壩面之坡度均不得較1：1爲坦，設計壩形時應以此爲壩面坡度之極限；不得已時，可藉增大上層之壩身斷面以爲調整，此法恆屬有效。

(丁)設計步驟：

設計工作之進行，將以前述之假說及三項原則爲依據。首先斟酌壩高，擬定壩頂之寬度，上下游之壩面初係直立，至達某一高程後，其時在水庫蓄滿之條件下，合力適落於底基之下游中三分點上，下游之壩面卽須開始傾斜，其角度當與前所論之三角形斷面之坡度極爲接近。迨達另一高程後，在水庫放空之條件下，爲促使合力適落於底基之上游中三分點上，上游之壩面亦須具有傾斜之坡度。此重力壩之芻形也。大體言之，設計工作伊始，第一項原則最足重視，此項原則如獲滿足，其餘均不成問題，嗣後則其餘二原則之重要性逐增，如壩極高，則底層壩身之設計將純由第三項原則所控馭矣。此三項原則之順序卽係依據設計時所應予重視之先後而擬定者。設計者每能估計，在某一高程時，壩身之設計應奉何項原則爲圭臬，卽據以設計，而後校核能否滿足其他原則，遇有必要時方予修改。前述之三原則可悉以代數公式表之，因所包含之可變數甚夥，且隨壩高之不同而異其影響程度，至爲繁複，不便求解。實用之法有二：一爲依據三原則逐步設計斷面，而後參照壩形設計之敍述修飾壩形；一爲參照已往實例先擬定整個斷面形態，而後逐步分析其是否安全經濟，酌予必要之修正。以下之闡述將重在說明前法，至後法之逐步分析實可參照辦理。

由於各項原則應受重視之次序及其影響壩形之程度均隨壩之高度而異，壩身斷面之設計或分析，應分層逐步行之。壩身宜分爲若干層，如圖15所示，茲分述如下：

（1）第一層爲最高水位以上之壩身，如有冰層則指冰層以上者言。如無冰則頂寬及超高之決定均照壩形設計一節之敍述辦理。如有冰則第一層之斷面應遵照第二原則而設計，使1,2,3,4部份（見圖15）不致滑動也。

（2）第二層斷面上下游之壩面仍保持直立，至達某一高程而止，其時水庫蓄滿時，合力適落於此層底部之下游中三分點上。如有冰，則應計入冰壓力。此項高程可以計算得

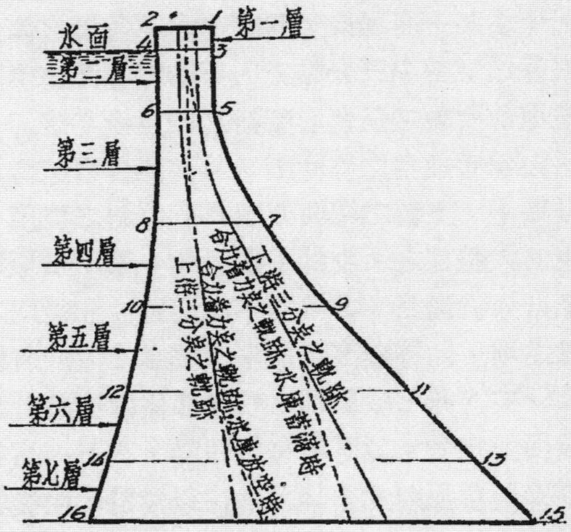

圖 15

之。試列力率方程式，以底基之下游中三分點作力率之心(Moment Center)，則式內所包括之各項力及力臂均係已知數，惟第二層之厚度爲唯一之未知數，其值卽可自式中求出。

(3)自第二層而下，下游之壩面卽須開始傾斜，俾適能符合水庫蓄滿時第一原則之要求，至上游之壩面則仍保持直立，至達某一高程而止，其時水庫放空時合力適落於此層底部之上游中三分點上。此爲第三層，其厚度及底寬視第一原則而定，須將本層再分爲若干級，逐級分別計算之。以次各層均須分級計算，容後再詳。

(4)自平面 7-8 而下，上游之壩面亦開始傾斜，俾適能符合水庫放空時第一原則之要求。第四層之斷面之決定仍按水庫蓄滿或放空時能滿足第一原則而計算之，而以壩身不致滑動及主應力之値在安全限度以內爲止境。

(5)通常計算所得主應力之最高安全値每首現於下游之壩面處，嗣後水庫蓄滿時斷面之計算卽須按照第三原則行之，水庫放空時則仍按第一原則行之。此爲第五層。在此層中，當水庫放空時，合力適落於底基之上游中三分點上，當水庫蓄滿時則合力落於兩中三分點之間。

(6)第五層係以上游壩面所生之主應力之値在安全範圍內爲止境，自此層而下，無論水庫蓄滿抑放空，一切計算均以能滿足第三原則爲依據。此爲第六層。

(7)壩愈高，則上下游壩面之傾斜坡度愈坦，依照前此之論述，壩面之傾斜應以 1：1 之坡度爲極限。必要時，可藉增大上層之壩身斷面以爲補救。本書之論列以一百公尺以

圖 16

重力壩圖譜

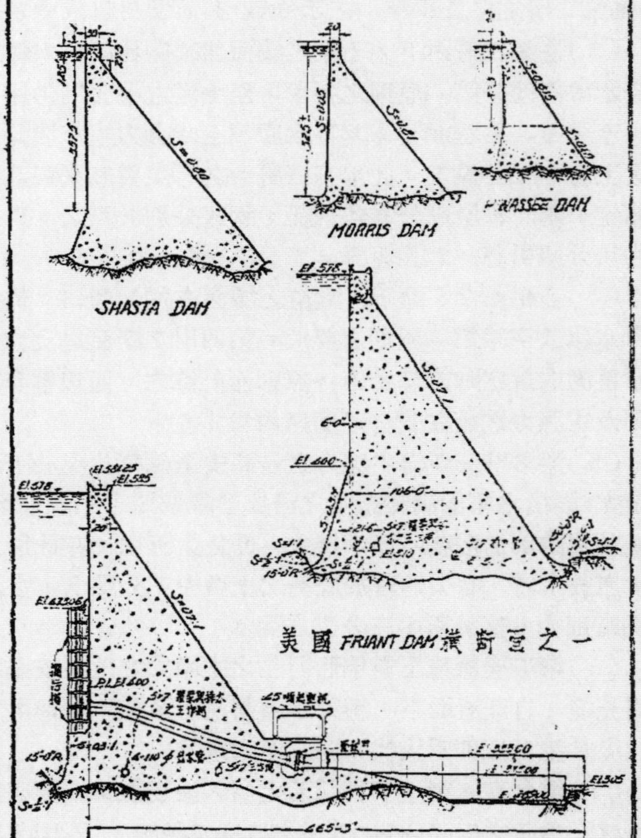

美國 FRIANT DAM 橫斷面之一

美國 FRIANT DAM 橫斷面之二

內之壩為限，設計時當不致遭遇此項困難。

第三層以次諸層之厚度及底寬，不能以簡單之計算一試而得，須將各該層再劃分為若干級，逐級計算。通常恆先擬定級之厚度，而後求出是級應有之底寬。壩頂下二十公尺以內，一級之厚度可用三公尺；四十公尺以內可用六公尺；一百公尺以內，可用十公尺。求底寬之計算方法可分二種。其一為分析法，依據設計原理列出方程式，未知數之底寬即可自式中解得。另一為試算法：在第三層範圍內，可假定底寬，而後計算合力之位置，經數次試算，水庫蓄滿時之合力必可適落於中三分點上；在第四層及第五層，則須先假定下游壩面之水平投影，據以計算水庫放空時合力適落於中三分點上所需上游壩面之水平投影，而後校核水庫蓄滿時合力是否適落於中三分點上或主應力之值是否適達安全之限度，須經數次之試算以達成任務，此二項水平投影與上一級之底寬之和，即為所求之本級之底寬；第五層以次諸層之計算大致與前述方法同，惟須注意下游壩面之主應力之值是否安全及壩形是否實用耳。大體言之，第三層以用分析法為便捷，以次諸層因包括有二未知數，雖可用聯立方程式求解，以事甚繁複，仍以採用試算法為宜。

(二)土壩：

(甲)概述：

土壩係就地取用天然之產物堆築而成，施工又甚簡捷，故有經濟建築物之美譽。抑有進者，土壩之特性使其建築可適宜於各種性質不同之壩基。前已言之，稍高之圬工重力壩僅宜築於岩石基礎上；土壩則不受此項限制。在水系之上游，固不乏石質河床及窄狹之河谷可選作圬工壩之址；在平原地帶，因缺乏良好之石壩基，或因河槽太寬廣，當以建築土壩爲佳。由於良好岩石壩基之稀少，工程之經濟及近代土壤力學之發展等因素，土壩已日受廣泛之重視，其設計及施工亦日臻完善之境地。在適當之高度內，土壩每可取圬工壩之位而代之。

同一長度之土壩恆較圬工壩爲廉；普通土壩之工程費約爲圬工壩之半數。在土壤或沙礫等透水性基礎上，土壩之建築恆屬最廉，惟如有良好之岩石壩基且計入溢洪及放水設備之工程費等，則圬工壩可能較廉。此項經濟問題要在善加分析比較，以便取決。

土壩設計之前，應先取得土工試驗及壩址鑽探之成果，詳細分析可以取用之築壩材料，壩基之性質及地層之結構等。昔日土壩設計所依循之經驗上之成規玆已代以理性式之原則，悉以土壤力學之新發展爲依據。施工方法亦大有改善。有如修混凝土壩時，須配定混凝土之成份，配水澆拌，而後鋪置；修土壩之材料亦須經嚴密之選擇配合，具有預期之濕度，並層層夯實，使具預期之比重。經如此愼重之處理雖極高之土壩當仍屬安全可恃。世界最高之土壩爲美國之Anderson Ranch Dam，壩頂與原河床間之高差爲 344 英尺，尙有一部壩身在河床內深達 112 英尺，故壩身之最高值達 456 英尺。

土壩之主要附屬建築物爲溢洪道，以便宣洩洪水。由於設計之溢洪道容量不敷，土壩因洪水漫頂而失事者，遠較他種原由爲多。就費用言，溢洪道之工程費每佔土壩全部建築費之大部。溢洪道之位置以遠離土壩者爲佳，最好利用水庫旁之天然溝壑取道另一盆地洩去。普通之利用一部壩身加以鋪砌以作溢洪道者，每招致失事之災害，除低壩之無尾水影響者外，此項溢洪道不宜輕於採用。如爲地形所限，溢洪道可設於壩一側之山坡上。壩身不高且洪水量微者，可僅設一溢水缺口，令溢水沿山坡流入一用混凝土砌築之洩洪道。高壩且洪水量鉅者，宜設側式溢水道（Side Channel Spillway)或立軸式洩水道(Morning Glory Hole）並於山坡內開挖隧洞以洩洪水。土壩之另一主要附屬物爲出水道，即導引水庫之水以資灌溉之水道。出水道恆爲貫穿壩身之潛水涵洞，多以混凝土建築之，其斷面多爲矩形。如用圓形之金屬水管，仍應以混凝土包砌，俾與壩身接合嚴密，不致發生漏管現象。

土壩之設計，往昔僅有經驗談，理論方面殊不足道。晚近之有關專著則每將壩之設計與土壤力學之基本原理及基本試驗等混爲一談，牽涉廣泛繁複，且語氣每欠肯定，此固有不得已而然者，惟從事壩工設計者即感無定則可循之苦，而不知如何着手工作。故深入淺出，化繁爲簡，將設計原理及設計步驟等用最簡單之說明作有條理之敍述，誠爲一時之需要。編者主張，土壩之設計應依據土工試驗及地質鑽探之資料，參照以往之成例，先擬定壩形（指斷面之形態與組合言），而後分析其是否安全經濟，斟酌需要，再作必要之修正。茲分壩形設計與安全分析二節分述之。

(乙)壩形設計：

土壩雖因亦係憑藉壩本身之重衡將壩本身所承之靜水壓力等外力轉施於壩基，而亦可認爲重力壩，惟其係由散體物質 (Disintegrated Material) 堆積而成，本質上，與整體之混凝土重力壩逈異。按土壩之體積每極龐大，其受外力後之反應及安全所系之條件亦頗與圬工壩不相同。

土壩所承之外力，主要者爲地心吸力——卽土壩本身之重衡，水庫中靜水壓力及壩身內之內部水壓力(Pore Pressure) 三者，其餘之外力均不足重視。土壩有與圬工壩同者，其壩身之單位重亦爲壩工安全之所繫，故壩身之密度愈大愈佳；有與圬工壩異者，土壤之內摩擦係數，粘合力及透水性等均係與壩工安全有關之重要因素。因土壩之底基恆屬寬廣，壩身恆不致傾倒或滑動，靜水壓力之主要影響，厥爲產生滲流，孕育漏管現象及在潤水線內減輕壩身之有效重衡，促成下游壩面坍滑之失事。至內部水壓力之存在，僅土壩之壩身內有之，其值以在不甚透水之壩身內者爲最鉅，每爲上游壩面滑坍失事之主因。

土壩所用之材料可分二種：一種係粘性者，如黃土粘土是；一種係不含粘性或半粘性者，如砂壤沙礫等是。捨滲流問題不論，具有高摩擦係數之非粘性物質乃優良之築壩材料，其特性爲此項材料之強度，一如所生之應力，係與壩之高度成正比。高壩之用此項材料建築者，其結構安全令吾人具有信心。粘性土壤雖爲阻止滲流之良好材料，惟其性質頗

圖17

土壩圖譜

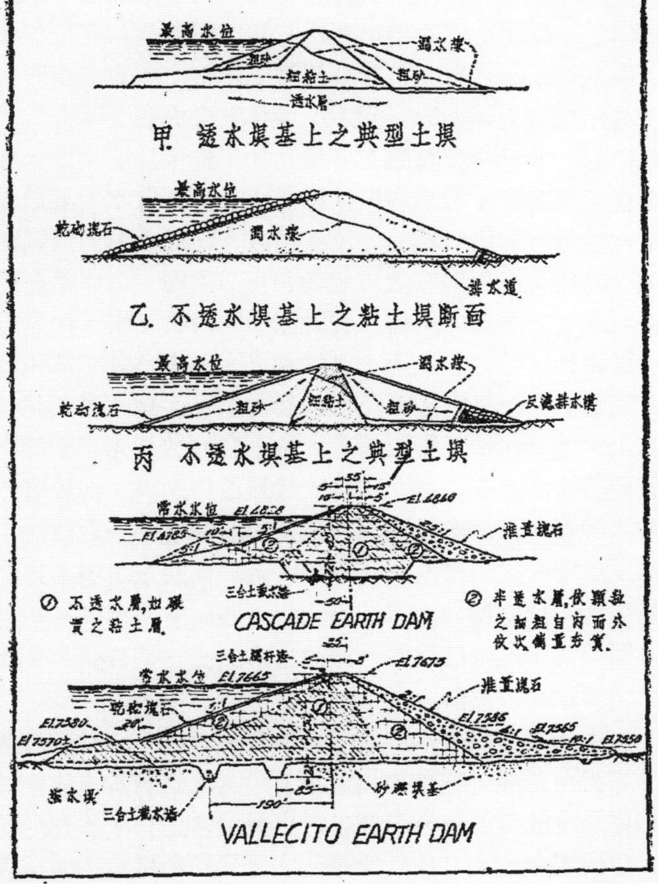
最高水位
漏水線
粗砂
粘粘土
粗砂
透水層
甲 透水壩基上之典型土壩
最高水位
乾砌塊石
潤水線
排水道
乙 不透水壩基上之粘土壩斷面
最高水位
潤水線
乾砌塊石
粗砂
粘粘土
粗砂
反濾排水溝
丙 不透水壩基上之典型土壩
常水水位
推置塊石
三合土截水牆
① 不透水層,加碾實之粘土層.
CASCADE EARTH DAM
② 半透水層,依顆粒之細粗自內而外依次備置夯實.
三合土護坍牆
常水水位
推置塊石
乾砌塊石
砂礫壩基
攔水堤
三合土截水牆
VALLECITO EARTH DAM

不可捉摸。頗多粘土構築之土壩，雖吾人已認定其邊坡已極平坦，仍發生坍滑之失事。吾人對於粘土之結構特性鮮有所知，卽使所取土樣之剪力試驗結果一致，仍不足深信。純用粘土構築之極低之土壩之邊坡可極陡峻，壩愈高則邊坡須愈平坦。壩高達十公尺以上，則純用粘土構築之壩定欠經濟。以上所論係指壩之純由同一類之土壤構築而成者言，此旣非理想之情形，亦鮮爲實際施工所採用，工地可以取用之土壤每有多種，宜將最不透水者置於壩之中心，稍透水者置於外層，透水性最強者置於壩面，依次鋪置。如此則粘土淤泥防阻滲流之功用及砂礫塊石之安定功用可以兼得，而成最堅強最經濟之土壩，晚近之土壩工程均係如此設計建築。往昔有建議於透水性甚強之土壩內，設置鋼筋混凝土心牆，以阻滲流；意固至善，惟事實證明此項心牆極易發生罅隙且不易與鄰近之土質壩身保持嚴密之接合，殊不宜輕於採用。土壩之設計與壩基情形亦有密切之關聯。試觀圖17之丙，由於滲水不能進入壩基，乃於壩趾設反濾設備容納穿過壩身之滲流，以防阻下游壩面之坍滑及漏管現象。圖17甲所示之壩基乃透水性甚強者，故將壩身內不甚透水之心牆向上游伸延，形成上游之鋪坦，滲徑旣已增長，滲流自形減少。圖17彙列土壩之圖譜，可以比照設計。

土壩常有因洪水漫越壩頂而致失事者，故其超高關係壩工之安全綦鉅，殊應加以重視。超高之値應爲水庫中波浪之高度及水流沿上游壩面升起之高度二者之和，並應酌留餘裕，以備壩身塡土之收縮及壩基之沉落。此項超高係指壩頂與水庫最高蓄水位間之高差言。壩愈高，水庫愈長，壩基愈弱，則超高之值須愈鉅。五十公尺以下之土壩，超高之值常在1－4公尺之間。壩高在十公尺以上者，可於壩頂築一混凝土之擋牆充作超高之一部份，如此可節省壩身土方，甚屬經濟，參閱圖17。

壩頂每須有適當之寬度，俾壩面稍有坍滑時不致失事，可用下列經驗公式求之，

$$L_W = H^{1/2} + 1 \quad (均以公尺計) \cdots\cdots(10)$$

如壩頂須供作路基，當斟酌需要，予以加寬。

壩高及頂寬既定，壩內部所用透水與不甚透水土壤之配合層次，即可參照圖17擬定初步之佈置。

上游壩面宜用剪力較強之材料鋪砌。其壩面坡度，固應視所用土壤之內摩擦坡度及庫水波浪之侵蝕性而定。有時因庫水遽落，壩中滲流演爲內部水壓力，而成壩面坍滑之主因。故庫中水位降落之速率對壩面坡度之設計亦有極大之影響，惟壩面土壤如屬透水性甚強者，內部水壓力瞬卽消失，自可無慮。如所用土壤顆粒甚細，透水性旣弱，剪力亦低，則壩面須極平坦。如環境許可，應依照典型圖例配合土壤層次，並將壩面之上部予以乾砌或拋擲 0.5－1 公尺厚之塊石。美墾務局曾建高達一百英尺以上之土壩數十，均係如此辦理，上游壩面之坡度均用 3:1 ，安全分析及施工成果均證明其安全經濟。初步設計可卽如此辦理。如所建之壩甚低，壩面坡度可用更爲陡峻者。上游壩面不宜用不甚透水之物質（如粘土或混凝土等）鋪砌，因內部水壓力每迫使此項鋪砌物

破裂而坍滑失事也。

下游壩面之坡度，除依恃土壤之內摩擦坡度外，並須視潤水線之位置而定；通常均規定，潤水線不得與下游壩面相交。徵諸成例，下游壩面恆較上游壩面爲陡。如下游壩面以塊石鋪砌，以增重衡並防風雨侵蝕，外表之塊石層坡度可用2:1—2½:1，內層所覆蓋之土壤其坡度不宜較1½:1爲陡。接近河床部份之塊石鋪坦可酌用較坦之坡度以延長滲徑，務令滲流在坦內降入河床。

(丙)安全分析：

爲確保壩工之安全，首應檢討已往土壩失事之現象，以便確定設計應行遵守之條件及應作之安全分析工作。土壩之失事可溯源於下列數種緣由：

(1)漫流——如設計之溢洪道洩洪槽等容量太小，不足以宣洩洪流，洪水每漫越土壩之頂，強烈之表面冲蝕造成壩工之失事。據統計資料，以乃大多數土壩失事之主因。

(2)滲流——壩基內之滲流如流速甚高，則滲流每挾動壩基內之泥土，以致發生漏管現象，而使壩工坍陷；壩身內之滲流則減少壩身之有效重衡。如潤水線觸及下游之壩面，則滲流之剩餘壓力可能迫使下游之壩面坍滑。如滲流之量太大，則有乖蓄水之原意，亦應酌予防阻。

(3)剪力不足——土壩上下游壩面之安定有恃於壩身土壤之剪力，土質壩基之安定亦視其剪力而定，壩面之坍滑恆因土壤之剪力不足，惟上游壩面之坍滑亦可由於庫水遽落以致壩身之內部水壓力太鉅之故。壩身如有遽然之沉落，且隨見壩趾處地面之土上湧，卽係壩基剪力不足，壩將失事之明證。此種現象恆見於施工期間，可憑藉改坦壩面之坡度以爲挽救。旣完工後，土壤逐漸凝實，剪力大增，當屬安全可恃矣。

設計土壩所應遵守之條件，可分下列八項：

（1）溢水道之洩洪量充裕，壩之超高敷用，俾庫水絕不致漫越壩頂。

（2）壩身無漏洞，上游之水不能循自由之流動以達下游。

（3）上游壩面之護坡可防波浪之冲蝕，下游壩面之護坡可防雨水之侵食。

（4）上下游壩面之坡度均屬平坦，結構分析可證明其安穩可恃。

（5）卽使庫水遽落，上游壩面之坡度仍屬安穩無慮。

（6）上下游壩面之坡度均屬平坦，俾壩基所生之剪應力之値較壩基土壤所具之剪力爲低。

（7）潤水線之位置完全在下游壩面之內。（此條僅限於壩之基礎係透水者）。

（8）透過壩身及壩基之滲流，其流速甚小，不致挾動壩身或壩基之土壤。

爲滿足第(1)至(3)條之要求　可由設計者參酌前節之敍述辦理，至其餘諸條則有待進一步之安全分析。

安全分析可分水工分析及結構分析二部。分析之前，應取得詳細之鑽探成果及土工試驗之資料。水工分析所需要者，爲築壩材料及壩基之各種滲透係數，顆粒直徑之分析，空隙度，地下水位及庫成後地下水位之估計等項。結構分析所需要之資料，包括含水量及夯壓對於土壤密度之關係曲綫圖，築壩材料之內摩擦坡度，粘合力，庫水遽退之最高速率及歷程之估計，地層結構，地層之壓縮試驗，地層之內摩擦坡度及粘合力等項。此項資料均應力求精確，俾設計有良好之依據。

（1）水工分析：

水工分析之工作，首在求出潤水綫之位置，庫水滲經壩身時，逐漸損耗其水頭；壩身內滲流所達之最高界限卽爲潤水線之位置。在此綫上無靜水壓力之存在，在此綫下則有靜水壓力。

潤水線之位置與壩身之透水性無關，惟壩身如由數種滲透係數不同之土壤混合而成，而其混合又不甚均勻，故潤水線之位置卽有變動。國內土壩多用層夯層實方法建築，壩身水平方向之滲透係數每數倍於垂直方向者，潤水線之位置自大受影響。壩身之中心與壩面如分由數層滲透性不同之土壤組合而成，潤水綫卽形成一複雜之曲綫。再地基之滲透性，地基土壤之均勻性及地下水位之高程，對潤水線之位置均有重大影響。由於上述諸因素之複雜，欲精確計算潤水線之位置殊無可能。此應說明者一。除壩基之滲透係數遠較壩身者爲高，且地下水位低在地基以內或另有設施者外，潤水綫必然與下游壩面相交，因已滲入壩身之滲流必須有出口也。此應說明者二。壩形如依圖17之典型斷面而設計，則滲流係穿過粘土，粗沙，細卵石，而達壩面之塊石鋪坦，經過此項反濾作用，潤水線縱在壩趾附近與壩面相交，湧沙現象亦不可能發生。在此種情況下，祇須計算滲流之量是否太鉅可也。此應說明者三。

水工分析工作之重心視壩基之性質而異。相對言之，壩基可分爲二類。其一類，壩身係由寬厚之細淤或粘土等層組成，不甚透水，壩基則係砂礫之組合物等，透水甚烈，且地下水位在築壩後仍將低在壩基以內；在此種情況下，水工分析之工作僅限於計算滲漏之量是否太鉅一項。另一類，壩基全不透水或透水程度並不較壩身者爲鉅。在此類情況下，可認爲壩身內之滲流情形不受壩基內滲流之影響。壩基之滲透係數雖較壩身者爲高而地下水位在築壩後將升至地面上淹沒一小部壩面者，亦可認爲屬於此類。此乃水工分析工作之主要對象，其工作包括潤水線位置之推求，滲漏量之估計及漏管現象之分析等。

壩身透水而壩基不透水，則與滲流相應之潤水線必與下游之壩

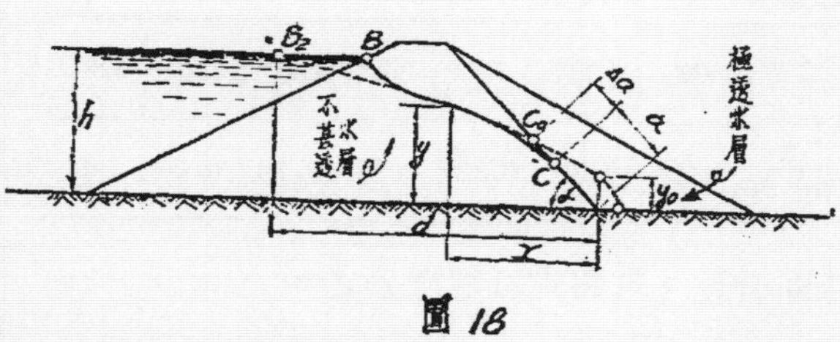

圖 18

面交於一點，其位置視壩身之斷面而異，而與壩身之透水程度無關。此項潤水線在本質上乃一拋物線，（見圖18之虛綫），惟入口與出口部份稍有變形耳（見圖18中實曲綫）。此

拋物線之公式為，

$$X=\frac{y^2-y_o^2}{2y_o}\cdots\cdots\cdots\cdots\cdots\cdots(11)$$

此拋物綫與上游水面相交於B_2點，其時$y=h$，$x=d$，代入式(11)得

$$y_o=\sqrt{h^2-d^2}-d\cdots\cdots\cdots\cdots\cdots\cdots(12)$$

此拋物線係以坐標之軸心作焦點。如採用極坐標，式(11)可化為

$$r=\frac{y_o}{1-\text{Cos}\,\theta}$$

此拋物線與下游壩面相交點之位置極易求得，試以$\theta=\alpha$，則可得

$$r=a+\Delta a=\frac{y_o}{1-\text{Cos}\,\alpha}\cdots\cdots\cdots\cdots(13)$$

實際潤水線與下游壩面之交點不在C_o而在C，Arthur Casagrande曾依據流網法提供下列之值，以便計算C點之位置。

壩面之坡度	30°	60°	90°	120°	150°	180°
$\frac{\Delta a}{a+\Delta a}$之值	0.36	0.32	0.26	0.18	0.09	0

壩身內滲流之流量可依據前項基本拋物線之公式而計算。試將式(11)微分之，

$$\frac{dy}{dx}=\frac{y_o}{\sqrt{2xy_o+y_o^2}}$$

代入達塞(Darcy)公式$q=Kyi$，以$i=\frac{dy}{dx}$得

$$q=Ky_0 \cdots\cdots\cdots\cdots\cdots\cdots\cdots\cdots\cdots\cdots\cdots (14)$$

其中q爲單位寬度壩身內之流量，K爲滲透係數，見表16。如水平方向之滲透係數與垂直方向者相差懸殊，則K之值可用二者乘積之平方根。設 $\alpha=30^\circ\sim180^\circ$，此項計算之結果必與實際之滲流流量甚爲接近，惟計算之值恆稍高耳。

土壩每爲複式斷面，有如圖17所示者，係以不甚透水之材料如淤泥粘土等作心牆，心牆之兩側則爲透水甚烈之粗沙細卵石層。因透水層之滲透係數每爲心牆之數百倍，此項透水層對滲流之影響可以從略。潤水線之位置，可卽以心牆爲對象，依照前法計算之。

如壩基亦係透水者，惟其滲透係數之值較心牆者爲低，或其滲透係數雖較心牆者爲高而地下水位將升至地面以上時，則潤水線之位置及壩身內之滲流量仍用前法計算之，惟壩基內亦有滲流其流量亦應計入耳。壩基內滲流流量之計算仍用塔塞公式行之，其中y之值可用壩基內透水層之厚度，i爲壩基內滲流動能之平均坡降，可用壩身上下游之水位差(代表滲流之水頭)與壩基之寬度(代表滲徑之長度)間之比率之值。

漏管現象之發生乃由於滲流所施之壓力超過土壤所具之阻力之故，滲流如在下游壩面湧出，不惟可演爲近乎水平方向之漏管現象，且可造成壩面土壤之冲刷流失。滲流湧出壩面之流向係大致與壩面之斜坡相同。是否可能產生漏管現象，視滲流之湧出壓力，土壤之粘合力，其內摩擦坡度及壩面之實際坡度而定，惟不能作精確之計算。通常均規定，滲流之潤水線不得與下游壩面相交，如不能避免此點，則必須採用反濾設備。實際土壩之下游壩面恆有粗沙細卵石及塊石之鋪置，此項反濾設備恆能阻止漏管現象之發生。

如管理養護得宜，漏管現象尚可於事後謀補救。漏管現象發生之先，必首見壩趾或壩面處有水湧出若水沸狀，可即在其上鋪置沙袋，或另築一補助壩瀦水成池。如此則滲流雖仍源源而出，壩面物質因受沙袋或池水反壓力之壓制，不致爲滲流所掀動。亦可將壩面之坡度改坦，以延長滲徑之長度。最佳之補救法仍係採用反濾設備，首鋪粗沙層，次鋪細卵石層，最後鋪置鉅大塊石，旨在憑藉覆蓋物之重衡，以對抗滲流上湧之壓力。

(乙)結構分析：

(A)壩面之安穩性：

土壩之以非粘性土壤如河沙構築者，壩面之坡度祇須較土壤之內摩擦坡度爲坦，安穩性即無問題，壩之高度可漫無限制，壩面之安穩性與壩之高度無關。壩愈高則其所具之剪力強度亦愈高。此在粘性土壤所築之壩則否，用小規模試驗方法測定安息坡度並不足恃，極低壩之壩面坡度可極陡峻，壩愈高則接近壩基之壩面坡度須愈平坦。粘土之剪力強度(主要者爲粘合力)通常假定係一常數值，而剪應力之值則隨壩之高度而異，故高度不同之粘土壩其壩面之安穩坡度必不相同。土壩之以非粘性土壤構築者，但求其壩面坡度較土壤之內摩擦坡度爲坦，即已安穩可恃；至粘性土壤所構築之壩之安穩性則有待進一步之分析。

依據豐富之觀察統計，粘性土壤之斜坡如發生坍滑，坍滑部份之橫剖面恆與圓弧相近似。柏德遜(K.E.Pettersson)曾解釋，此乃由於剪力失事，以致坍滑線上之土壤沿一軸心轉動而發生坍滑。關於坍滑線之形態雖有不同之臆度，圓弧之說頗與經驗相吻合，已受世人之普遍採用。據實際觀察，此項坍滑弧線與壩面之交點多在壩趾處，間亦有稍上或稍下者，視壩基情形與壩身之形態及剪力強度而定。

壩面安穩性之分析，即係以上述之假說為依據，分別計算剪力強度與剪應力以確定二者間之比率，此項比率即安全係數也，玆所推荐者為瑞典人首創之法，其法雖有繁贅之弊，惟應用範圍甚為廣泛，且令應用者觀念較為清晰，甚為可取，玆述如下：

(a)首在確定坍滑線轉動之軸心(即圓心)及半徑。玆先假定此為已知數，容後再述推求之法。

(b)將可能坍滑部份 ABCD (見圖19)，以垂直線劃分為若干單位，其寬度宜相等，單位數宜在 5～12 之間。

(c)計算各單位之重力。自各單位之重心作垂線視作重力線。在坍滑弧線上，將重力線化為正交分子N與切交分子 T。T乃促使各該單位坍滑之動力，亦即所生之剪應力。此項剪應力全恃土壤之剪力強度所克制。粘性土壤之剪力強度可分摩擦阻力與粘合力二部。前者可以 $N\tan\phi$ 表之，其中 ϕ 為土壤之內摩擦坡度；後者為剪力試驗中所得之單位粘合力 c 與坍滑面積之乘積。各單位所具之剪應力之和為 ΣT，各單位之剪力強度之和則為 $\tan\phi\,\Sigma N+cL$，其中 L

代表坍滑弧線ABC之長度（亦即單位壩寬之坍滑面積），故安全係數之値爲：

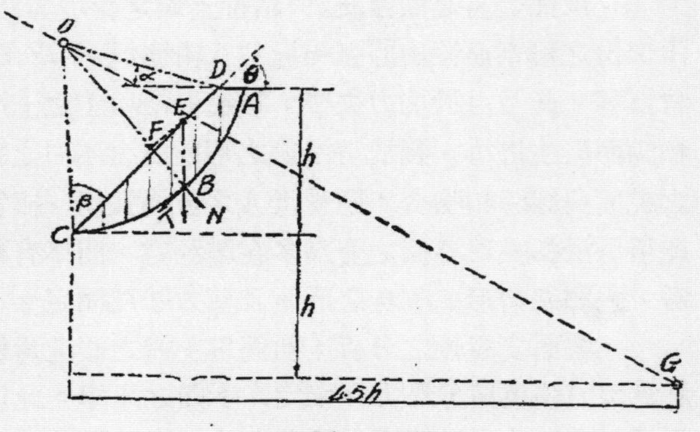

圖 19

$$安全係數=\frac{\tan\phi\,\Sigma N+cL}{\Sigma T}$$

大體言之，安全係數之値如在1.25以上，壩面之安穩性恆屬可恃。T與N之値以用圖解法求之，較爲便捷。直線EB代表所劃分之一單位之平均高度。自E點作綫與半徑OB垂直相交於F點，則FB係與N成正比，EF係與T成正比。再於所劃分之其他單位重複此法，則類似FB之各綫之和與土壤之單位重w及所劃分之單位寬度之乘積，即爲所求之ΣN，而類似EF之各線之和與土壤之單位重w及所劃分之單位寬度之乘積，即爲所求之ΣT。

土壩之爲複式斷面者，譬如心牆爲粘土而外層爲卵石，其單位重w之値不同，應分別計算。再坍滑線之一部在粘土之心牆內，一部在卵石層內，一部在壩基內，則內摩擦坡度φ値之取用應以坍滑線所經土壤所實具之φ之値爲準，亦應分別計算。

分析下游壩面之安穩性時，應計入滲流之影響。首須依照前述方法，酌繪潤水線之位置，除潤水線以上土壤均以乾土或濕土之單位重爲準外，計算潤水線以下土壤剪應力T之值時，應用土壤之飽和重——卽乾土重及土壤空隙內飽和水重二者之和，計算潤水線以下土壤之摩擦阻力時則用土壤之浮托重——卽乾土重與土壤所受之浮力二者之差。

分析上游壩面之安穩性時，應計入壩面浸水及庫水遞落之影響。蓄水滿庫時，除庫水位以上乾土外，壩面係浸於水中，一切計算均應以土壤之浮托重爲準。庫水如有遞落，壩內飽和之水必反向壩面流出，壩面潤出之速率如不若庫水退落之速，一部壩面卽承受內部水壓力。在此種情況下，除原水面以上之土壤仍按乾土計重及新水位以下之土壤仍按浮托重計算外，在庫水遞落之範圍內，計算土壤之剪應力T之値時應用土壤之飽和重，計算其剪力強度時則用土壤之浮托重。庫水遞落之範圍祇能粗略估計，少者可從略，多者可達數十尺，視庫水退落之可能速率及壩面之透水速率而定。

以上分析如獲得一適當之安全係數，卽足證明不致沿所假定之坍滑面發生剪力失事之現象。如供作分析之坍滑面並不能證實確係最危險之坍滑面，則以上之分析殊難保證壩面不致沿其他之可能之坍滑面失事。通常每須假定數坍滑面加以分析，始能確定孰爲最危險者。如土壤僅有粘合力，卽內摩擦角度φ之值等於零時，最危險之坍滑圓之軸心——卽圓心，可自下表中查得：

表19 α與β之値.

壩面邊坡		α	β
邊坡	θ		
1∶0.58	60°	29°	40°
1∶1.0	45°	28°	37°
1∶1.5	33°47′	26°	35°
1∶2.0	26°34′	25°	35°
1∶3.0	18°26′	25°	35°
1∶5.0	11°19′	25°	37°

此坍滑圓卽以圓心至壩趾之距離OC（見圖19）作半徑。土壤之內摩擦坡度φ之值並非爲零時，須分析數坍滑圓，所具安全係數之値最低之圓卽爲最危險者。大致φ之值愈高，最危險圓弧之圓心位置亦愈高。爲化簡試算工作，可假定此項圓心恆在OG線之延長線上，究在何點則有待試算。可在OG線之延長部份酌選三數點作圓心，卽以各圓心至壩趾之距離作半徑，繪出各坍滑圓弧。經分析三數坍滑圓弧後，卽可依據所得各安全係數中之最低值以判定壩面之安穩性是否可恃。如不可恃，可改坦壩面之坡度，或僅改坦接近壩底之一部份壩面之坡度，重行計算，以求安全。

(B) 壩基之安穩性：

壩基之結構分析原應分爲二部，首在計算壩基所具之剪力是否敷用，次在計算築壩後壩基之沉陷。沉陷之原因爲地層壓縮，卽土壤內之空隙度減少。普通石質壩基可認爲不能壓縮者。卵石或沙，或二者之混合層可能壓縮之値甚微，亦可從略。故計算沉陷之主要對象乃深厚之淤泥或粘土質之地層。此項沉陷雖可計算，惟須詳細鑽探地層情況，估計地下水位可能之變化，並須依據精確之土工試驗推演各地層之沉陷公式。玆以實際壩基內之含有此項深厚層者並不多見，乃將此項計算從略，以節篇幅。如有需要時，設計者可酌爲增加超高之值以備沉陷可也。

壩基之爲卵石粗沙或業已固化之粘土層者恆具有甚高之剪力，惟壩基如爲不含粘性之細沙或未經固化之淤泥粘土層，則每患剪力太薄弱。依照前節壩形設計之結果，土壩之底基恆甚寬廣，因剪力失事而沿壩基作水平方向滑動之可能性殊小，故計算工作可以從略。惟壩內土壤所具之剪力如不足以克制因荷負壩身儎重而生之剪應力，則壩基內之土壤因剪力失事而流動，壩身下陷，壩踵及壩趾處則見土壤上湧。壩基內之剪應力可依據彈性力學計算，應先假定壩基土壤層之深度係無極限，且土壤之組合均匀，對各方向應力之感應亦復相同。此項計算雖與實際情形不盡相合，尚大體可用。依據計算及彈性照像可證實，土壩壩基內之剪應力以在地面者最微，最高值之剪應力恆位於地面下一相當深度之處。剪應力之最高值恆在 $\frac{1}{4}P \sim \frac{1}{\pi}P$ 之間，視壩身斷面之形式而異。P 乃壩身之單位重，卽壩高與壩身土壤單位重之乘積。一切計算原應依照壩基內剪應力之分佈圖詳加分析，茲略去是圖，可卽以壩底之四分點（$\frac{1}{4}$底寬）下深達$\frac{1}{4}$底寬處之剪應力與土壤所具之剪力強度爲依據，是處安全則他處當無問題。是處之剪應力約爲$\frac{1}{4}P$，（如壩基土壤層之厚度小於$\frac{1}{4}b$，則剪應力之值當稍低），剪力強度則爲：

$$剪力強度 = c + \left(\frac{1}{2}h + \frac{1}{4}b\right) w_1 \tan\phi \cdots\cdots (15)$$

其中，h 爲土壩之高度，b 爲土壩之底寬，w_1 爲土壤之單位重，φ 爲壩基內土壤之內摩擦角度，c 爲土壤粘合力之強度。如無適當之試驗以測定c之値，則略去c而酌爲增大φ之値亦可。剪力強度應較剪應力之値爲高，方屬安全。

綜上觀之，土壩之建於岩石河床上者，對壩基之安穩性無作分析之必要；壩工應避免以細淤泥層作壩基，蓋沉陷與剪力失事二問題均嚴重；土壩之以他種物質作壩基者，應計算其剪力強度是否敷用。

第二十章 引水壩

(一)概說：

引水壩乃橫亙於河道中之建築物，其功用在堵截河中來水，以便引入渠道。引水壩每爲渠首工程中之主要建築物，已於第十八章中伸述之。

渠道自江河引用之流量，恆爲洪水期間河中流量之一小部，故引水壩之未設附屬水道者，應爲溢水式以溢洪流，否則壩身須備有充裕之閘門或他種活動之結構，俾可開啓以宣洩洪水，庶不致發生災害。此外亦有於溢水式引水壩之頂設置活動閘門者，如此則可避免引水壩過份壅高水位，以免泛濫上游田畝。

大體言之，引水壩可分活動壩與溢水式固定壩二類。就水流之挾有浮游物者言，溢水式壩最相宜，以其對冰凌浮木及各種浮游物之障礙最小。就回水影響言，普通活動壩之壅水高度均微，可減少上游防洪工事。就防淤問題言，遍設直升式閘門之活動壩最相宜，蓋壩上游之沉澱物可隨時冲刷至下游。因活動壩需用大量之金屬機件，建築費恆鉅，且其管理養護亦較單純之溢水壩爲浩繁，灌溉工程所建之引水壩多係溢水式之固定壩。

引水壩之種類繁多，在一定壩址，何者最爲適宜，當視壩之高度，壩基情形，兩岸形勢，水流性質，河中流量及便於取用之建築材料等項而定。國內所採用之引水壩，有渥奇式圬工壩，印度式堆石壩，階級式砌石壩，木料壩，竹籠壩，柳輥壩等多種。其中，印度式堆石壩，階級式砌石壩，木料壩，竹籠壩及柳輥壩等施工均屬簡易，惟印度式堆石壩浪費材料太多，木料壩竹籠壩及柳輥壩之壽命太短，以上諸壩之結構俱純憑經驗，不能作力學之分析，以致失事之現象累累，養護工作浩繁；階級式砌石壩之設計有背水流原理，且斷面恆屬鉅大，殊不經濟；故以上各項引水壩均在應予摒棄之列。唯渥奇式圬工壩可合採用。

渥奇式引水壩採用最廣，國內成例甚多除可用作引水壩外，倘可作他用。例如，築庫蓄水所建之重力式壩每將壩身之一部建成溢水壩以宣洩洪水，此項溢水壩即恆爲渥奇式。本型壩之應用範圍旣廣，其設計自有詳加說明之必要。

渥奇式壩亦卽流線式溢水壩，其壩頂及下游壩面之一部係取形於漫越一銳緣缺口之自由溢流之形態，下承以一適度之斜坡，終則爲一轉換至水平方向之曲綫，故溢流不致躍離壩面，而係依循壩形，流經斜坡，復循轉向曲線，作水平方向流至河道下游。在此種情況下，溢流不致產生衝擊力以直接衝毀河床及壩基，惟因水頭與跌差除耗損於摩擦阻力者外悉已轉化爲流速，致壩趾處水流湍急，必須備有適當長度之砌坦或其他消力設備，以護河床而防冲刷，否則，普通石質河床亦不免寖見侵蝕。

涉及渥奇式壩設計之論著頗富，各具卓見，但難見完善扼要之篇，蓋此壩之設計牽涉表面水流與壩下滲流兩大問題，與之有關之若干學理直至晚近方有定論也。爰融會各方之說，參照國內之需要，撰爲成系統之簡說。管見認爲：首應依據表面水流，對壩形作初步之設計，次須就滲流情形，對壩之底基之形態及尺度作必要之校正，而後作應力分析，以確定壩工是否安全及用料是否經濟。茲分水工設計與結構分析二部述之。各項敍述均力求簡明，若干細節已在第十三章，第十四章或第十九章述及者，均不復贅。

(二)水工設計：

(甲)計算壩高：

引水壩之高度，在選定壩址時，恆已大致確定。實際所用之壩高則視壩之功用而稍異。引水壩如須在灌溉期間截引河中全部低水流量，則壩頂之高程應較引水渠內首段之水位爲高，俾供給渠首進水流速所需之水頭及通過進水閘之水頭損失。如引水壩之功用僅在抬高河中水位而無須截引全部低水流量者，則應先計算進水流速所需之水頭及流經進水閘之水頭損失，此値與引水渠首渠水位之和，卽爲應行抬高之河中水面之最低高程，而後再用溢流公式計算溢流之水頭，則河中水面之高程與計算溢流所得之水頭之差，卽爲所求之壩頂高度。溢流公式中所用流量係指河中之低水流量超出渠道引用流量之差額言，此乃應行溢去之流量也。實際壩頂尚須稍予加高，以預防計算經越進水閘之水頭損失時所用之係數及溢流公式中所用之流量係數或失之太低；以及因風浪或壩行近速之衝擊所引起之水面波動等情形，此在灌溉期間引水之須截引全部低水流量者，尤屬需要。揆諸一般成例，渠首進水流速之値恆屬甚微，引水壩所抬高之河中水面如較引水渠首之渠水位高出二公寸，當可敷用，習用之値約在一至三公寸之間。

壩頂高程既定，卽可計算漫溢洪水時所將壅高之水頭。是否可能因築壩而泛濫上游之農田廬舍，應參照第十一章之說明，計算回水影響。必要時，應在上游酌辦防洪工事，或將固定壩頂之高程降低並就空出之缺口增設活動壩，以資補救。

（乙）設計壩形

設計壩形之要點有二，一在貼合溢流之形態，不使壩面發生局部眞空及負壓，一在轉化溢流之位能爲動能而後消殺其餘力；前者重在壩頂形態之設計，後者重在壩趾處轉向曲線及護坦之設計。

壩頂之形態須能符合溢流之自然流勢，此項溢流指漫越一銳緣缺口之溢流言。溢流之流勢大體爲拋物線形，其公式爲 $Y=-\frac{gx^2}{2V_m^2}$，可依據力學推演之。V_m指溢流之平均初速言，其方向假定係水平者。水頭 h 愈大，則 V_m之値亦愈高；爲使壩面能貼合各種流量不同之溢流，壩形設計應以水頭之値最高時之溢流情形爲準。漫越壩頂之溢流，恆首作斷面收縮，其收縮之程度視上游之壩面坡度而異。上游壩面如係垂直者，壩形應取法立式銳緣缺口之溢流；上游壩面如係傾斜者，則壩形應取法漫越傾斜式銳緣缺口之溢流。故壩頂形態之設計須採用水工試驗之資料。玆刊載二種，見圖20及表20。表列數字係水頭一尺時之溢流情形。實需坐標値應爲表列數字與實際水頭之乘積，公英制通用。此項資料中並未計入行近速之影響。壩之愈低者，行近速之影響愈強，溢流之射程愈遠；在此種情況下，壩面橫坐標之値宜酌增。

此種壩之流量係數有足一述者。如前所言，壩面之形態係適能貼合一漫越銳緣缺口之溢流。換言之，卽壩頂部份係將溢流水舌下之空間填實而成。根據水工試驗之報告，溢

图20 適合溢流之壩形曲綫圖

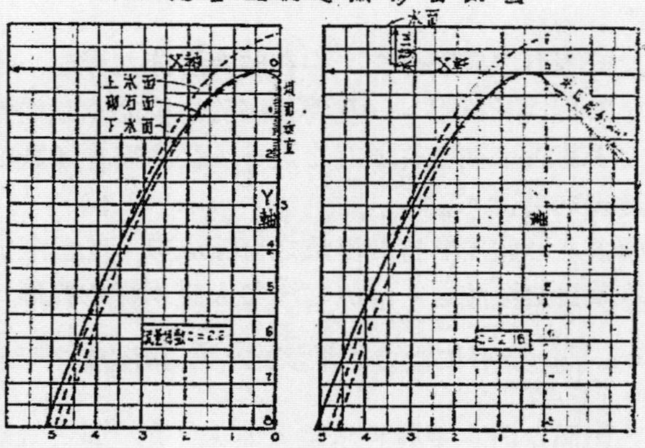

表20 適合溢流之壩形坐標值

X	Y(上游壩面垂直)			Y(上游壩面傾斜度爲45°)		
	砌石面	理論水面		砌石面	理論水面	
		上水面	下水面		上水面	下水面
0.0	0.126	−0.831	0.126	0.043	−0.781	0.048
0.1	0.036	−0.803	0.038	0.010	−0.756	0.010
0.2	0.007	−0.772	0.007	0.000	−0.724	0.000
0.3	0.000	−0.740	0.000	0.005	−0.689	0.005
0.4	0.007	−0.702	0.007	0.023	−0.648	0.023
0.6	0.060	−0.620	0.063	0.090	−0.552	0.090
0.8	0.142	−0.511	0.153	0.189	−0.435	0.193
1.0	0.257	−0.380	0.267	0.321	−0.293	0.333
1.2	0.397	−0.219	0.410	0.480	−0.120	0.500
1.4	0.565	−0.030	0.590	0.665	0.075	0.700
1.7	0.870	0.305	0.920	0.992	0.438	1.050
2.0	1.220	0.693	1.310	1.377	0.860	1.470
2.5	1.960	1.560	2.110	2.140	1.710	2.340
3.0	2.820	2.500	3.110	3.060	2.760	3.390
3.5	3.820	3.660	4.260	4.080	4.000	4.610
4.0	4.930	5.000	5.610	5.240	5.480	6.040
4.5	6.220	6.500	7.150	7.580	7.070	7.610

流水舌下空間雖經填實漫溢之流量並不因此而受影響。其原因則以二者之流量雖屬相同，其流量係數則各異，此乃由於二者實際所承水頭不同所致。溢流漫越銳緣缺口後，其斷面恆首先收縮，溢流水舌之下水面係先升高一段而後下墜，壩面如適與溢流水舌之下水面相貼合，壩頂之位置自較銳緣缺口之緣頂升高一段，故上游水位雖無變動而實際量得壩頂所

承之水頭卽較銳緣缺口緣頂所承者爲低。譬如，壩頂水頭之値爲一尺，自表 20 查得銳緣缺口所承之水頭應爲 h＝1＋0•126＝1•126。實際水頭之値旣不相同，計算所得之流量係數自必各異。根據夫讓塞斯溢流公式$Q=CLH^{1.5}$，立式銳緣缺口之流量係數C＝1•84(公制)，故壩之流量係數應爲

$$C'=1\cdot84(1\cdot126)^{1.5}=2\cdot20$$

同理求得另一壩之流量係數爲 $C'=2\cdot03\ (1\cdot043)^{1.5}=2\cdot16$ 有須指明者，此乃壩面適與溢流貼合時所具之流量係數。實際流量如有出入，壩面卽難適與溢流相貼合；流量係數當隨實有水頭之値稍有增減，可按下表比例求之：

流量係數 \ $\frac{h_a}{h_d}$ \ 上游壩面	0.4	0.6	0.8	1.0	1.2	1.4
係垂直者	1.92	2.03	2.13	2.20	2.25	2.32
作45°之傾斜者	1.96	2.03	2.11	2.16	2.22	——

h_a＝實有水頭　　h_d＝設計水頭

表中所謂設計水頭卽指壩頂形態適與溢流相貼合時之水頭言。

爲施工便利起見，壩頂形態可酌用複式圓弧曲線，與依照表20所列數値求出之壩形應極相近似，斷面則稍龐大，並應避免急遽之棱角，以免發生局部眞空。

按諸成例，渥奇式壩僅壩頂部份之形態係採用表20所列之數値，其下則承以一傾斜適度之切線，以求便於施工或

爲符合應力分析之要求。此項切線之傾斜坡度恆在 0•7:1 至 1:1 之間，視壩之高度及應力分析之要求而定。

壩趾處應有轉向曲線以與傾斜之壩面及下游之護坦相切。在多數情況下，溢流經越此項轉向曲線後，恆取水平之流向。轉向曲線之功用，一則以避免跌流冲擊護坦，再則可將溢流之垂直分子轉化爲水平者，蓋水流之垂直分子爲防護河床冲刷之大忌。轉向曲線可採用簡單之圓弧。溢流水頭在二公尺以內者，可用壩高之二三成作圓弧之半徑；水頭愈鉅且壩愈高者，所用半徑之相對値亦宜愈增；較高之壩，亦可用尾水深度作圓弧之半徑，可由設計者自酌。

(丙)防範冲刷之設計：

除堅固之岩石壩基外，壩下游之河床恆須加以防護，以免溢流冲刷河床，危及壩工之安全。防範冲刷之主要工事卽爲護坦，應採種種措施，務令水躍在坦上完成。在水躍之後，水流大體恢復常態，流速大減，對於河床之冲刷當不致劇烈。此項設計應參照第十四章之說明辦理。首在根據已有之水文資料，繪製流量與尾水深度之關係曲線，次須根據溢流情形，繪製流量與促成水躍所需尾水深度之關係曲線，從而判定實際尾水深度與促成水躍所需之理想水深之關係。水躍情形旣明，卽可參照第十四章之說明，擬定護坦之形式與長度及消力檻之尺寸。如無適當之消力檻，應根據發生水躍後水流之速度。用肯尼地公式 $V_0 = 0.55d^{0.64}$ 計算所需之水深。如實際水深不足，其差額卽爲護坦末端之下應設板樁之深度，庶可防止水流淘刷河床所致之災害。河水湍急而壩身甚低者，壩上游河床亦有被淘刷之可能，亦應顧及。再應斟酌壩址附近河道情形，酌設順水之治河工程，在適宜地點設置長度充裕之導流牆，蓋順暢河水流勢，減免渦流，對於沖刷之防護亦殊有裨補也。

(丁)防範滲流之設計：

防範滲流之主旨，不外減低滲流之浮托力，防阻表土因浮動而失事之漏管現象，及設計適當厚度之護坦以克制其所承滲流之浮托力等三事，間亦有須估計滲漏之量是否太鉅以免妨礙渠道之引水量。防範滲流之設計，應參照第十三章之說明辦理。至壩基之爲石質者，僅須於結構分析時計入浮托力之影響卽可。

減低滲流浮托力之工事，習用者有上游砌坦及設置板樁或截土牆兩項，後者之功效較著。漫溢之流量鉅大而壩身低矮者，壩形係取決於溢流之形態，恆不能因浮托力之減低而節省壩工材料，故高僅數公尺之低壩恆無須爲減小浮托力而在壩踵處設置板樁等。就十公尺以上之壩工言，減低滲流浮托力之工事或可招致工程經濟。此項板樁或截土牆之位置恆在壩頂之下，其深度應基於應力分析所顯示之需要，復須視地層情形而定，已於第十三章中述之。板樁或截土牆之深度少有較壩身高度之値爲鉅者。

爲防阻表土因浮動而失事之漏管現象，首須根據河床鑽探分析之結果，酌定浮動坡度之安全値，而後依照經(丙)項設計而得之初步壩形，計算下游護坦末端滲流實具之出逸坡降之値(詳見第十三章)。如後者較前者爲低，安全卽可無慮。否則，應行加增下游坦末板椿或截土牆之深度，必要時亦可酌行增加上游及下游護坦之長度。

壩底各鍵點所承浮托力之值，可計算得之（詳見第十三章），即據以分段核算護坦應有之厚度，務令護坦之重與其上所承水重之和較坦底所承之浮托力為鉅，以策安全。所應注意者，坦上有效之平衡水深與水躍情形有密切之關係，已見第十四章三節之說明。護坦之設有排水管者可消減浮托力，故坦厚可酌減。惟為求足以抵抗水躍之震動力，混凝土護坦之厚度不得少於三公寸。

滲流問題原甚複雜，上述之計算均係以葛斯拉之獨立變數之原理為依據，計算所得者係近似值。有謂重要之建築物仍宜另作模型試驗以資慎重者。須知此為一三元問題，蓋以壩基土質之均勻性，地層之結構，三方滲透係數之差異等因素之影響使問題更趨複雜，殊非今日之模型試驗所能求解，不可不察也。

(三)結構分析：

渥奇式壩之初步形態，係自水工設計之觀點擬定，至壩工之應力是否在安全範圍之內，則有待進一步之結構分析。惟十公尺以內之低壩，為貼合溢流而設計之壩身恆屬龐大，應力之值不致超出安全範圍以外，結構分析一項每可從略。

渥奇式壩亦係重力壩之一種（參閱第十九章），仍宜採用重力分析法之假說，並以前述之三原則作結構分析之準繩：(一)中三分點定律應予遵守，(二)合力之水平分子應較摩擦阻力爲小，(三)壩身及壩基所生壓應力之值應在安全限度以內。可參照第十九章之說明辦理，茲不複贅。有須補充者，因有溢流之故，渥奇式壩壩頂一二公尺部份所具之重力恆不足以應重力分析法中安定性之要求。因有溢流之故，壩之極頂恆產生部份張應力，而不能遵守第一項原則之要求。實際此項張應力之值恆微，每不致超出三合土或水泥灰漿所具之值。壩頂應有敷用之寬度，庶幾壩頂之接合縫或砌合縫所荷負之張應力不致超過 $2kg/cm^2$，否則壩頂上游之一面應酌配鋼筋以爲補救。再壩頂部份恆不能滿足第二原則之要求，惟除摩擦阻力外三合土及水泥灰漿實具有剪力；如所需之剪力不致超過 $5kg/cm^2$，壩工安全卽可保無虞。故施工時，對壩頂部份砌合縫所用之水泥灰漿應特加注意，力求完善，以應需要。

引水壩所荷負之各種外力其計算與第十九章之說明大致相同。所須補充者，引水壩多建於透水壩基之上，浮托力之計算宜參照第十三章之說明辦理。再引水壩所荷負之靜水壓力與蓄水壩所荷負者亦頗不相同。因引水壩後之水係流動者，一部水壓力已轉化爲流速水頭。渥奇式壩頂所承之水頭乃溢流之流速水頭，故壩頂所承水壓力之值應爲零。至壩踵所承之水壓力則與以水深及流速水頭之和作靜水深度所具之靜水壓力相等。壩頂與壩踵間水壓力之逐增並非依循直綫變化而係依循一高次方程之曲綫，不便求解。爲便於計算起見，可假定壩頂所承之水壓力爲所承之溢流水頭與單位水重之乘積，壩踵所承之水壓力則爲溢流水頭及壩高之和與單位水

圖21. 攔河引水堪圖譜

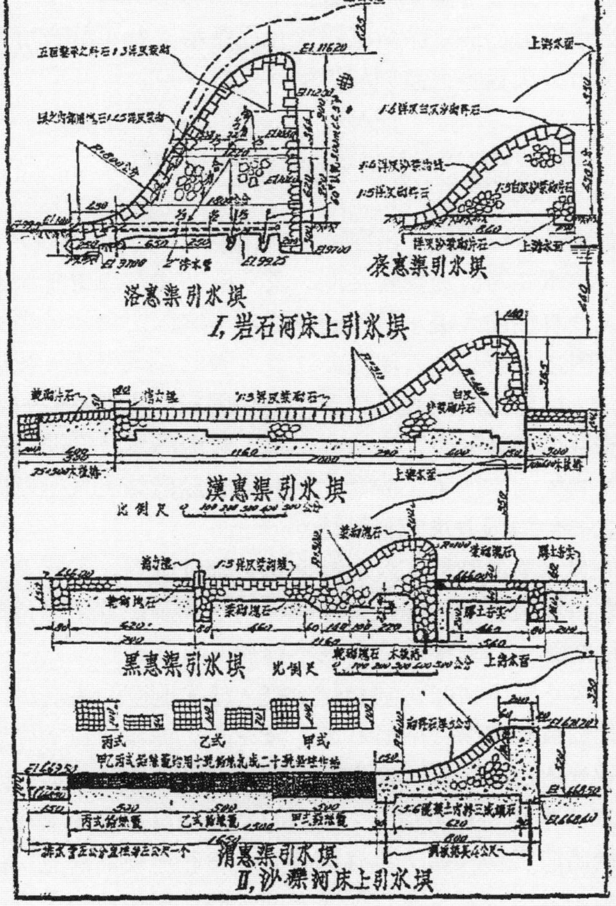

重之乘積。此項計算中，行近速之水頭均不計入。壩頂與壩踵間之水壓力仍假定係循直綫變化而逐增。此項計算所得之總水壓力恆與實際之值頗相近似。

第二十一章　進水閘

(一)概說：

進水閘乃設於渠首之閘，其主要功用在導引水流進入渠道，兼具調節入渠水量及防洪之功。水源之含沙量豐盛者，尙須附設工事以減入渠泥沙之量。吾國舊式渠工，恆以未設此閘，或雖設閘而設計欠善，致生困難：或則不能引入敷用之流量；或則泥沙沉澱淤塞渠道；甚至洪水泛濫冲毁渠工。進水閘既爲下游渠工安危之所繫，其設計施工及操縱閘門啓閉之機件均應力求完善可恃。

進水閘多設於鄰近水源之處，閘址位置之選擇及引水宜採之措施視引水工程之有否攔河引水壩及渠首地形情形而定，已於第十八章中述之，茲不復贅。

進水閘恆與冲刷閘相聯建築，藉冲刷閘冲去沉淤，庶進水閘前可經常保持一淸水道，減免入渠泥沙之量。冲刷閘恆附設有導水牆，俾與進水閘之翼牆合成冲刷道。因進水閘引水時，冲刷閘每須關閉，此項冲刷道卽可兼作沉淤槽之用，對於防阻泥沙入渠，大有裨益。茲爲敍述便利起見，僅先論及純屬於進水閘本身之問題。關於防淤問題將於次章中再通盤研討。

進水閘前，可斟酌須要，設置攔污柵鉛絲網等，以防阻水流挾帶之鉅塊物體，如漂浮之樹枝滾動之卵石等。爲防止洪水入渠，進水閘恆設有木質或鋼筋混凝土或石砌之帷牆；此牆與閘牆之頂高出洪水位之値不宜少於六公寸。閘之兩側，宜酌設防洪翼牆，以順水勢，並與導水牆合成冲刷道，以彰冲淤之功。

閘基之係透水者，以洪水期間所承之水頭甚鉅，閘之砌坦須有適當之長度及厚度，以平衡滲流之浮托力及防止漏管現象。此項設計參照第十三章之說明辦理。

低水期間，入渠水流之流速恆甚迂緩。高水期間，因進水閘所承之水頭甚鉅，入渠水流之流速每屬湍急，以致閘後每發生水躍。爲防止渠道被冲刷，閘之砌坦應有適當之長度並酌附工事，務令水躍在坦上完成。再，閘牆恆係直立，渠岸則多具斜坡，二者之間宜聯以漸變槽，以順流勢。此項措施，對於防止渠道冲刷一節，亦殊有裨益，因可防止渦流之產生也。漸變槽之長度應足以消除引水所生之水流紊亂，並可逐漸調整水流使合於下游渠道之斷面形式。漸變槽之設計，參閱第十一章。

進水閘可就其作用別爲二類。入渠水流必須漫越一固定之溢水檻頂或閘門之頂或活動之橫插板者，謂之上溢式閘。入渠水流，係俟閘門提起後，穿過潛水之閘孔者，謂之下射式閘。前者防阻泥入渠之功效較宏，尤以溢水之椽頂係可隨意升高降低，隨河中水位作適當之調節，僅溢入表面之較清水流者爲佳。後者不便防阻泥沙入渠，惟可儘量高抬閘底之高程並採用寬廣而低矮之閘孔，以爲補救。溢流之流量係與所承水頭之$\frac{3}{2}$次方成正比，而下射之流量則係與所承水頭之平方根成正比，故進入潛水孔之流量受河水位變化之影響較小，調節流量稍便。此爲下射式閘所特具之優點。

習用之上溢式閘多以活動橫插板爲之，惟水深在三公尺以上，則藉人工用吊桿裝卸橫插板甚爲不便，且有漏水太多之患，殊不如採用能以啓閉機司啓閉之閘門爲佳。閘門下降，水即漫越門頂入渠，惟閘孔可以開啓之高度即以門頂可以降落之程度爲限，不能變動。如河中洪枯水位懸殊，此項閘門恆須分爲上下數段，分置於數道閘槽中，下段在前上段在後，上段閘門如不作溢水之用，亦可升至閘台，僅以下段閘門溢水。陝西漢惠渠及渭惠渠所用之雙層閘門頗與後者類似，惟其下段閘門僅能提起至一定高度，在低水時期仍係一下射式閘耳。據稱此型閘防阻河水所挾推移質入渠之功效甚佳。習用之下射式閘多採用直升式閘門，以啓閉機司啓閉，間亦有採用自動式鄧脫閘門者。閘門與啓閉機之設計另於第二十八章詳之。

(二)水工設計：

水工設計之主要原則在導引充足之流量並儘量減少水頭損失及避免攪亂水流。茲就有關進水閘之重要問題且爲國內所習見之情形，加以說明；舉一反三，要在閱者善於運用。

(甲)閘孔之計算：

就閘工之經濟言，閘孔之面積愈小愈佳。惟閘孔愈小

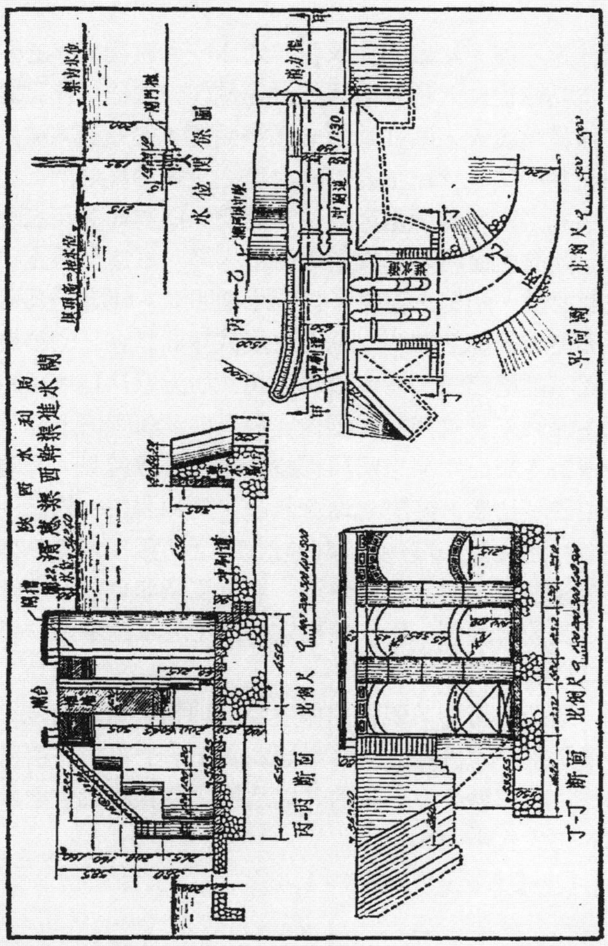
陝西水利局
涇惠渠西幹渠進水閘
丙-丙 斷面
丁-丁 斷面
平面圖
水位關係圖

，則流速必高，水頭損失及引起之水流紊亂程度亦必愈鉅。再，自防阻泥沙入渠言，入渠流速愈緩慢愈佳，換言之，閘孔之面積須廣大，閘孔之形式須淺而寬，亦頗與經濟開工之要求相左。閘孔之面積及形式之擬定，須費推敲。

閘孔之面積每視渠道之情形而定。渠道如係用三合土砌面者，閘孔之面積可與渠道之面積相等。渠道如係土渠，渠內流速必緩，閘門之面積多以低水期間進水流速約為每秒1.5公尺作計算之依據。閘孔之形式以孔高在1～2公尺之間，孔寬不超過三公尺者，較為習用。如流量甚鉅，可用數孔。以上係指下射式閘言，國內實例最多。如閘係上溢式者，為發揮溢入表面水流以防阻泥沙入渠之功效起見，宜將溢水之緣頂儘量抬高，溢流之水深愈淺，效用愈宏。按諸溢流公式，溢流之流量乃溢流水深（即水頭）之函數；水深如為已知數，流量即成定值。水深愈淺，單位流量即愈微，所需之溢水椽之長度自愈鉅。通常恆規定每公尺之單位溢水流量以不超過二秒公方為宜。

閘孔之面積，視閘究係上溢式抑為下射式而定，可自第十章選用公式計算之。茲以圖22為例。渭惠渠擬引之全部枯水流量為12秒公方，渠內外之水位關係見圖22中之水位關係圖。代入式十(2)，

$$Q=CA\sqrt{2gH}=0.8\times1.95B\sqrt{2g\times0.15}$$

$$\therefore B=\frac{12}{1.55\times1.72}=4.5m；\text{平均流速}V=1.38^{m}/_{s}$$

實際三閘之總寬度為7.50公尺，自有餘裕。如枯水期間，三

閘全部開放至與渠內水位同高，進水流速自必減低；換言之，渠外水位卽不至漲至與壩頂同高，實際水頭之値當較0.15公尺爲低。實際因來流逐減，第一閘外之水位最高，第三閘外之水位當屬最低，流量與流速之分佈殊難期均勻也。

（乙）論防淤：

如水源挾帶大量泥沙，進水閘之設計應能防阻泥沙入渠。兹僅論及與進水閘之設計有密切關聯者，其他有關冲淤防淤之建築物將於次章敍述之。爲防阻泥沙進入進水閘，宜採用下述之措置：

（1）水流挾帶之泥沙大體可分爲二類：一爲推移質係沿渠底運行者，一爲懸移質其分佈相當均勻。據實際觀察，推移質恆聚集於水流之底層，其厚度約爲水深之二三成。懸移質對於渠道或無甚危害，推移質恆係顆粒甚大粗砂，其危害甚鉅，應阻止其進入渠內。如將進水閘之底部儘量抬高，至河中推移質層之上，卽可挑引表面較清之水入渠，而水流底層所挾帶之推移質卽被阻止不致進入閘內，用此法以防阻泥沙入渠之功效甚宏，高水期間，水深大增，且因閘外或已有淤積之故，推移質所運行之厚度亦大增，如欲將進水閘底抬高至此項推移質層之上，每爲工程經濟所不許。因進水閘外恆爲兼作沉淤槽之冲淤道，通常每規定進水閘底應高於冲淤道底以上至少一公尺，候沉淤槽逐漸淤滿，卽應開啓冲刷閘冲刷之。故進水閘閘底之抬高非僅有利於防粗沙入渠，兼可便利沉淤冲淤也。

（2）可設備兩道閘槽，相距一二公尺。下游之槽係供進水閘裝設永久性閘門之用，上游之槽則供臨時裝置活動橫插板，以備意外之需，高水時期並可用以溢入表面較淸之水流，以收防阻泥沙入渠之效。故下射式閘亦兼具溢水之功也。

（3）依據第十六章之說明，實際之流速如小於某種穩性流速，則某種泥沙卽將沉澱而不致爲水流所挾行。故進水閘之面積愈大，卽進水流速愈緩，而防阻泥沙入渠之功效愈宏。爲不與第（1）條之所述相抵觸，擴大進水閘之面積祇宜橫向發展，以淺而寬者爲宜。惟放寬閘孔之橫斷面，因工程經濟關係，亦有一定之限度，通常以低水期間進水流速不超過 1.5 m/s 爲宜。習用之閘門寬度恆在三公尺以內，如閘孔甚寬則宜以閘礅間之，使成數孔，每孔之高度以在二公尺內，寬度不超過三公尺者，較爲習用。

（丙）論防冲：

高水期間，因所承之水頭甚鉅，進水流速恆屬湍急，閘底須有混凝土或條石砌坦，以防冲刷。基礎如係軟岩，坦厚可用二三公寸；如係堅實之粘土，坦厚可用四五公寸；如係鬆動之透水層，爲平衡滲流之浮托力及防範漏管作用，砌坦之設計應參照第十三章之說明辦理。

高水期間，因所承之水頭甚鉅，通過進水閘之水流可能係自由射流而非潛出水流，此點應加校核。如爲自由射流，應設適當工事以促成水躍，並令水躍在砌坦之內完成；否則，急流將延續至遙遠之下游，土渠必爲冲毀，砌坦亦將逐漸坍陷，甚至危及進水閘本身之安全。茲仍以圖22爲例。如洪水期間仍須引水，而所引之水係漫越下層閘門入渠，則此層閘門之椽頂所承之水深爲 6.2 公尺。如三閘之上層閘門同時開啓，則開啓之高度可自孔流公式 $Q=CA\sqrt{2gH}$ 中求得。假定係自由射流並代入渭惠渠之資料數字，則

$$12=0.7\times7.5d\sqrt{2g\left(6.2-\frac{d}{2}\right)}\;;\quad\therefore d=0.208\text{公尺}$$

此項自由射流觸及進水閘之砌坦時之流速 V_I，可依白露里定理計算之，其公式爲：

$$H_o=\frac{V_1^2}{2g}+D_I+h_f$$

如射流觸及砌坦因碰擊所引起之水頭損失暫不計入，則 h_f 僅爲水流通過進水閘門之水頭損失自圖22可得：

$H_o=542.40-535.55=6.85$ 公尺。代入上式：

$$6.85=\frac{V_1^2}{2g}+\frac{12}{7.5V_I}+(1-0.49)\left(6.2-\frac{0.208}{2}\right)$$

$$\therefore V_I=8.35\text{m/s}\;;\quad\text{同時}D_I=0.192\text{m}$$

爲促成完滿之水躍所需之下游水深 D_2 可自式十四(1)中求得：

$$D_2=-\frac{0.192}{2}+\sqrt{\frac{2(8.35)^2(0.192)}{g}+\frac{(0.192)^2}{4}}=1.54\text{m}$$

當渠道引用流量爲12秒公方時，渠內水深爲2m，較 D_2 之值爲鉅，故進入進水閘之水流似並非自由射流，惟是否卽係潛出水流，尚待進一步之計算。閘門後之急流水深約爲0.208m，平均流速爲7.70m/s，如可立卽形成水躍，則所需之尾水深應爲

$$D_2=-\frac{0.208}{2}+\sqrt{\frac{2(7.70)^2(0.208)}{g}+\frac{(0.208)^2}{4}}=1.48\text{m}$$

實際渠內水深可達 2m ，惟下層閘門椽頂所承之水深僅得 1.35m，所求之 D_2 之值則在二者之間。以缺乏模型試驗之證驗，純憑推想，進入進水閘之水流當仍係自由射流，射入閘門後旋卽形成水躍。閘門後砌坦及護岸之長度宜用五倍於渠水深度之值，以防範此項射流所引起之冲刷。如實際渠水深度尙較 D_2 之値爲少，卽不足以形成水躍之所需，則應參看第十四章之說明，酌設消力檻。砌坦之盡端應酌設截土牆，其深度視渠道之土質而異，最高值以與渠水深相同爲度。

涇惠渠之進水閘與渠道之陡灣相聯，爲防範冲刷之大忌，蓋入閘之急流勢將偏向，以劇烈冲刷右側之渠岸。直立之閘牆與傾斜之渠岸間應聯以漸變槽；以順流勢，旣可減少水頭損失，兼防渦流所引起之冲刷，參閱第十一章。

（丁）閘墩設計：

閘墩(Pier)之存在，無異於水流中一障礙物。其形狀之良窳，對於水流之暢否，殊有影響。墩形之拙劣者，招致顯著之水頭損失及強烈之渦流冲刷。天然河道中，橋墩之失事頗多導源於渦流之冲刷，此乃墩形設計不善所致也。

閘墩對水流之影響頗與漸變槽相類似。墩首逐漸縮小水流之斷面，若入口然，墩間則爲急流之水槽，墩尾復逐漸放大水流斷面以恢復爲原來之水流情形，若出口然。縮小斷面，對水流之影響較微，放大斷面以易引起渦流，故影響較大。印度布拉(Poona)水工研究所經多次試驗，得結論爲，欲減水頭損失至最低值，墩首邊緣須作橫一縱五之偏度，墩尾須作橫一縱十之偏度，棱角之處酌使圓滑。證之施工成績，甚爲優良。那勒（Nagler）在美密西根大學所作試驗之結論，謂最佳之形式爲墩首爲半橢圓形，墩尾爲細長之魚尾形，與前項結論不謀而合。惟此種石墩工費較鉅，故在渠床堅固或有砌坦而渠底冲刷問題不必重視之處，墩首與墩尾均可由圓弧形組成，其半徑可用墩寬之二倍。至渡槽或水管之石墩，如在河床堅固，水頭損失與水流情形不必重視之河內，其首尾部均可採用半圓形或由平面組成之稜形，以節工費。再就力學之觀點言，墩之尾部宜寬廣，俾有較大之面積以荷承應力，故墩尾接近基底部份，宜逐漸放大。進水閘等之有中墩者，以洪水期間所荷承之壓力甚鉅，最應注意及此。

(三)結構設計：

進水閘之結構設計，事涉瑣屑，主要者可分閘牆，閘墩，閘台，閘門及啓閉機等數部。除閘門及啓閉機另詳第二十八章外，茲分論之如下：

(甲)閘牆設計：

爲簡化計算工作，閘牆可按擋土牆設計之。

擋土牆之設計乃土木工程之基本問題。此項設計可因所用材料之不同而別爲二類：(１)圬工擋土牆係按重力式斷面設計，牆底之厚度以在牆高之五成至八成者最爲習用。此牆與重力式蓄水壩頗爲相似，仍應採用重力分析法之假說，以前述之三原則作爲結構分析之準繩，即：(A)中三分點定律應予遵守；(B)合力之水平分子應較摩擦阻力爲小；(C)墻身及牆基所生應力之値應在安全限度以內，可參照第十九章之說明辦理。(２)鋼筋混凝土擋土墻之設計須視實際條件而定。因閘墻之頂恆與閘台接合成一體，墻底則係固着於砌坦上，閘墻之兩側恆有翼墻，情形甚爲複雜。大體言之，較低之擋土墻以按懸臂樑 (Cantilever Wall) 設計最經濟。較高者以按立板 (Vertical Slab)或扶壁式墻 (Buttressed Retaining Wall) 設計較經濟。高而窄且兩側固着之墻，宜按梁板 (Beam Slab) 設計之，以抗阻自上而下逐漸增大之壓力。斷面計算與鋼筋佈置參閱鋼筋混凝土之專著，茲不贅述。

通常計算擋土墻所承之土壤壓力每僅計及乾土之重衡及其側壓力，至土壤內滲水之影響每被忽略。水利建築物既均與水有密切之關聯，有時滲水之影響且極嚴重，自應作進一步之分析。例如，閘墻之底基如係透水性甚強之物質，則滲經翼墻之底基而至之滲流之靜水壓力與浮托力均鉅，殊不容從略。擋土墻後之填土，在潤水線以內者，均含蓄水份而達飽和之境地。潤水線以上之乾燥土壤及此線以下之飽和土壤所施之水平壓力宜分別計算，作爲設計擋土墻之依據。乾土之水平壓力可用軟京公式求之，

$$P=\frac{1}{2}w_1h_1^2K_1 \quad (\text{無超壓 No Surcharge})\cdots\cdots(1)$$

其壓力分佈情形與靜水壓力同。公式中w_1＝單位土重，h_1＝乾土深度，$K_1=\frac{1-\sin\theta}{1+\sin\theta}$，其中θ＝土壤之內摩擦坡度。如θ＝30°，$K_1=1/3$；如θ＝35°，$K_1=0.271$。飽和土壤之水平壓力則相當於滲水之靜水壓力與浮土之水平壓力之和。

$$P=\frac{1}{2}wh_2^2+\frac{1}{2}w_2h_2^2K_2\cdots\cdots\cdots\cdots(2)$$

其中，w＝單位水重，每立公方之水重一公噸，h_2＝潛水之

深度，w_2＝潛水之土重，如以土比重爲2.65，空隙度爲40%，則$w_2=(2.65-1)(1-40\%)=1$，即每立公方土壤之潛水重量約爲一公噸，$K_2=\frac{1-\sin\theta_2}{1+\sin\theta_2}$，據晚近歐美各地所作試驗，可假定$K_2=K_1$。換言之，通常飽和土壤之水平壓力約爲潛水所具靜水壓力之百分之一百三十倍，遠較乾土之水平壓力爲鉅，後者僅爲靜水壓力之四成弱，此不可不察者也。晚近趨勢，每將土壤之水平壓力視同適當之液體壓力。例如，苟$\theta=30°$，$w_1=1.6\ T/m^3$，則乾土之水平壓力與每立公方重0.53 公噸之液體壓力完全相同；飽和土壤（或潛水土壤其比重與空隙度同前述之假定）之水平壓力即與每立公方重$1^1/_3$噸之液體壓力完全相同。

（乙）閘墩設計：

閘墩多以石砌或以混凝土建築之，間亦有用鋼筋混凝土者。其縱斷面多係梯形，底寬而頂窄。墩頂之長度恆與閘台之寬度同（參閱圖22）。墩底之長度視宜導急流及應力分析之需要而定。圬工閘墩厚度之習用值約爲閘孔寬度之三成，惟承載直接壓力之圬工牆之厚度恆不得小於其高度之二成，以免牆身迸裂。

砌石或混凝土之閘墩可視同重力式牆，其設計以不荷負張應力爲原則；換言之，合力不得落於閘墩底基之中三分點範圍以外，此項合力指靜水壓力與閘墩閘門帷牆及閘台之重力組合而成者言。爲適應此項原則，閘墩恆具有相當之重力，復因閘墩係與砌坦帷墻及閘台密切接合，水平方向之滑

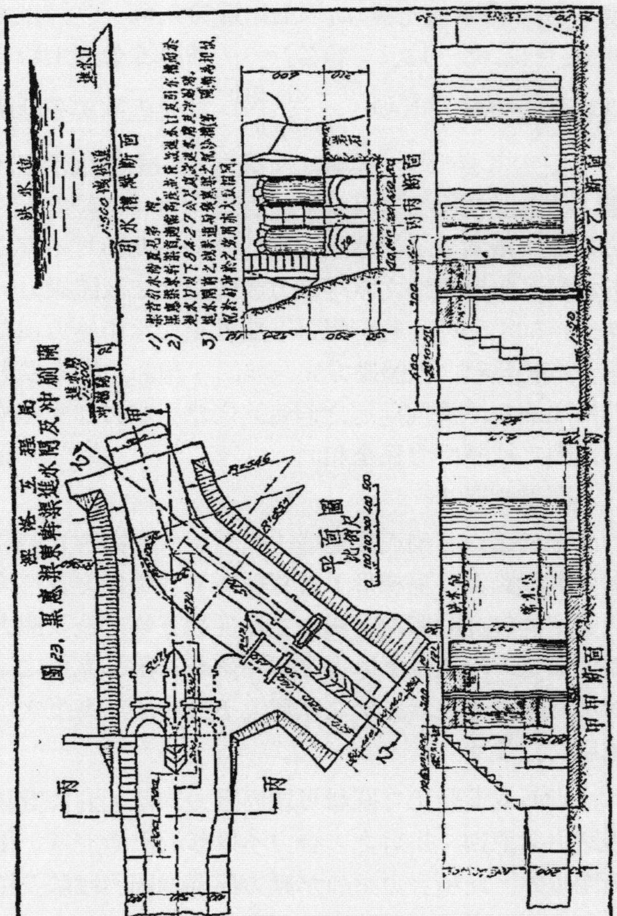

涇洛工程局
圖23，黑惠渠東幹渠進水閘及沖刷閘

動恆無可能，故此項計算可以從略。

（丙）閘台設計：

閘台者閘墻與閘墩所承載之平台也。啓閉閘門之機件恆置於閘台之上，故宜酌建管理室，以免風雨浸食機件。

閘台可用鋼筋混凝土，木料，或圬工建築之。如採用木料或鋼筋混凝土，則此設計與普通房屋之樓板設計同。惟因閘門之啓閉機係置於閘台之上，計算閘台之應力時，須計入為啓閉閘門施力所生之力率。普通辦法，每在啓閉機機座之下設置工字鋼樑二道，以荷承此項儎重，故閘台之設計幾與此項儎重無關。閘台如以圬工建之，則閘墩與閘墻間恆須砌築石拱。儎重之值低微者，石拱之設計可採用經驗公式，為慎重起見，可用圖解法校核，詳見第二十六章。

第二十二章　防淤工程

（一）概說：

第二十六章中，曾說明解決泥沙問題，須作有系統之合宜處置，以收通盤籌劃之益。為配合渠槽之縱橫斷面，卽幹支渠之容量與輸沙能力，使某種泥沙在渠系中暢行起見，必先藉建築物以挑沙，沉沙，冲沙，排沙及配沙，始易奏功。前四項可統謂之防游工程。因渠流之挾沙能力恆較天然河流之挾沙能力為小，應採種種措施，阻止粗沙入渠，以防範渠中發生惡劣之淤塞現象。如渠首控制不當，湧入泥沙太多，則非渠流能力所能挾帶之粗沙卽將逐漸沉淤於渠內，應設備建築物聚納此項粗沙，並利用水力排洩於渠系之外，以免人工挖掘之勞。再，下游幹支渠之輸沙能力如因特殊緣由而較上游者爲弱，亦應憑藉建築物聚納粗沙，而免下游渠道有普遍淤塞之患。故防淤工程之功用，在消滅渠流能力所不能挾帶之粗沙，以致泥沙係數 f 之値減小，渠道乃可進入穩性渠之境地。至防淤建築物所宜設置之地點，可分渠前，渠首，與渠中等數處。

欲對防淤作有效之措施，必先了然泥沙在渠水中之輸送情形。泥沙被渠水輸送之方式大體可分二類，或則被渠水拖拽而行，以致沿渠底滑動滾動及躍動，或則受渠水紊流之頂托懸游於水中，而爲渠水挾帶前進。至何種泥沙將爲推移質，何者爲懸移質，並無絕對之劃分。推移質可轉化爲懸移質，懸移質亦可轉化爲推移質。此項轉化所依賴之因素甚多，如水深，流速，擴散係數，含沙量，泥沙顆粒之大小等均是。相對言之，較細之泥沙，係懸移於水中者，其在水中之分佈，相當均勻，接近渠底之泥沙，並不見特多；較粗之泥沙，則係沿渠底爲水流所推移，完全集中於水流之底層，其範圍約爲水流深度之五分之一。明乎此，實大有助於防淤工程之設計。

防淤之方式可別爲挑沙，沉沙，冲沙與排沙四種。冲沙與排沙恆互相關聯，乃在利用水流動力，冲刷泥沙淤積，並排之於渠系之外。排沙建築物可包括排沙閘與洩水道。冲刷建築物則純指冲刷道言，經由冲刷道之水流必須湍急，流速不宜小於每秒 1.5 公尺，俾能冲動淤積，挾帶大量泥沙而去。排沙復可細分爲連續性者與間斷性者二類。因推移質恆集中於水流底層之故，可挖掘渠底設置沙阱，使一部渠水連續經由沙阱流往洩水道，推移質即可望全部被排洩於渠系之外。惟此一部渠水，旣流入洩水道，即不能流往下游渠道，故沙阱上游之渠道容量應較下游者爲鉅。爲避免浪費可貴之渠水，亦可於於沙阱下游設置閘門作間斷之開放，即有餘水時方開放閘門冲刷，如此則沙阱須具備充裕之容量，以容納閘門關閉時停淤之泥沙。如爲配合下游渠道之斷面起見，擬採用較低之泥沙係數時，則須建築沉沙槽，令渠水所挾顆粒粗大之泥沙在槽內沉澱。同時爲對推移質及已沉澱之泥沙流往下游渠道作更有效之攔阻起見，可抬高進水閘或節制閘之底檻，酌設溢水墻或活動橫插板，以挑引表面較清之水流入渠，如此則下游渠水所挾者卽僅有顆粒較細之懸移質矣。此四種防淤之方式，每可兼施併用，視實際需要而定。

（二）防淤措施：

（甲）渠前防淤措施：

爲達成防淤之任務，宜在渠前設置工事，阻止粗沙經由進水閘流入渠道，此乃最澈底之法。通常恆在壩端鄰近進水閘處設備冲刷閘，以便冲刷並排除進水閘前之淤積，俾能維持一固定之引水槽，導引較清之水流入渠。

印度灌溉工程中，所採之冲刷閘頗多規模宏大者，不僅設於壩端進水閘之前，亦有設於引水壩之中央者。冲刷閘之設於壩之中央者，其阻止粗沙入渠之功效至微，殊不可取。冲刷閘開放時，水流速度在閘附近者甚高，距冲刷閘愈遠則水流速度愈緩，故進水閘如距冲刷閘太遠，進水閘前之淤積卽無被冲刷之可能。可見冲刷閘之設於壩之中央者殊無實際價值可言。冲刷閘僅宜設於壩端且適在進水閘之前。爲阻止粗沙入渠，除可用冲刷閘排除泥沙外，應兼顧沉沙，冲沙與挑沙之性能，其實際效用並宜以計算作依據，此不可不察者也。

冲刷閘宜設於河中，位置於壩之一端，通過冲刷閘之水流其流向宜與河中之本來流向相同，以增進冲刷之功效。冲刷閘宜輔以導水牆，俾與進水閘之翼合成冲刷道，參閱圖22。導水牆之功用約有下列數點：

（1）設置導水牆可使冲刷水流之範圍有所限制，集中高流速之水流，以冲刷進水閘前之淤積，冲淤之功用大宏。

（2）導水牆類似一擋沙牆，牆之一側爲引水槽，另一側則係淤積之泥沙，此項淤積如不能越過導水牆，卽不能進入渠道。

（3）進水閘如與冲刷閘垂直相交，則冲刷道適在進水閘之前，冲刷沉澱之泥沙較易，而進水閘之結構亦較經濟。渠首旣與河流垂直相交，引水時卽將產生橫流，導水墻之設置卽可令此項橫流局部化。

導水墻之上游一端應延伸至進水閘上游數公尺，俾冲刷道之入口可位於進水閘之充分上游，以便冲刷清除引水範圍內之淤積，減少入渠泥沙之來源。導水墻之下游一端宜止於壩之護坦之末端，以順暢水流。壩工上游之導水墻宜與壩頂同高，或酌予加高，如此則壩後淤平後，泥沙卽將越過引水壩流往下游，而不致越過導水牆湧入渠道。

關於冲刷閘所宜備之面積，頗多議論。依照印度之統計，冲刷閘之面積恆爲築壩處水道斷面面積五分之一至二十分之一之間。或謂冲刷閘之面積不宜太小，否則縱有甚高之冲刷流速，其冲刷之結果對大量水流所挾帶泥沙淤積情形之影響仍微。實則此項問題宜自沉沙與冲沙效用之分析中尋求答案，方爲合理。

通常進水閘引水時，冲刷閘恆須關閉。此時，宜令冲刷道具備沉沙之效用，水流所挾帶之推移質如在冲刷道內沉澱，即不致進入渠內。爲達成此項任務，冲刷道之底愈低愈佳，可與壩之護坦同高，而較渠底低下至少一公尺，以便推移質有停淤之處；同時，冲刷道之橫斷面不宜太小，俾水流速度迂緩，推移質可以沉澱。在各種水位下，冲刷道之橫斷面均應較渠道之橫斷面爲大，(宜爲渠道斷面之1.25倍至1.5倍)，如此則水流在冲刷道內之流速必較渠中流速爲緩，而渠流能力所不能挾帶之泥沙必先在冲刷道內停淤，而不致進入渠內。

計算舉例：試以圖22爲例。當河中流量等於渭惠渠之滿水流量$12m^3/s$時，斷面丙——丙所示之冲刷道之斷面面積爲$A=6.3\times3.05=19.2m^2$，流速$V=\frac{Q}{A}=\frac{12}{19.2}=0.625m/s$，同時渠中之正常流速爲$V=0.835m/s>0.625m/s$，似已屬完善，惟當冲刷道在渠底高程以下之部份淤滿時，水流之斷面面積減爲$A=6.3(3.05-0.9)=13.7m^2$，流速卽增爲$V=0.875m/s$，卽嫌太高。故冲刷道之寬度尙須酌予加增，而冲刷閘之面積亦須成比例加增矣。

迨冲刷閘開放而進水閘關閉時，冲刷道內之流速宜高，俾能冲去道內之淤積。冲刷流速不宜小於1.5m/s～3.0m/s。冲刷閘之閘孔面積卽須依照此項原則設計。

計算舉例：仍以涓惠渠冲刷閘（圖22）為例。在冲刷閘上游之冲刷道之坡降係水平者，在冲刷閘下游之冲刷道之坡降則為1：30。壩下游尾水位與流量之關係不詳，惟閘下游冲刷道之坡降甚陡，枯水時期下游水位當不致影響冲刷閘之洩水流量，可假定冲刷閘開放時，水流將在閘門附近降至臨界水深。仍用流量Q＝12m³/s，閘孔之淨寬度為5m，代入式十一(7)得，

$$d_c=\sqrt[3]{\frac{Q^2}{gb^2}}=\sqrt[3]{\frac{12^2}{9.8\times5^2}}=0.838\text{m}$$

$$V_c=\sqrt{gd_c}=2.87\text{m/s}$$

可用式十一（3）計算回水影響，從而算得冲刷道入口處冲刷流速之值。因閘上游之冲刷道並無坡降，$Z_1=Z_2$，如不計入水頭損失，則式十一（3）可書為，

$$\frac{V_1^2}{2g}+d_1=\frac{V_2^2}{2g}+d_2$$

代入各項值，$\frac{V_1^2}{2g}+\frac{12}{6.3V_1}=\frac{\overline{2.87}^2}{2g}+0.838$

解此式可得$V_1=1.73\text{m/s}>1.5\text{m/s}$，故知冲刷閘開放時，水流速度已足達成冲去淤積之任務，此項設計已屬妥善。

冲刷閘恆係下射式閘，俾大水時期引水時，此閘可作

局部之開放，以冲去底部粗沙。再，渠首之管理關係防淤功效綦鉅，爰述數點，以供參考：

（1）洪水期間，河中含沙量極豐，應儘可能關閉進水閘，以免引入渠道之泥沙太多。陝西涇惠渠管理局曾依據經驗，規定涇河含沙量超過百分之十五時，即須停止引水。

（2）進水閘開放時，最好將冲刷閘關閉，或僅微啓，以便冲去水流所挾帶之推移質。

（3）如冲刷道內淤積已頗深厚，欲開放全部冲刷閘，以便大事冲刷，應先將進水閘關閉，以免湧入泥沙太多。

（乙）渠首防淤措施：

渠前雖設備有工事，攔阻粗沙入渠，仍可能有一部份粗沙湧入渠內，如此項粗沙非渠流能力所能挾帶，勢必在渠首逐漸沉澱。如已入渠，則在渠內未沉澱前，必已係推移質，而集中於水流之底層，故可挖掘渠底設置沙阱，以聚納之。沙阱恆與洩水道相聯，可引用一部渠流冲刷泥沙使入於洩水道。

沙阱之種類繁多，通常係在渠底挖掘溝槽或設備排沙管，以便迎受沿渠底推移之粗沙，下設閘門可調節穿過渠岸之水流，使水流冲刷粗沙以達於洩水道。當渠水挾帶泥沙極爲豐盛時，此項閘門即須開放，使冲刷之水流連續不絕。水流挾沙豐盛時恆在高水期間，渠水供應不虞匱乏；浪費一部渠水供冲刷之用，當不足重視。否則，閘門祇可作間斷之開放，以免多耗寶貴之渠水。設計沙阱時，應計入擬浪費之水量，如排沙閘須連續開放，其上游之渠道容量應較下游之渠道容量爲大，以供給此項擬浪費之水量。

非渠水能力所能挾帶之粗沙進入渠道後，卽將在渠首逐漸沉澱，而渠首防淤措施亦專在處理此項卽將自動沉澱之推移質，故並無放大渠槽斷面減緩渠水流速以便泥沙沉澱之必要。惟排沙閘如不作連續之開放時，上游停淤之泥沙能否被水流冲動，殊屬可疑。爲防患於未然，可將渠首段數百公尺至一公里之渠槽挖深，形成一局部坡降甚爲陡峻之槽道，槽之末端設節制閘與排沙閘，參閱圖24之沉沙槽斷面。當排沙閘關閉時，節制閘前爲一深塘，渠水所挾之推移質卽將逐漸停淤於是處，惟節制閘應具備充裕之面積，俾通過該閘之水流速度不致較渠中流速爲高，以免挾入太多泥沙。迨泥沙積有成數，可將節制閘關閉而將排沙閘開放，水流沿此陡峻之槽底而下，必甚湍急，上游停淤之泥沙亦可望於短時間內被冲刷盡淨。其他細部說明，詳見圖24，茲不贅。

(丙)沉淤槽設計：

渠水通過渠前與渠首兩重防淤措施後，剩餘之泥沙應爲渠流能力所能挾帶，而可暢行於渠系中，終達於農田。有時渠水之挾沙能力雖高，惟因所挾帶之粗沙殊不宜聽其沉澱於農田，或因下游渠道之輸沙能力較弱等原因，則應另設沉淤槽，令較某種顆粒粗大之泥沙在槽內沉澱。槽之下游一端恆設排沙閘，以便利用水流動力淸除淤積，宣洩至閘後之洩水道。沉淤槽可位置於渠系內任何地點，視實際需要而定，仍以排沙較便之處爲宜。

沉淤槽乃由局部降低渠底並放寬渠身横斷面而成，用

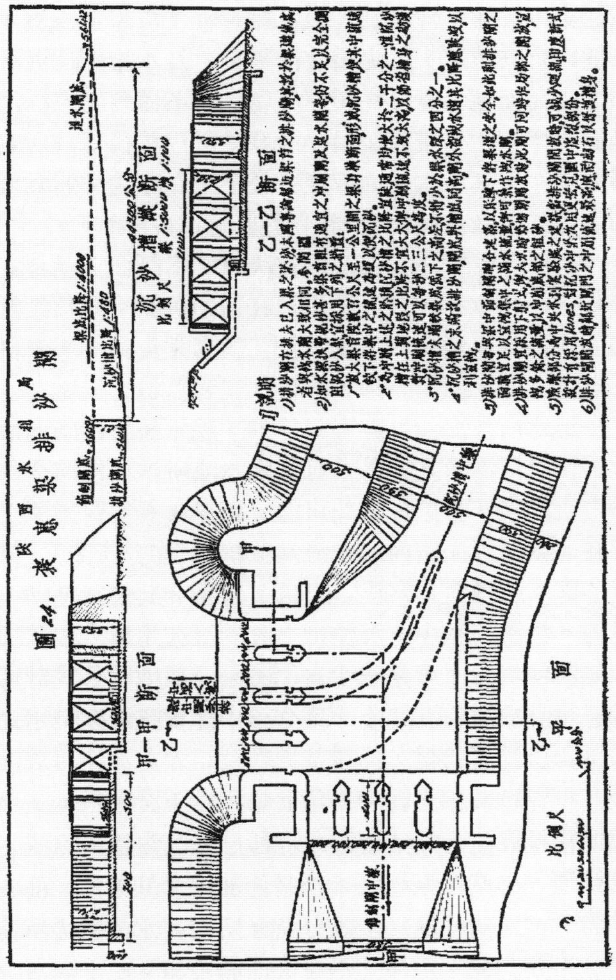

以減低渠水流速，俾利泥沙之沉澱。泥沙沉澱之程度，則視所降低之實際流速，沉淤槽之橫斷面，及水流經越沉淤槽之時間之長短而定。設計此項建築物時，不僅須考慮沉淤槽所宜具備之淨空之橫斷面面積，並應估計淤積後槽身所實具之斷面面積，俾其中水流之速度永較下游渠中之流速為低。沉淤槽之佈置大致與圖24及圖34相似，可參照辦理。

設計沉淤槽之主要工作在決定其橫斷面與槽身之長度，俾較某種顆粒粗大之泥沙確可在槽內沉澱。此項設計，迄今仍係依據經驗酌定，並無準則，編者爰蒐集各方資料，試擬一計算方案，似尚合理，可供作工程設計之依據。

渠水所挾泥沙是否可能停淤，視水流之橫斷面而定。普通為便於沉淤槽之設計，有假定水流所挾泥沙將全部在沉淤槽內沉澱者，實則每無此可能，因懸移質係受紊流之項托而存在，欲令沉淤槽內之水流為流線流（即非紊流），每為事實所不許。且細淤為絕佳之肥料，自應令其暢行渠中，終達於農田。灌溉工程中，沉淤槽之設置旨在用以令較某種顆粒粗大之泥沙沉澱，可用式十六（2）——即納塞公式計算之。可放寬槽身或增加其深度，務令槽中之實際流速較用式十六（2）計算所得者為緩，俾較某種顆粒粗大之泥沙可以沉澱，而較某種顆粒為細之泥沙則仍將暢行於下游渠道。上項計算僅說明顆粒直徑大於某項值之泥沙已非沉淤槽內水流之能力所能挾運，必然逐漸沉澱，惟是否即停淤於槽內，而不致流往下游渠道，尚待進一步之分析。所謂非水流能力所能挾運云者，可解釋為，泥沙之顆粒大而體重鉅，已非紊流之上升分子所能頂托，循地心吸力，必繼續下沉。泥沙在下沉至槽底之前，係由渠流之水平分子挾帶而行，即以渠水之流速爲流速。泥沙係一面隨渠水前進，一面自渠水之表面下沉至渠水之底層。故沉淤槽必須具備充裕之長度，俾泥沙在進達下游渠道之前，已沉至槽底。試以D＝沉淤槽內之有效水深，以公尺計，V＝渠水流速，以秒公尺計，L＝沉淤槽之長度，以公尺計，V_s＝泥沙下沉之速率，以秒公尺計，假定泥沙在沉淤槽起點處之水面開始向下沉，至沉淤槽之尾端適沉至槽底，則

$$L:V=D:V_s，\qquad 即\ L=\frac{VD}{V_s}\cdots\cdots\cdots\cdots(1)$$

因紊流有上升分子亦有下降之分子，彼此相消，泥沙既係繼續下沉，即可假定其下沉之速率不受紊流之影響。泥沙下沉之速率可採用試驗所得之値。玆錄引美國農林部等機關合作試驗所得之結果，見表21：

計算舉例：渠中流量Q＝18秒公方，玆擬令渠水所挾直徑大於0.4公厘之泥沙沉澱，試計算沉淤槽之橫斷面與沉淤槽之長度。參酌原來渠道斷面情形，稍加試算估計後，擬定沉淤槽之底寬B＝6公尺，水深D＝3公尺，邊坡爲1.5：1，假定沉淤槽中預留泥沙淤積之深度爲一公尺，則水力半徑R＝1.48公尺。因泥沙顆粒直徑d＝0.04公分，而$f=5\sqrt{d}$可得f＝1，代入式十六(2)求得穩性流速$V_o=0.645\sqrt{1.48}$＝0.785秒公尺，而沉淤槽中實際流速V＝0.75秒公尺，故直徑在0.4公厘以上之泥沙均將沉澱，如是則所擬之橫斷面已

表21　石英質泥沙在水中下沉之速率

泥沙顆粒之直徑，以公厘計		0.02	0.04	0.06	0.08	0.1	0.2	0.3	0.4	0.5	0.6	0.7	0.8	0.9	1.0	2.0	5.0
下沉之速率	水溫0°C	0.02	0.08	0.18	0.32	0.50	1.65	3.0	4.4	5.8	7.3	8.8	10.1	11.5	12.8	24.5	50.0
以公分/秒計	水溫40°C	0.054	0.22	0.47	0.80	1.12	3.10	5.0	7.0	9.0	10.7	12.4	14.0	15.5	17.0	30.2	54.0

屬妥善。0.4公厘之泥沙在40°c時之下沉速率爲0.07秒公尺，代入式（1）可得沉淤槽應具備之長度爲爲 $L=\frac{0.75\times2.0}{0.07}$ =21.4公尺。如此即可望直徑大於0.4公厘之泥沙，在進達下游渠道前，已沉澱至槽底。實際因受紊流之影響及泥沙運動之相互干涉，泥沙下沉之速率恆較表21所列者爲稍低，同時納寒公式亦非極精確者，故沉淤槽之長度宜用上項計算所得值之1.5倍，即32公尺，以資安全。沉淤槽之體積旣極龐大，可用土壤構造，即將原有渠道斷面加寬挖深而成，僅在排沙閘附近稍作砌面以防土壤被冲刷侵蝕，而求工程經濟。

自以上之敍述中，可見沉淤槽內水深愈淺則所需之槽身長度愈減。槽身斷面當以寬淺式者較屬經濟。惟冲刷槽內之淤積時，則以深窄式斷面較易處理。此項問題又與地形及建築物之佈置情形有關，須詳加分析比較。

第二十三章　防冲工程

（一）概述：

普通建築土渠，爲減少挖方及填方以求工程經濟，渠線之縱坡恆須配合地形迤邐而下。渠道之定線於一分水脊上者，每卽以此分水脊之縱坡，作渠道之縱坡。如此項縱坡甚爲平坦，則可採用窄深式之斷面——指具有較大水力半徑之斷面形式言，以增高水流之速度。如此項縱坡甚爲陡峻，則可採用較爲寬淺之橫斷面，俾流速不致太高，以免土渠被冲刷蝕食。惟僅憑斷面形式以調節流速之範圍，並不廣大，有時或因水流挾帶泥沙之問題，渠道斷面之形式卽不得任意調整。最習見之實際問題，恆爲地形坡度陡峻，渠道如採用類似之縱坡，則水流湍急，渠中冲刷問題卽形嚴重，必須改善。

爲解除土渠被冲刷之問題，有數事可爲。其一爲採用砌面，已於第十七章中述之，惟砌面費用昂鉅，每有背經濟之道。另一法爲消除渠線因所經地形而具之位能，以根絕水流冲刷力之來源。此爲國內所習用之法，卽採用跌水（見圖25及圖26）或陡坡(見圖27及圖28)是也。此項建築物之功用在化水流之位能爲動能而消殺之。本章所論之防冲之建築物，卽專指跌水與陡坡而言。

渠道可採用較地面平坦而爲安全所需要之縱坡，以防冲刷。爲避免鉅量之填方，渠身可在適當地點驟然降至較低之處，高低兩段渠道間卽以跌水或陡坡啣接之。跌水之處恆爲深塹之挖方，惟在下游距跌水愈遠之處則挖方愈減，甚且漸轉爲填方，果如此，則須設置另一跌水建築物。是否須要建築成組之跌水，可視實際情形定之。

渠線上，宜設跌水之位置，視地形而定。如沿渠線之地形甚複雜而無規律，可擇適宜之地點，如驟然之跌坎，以作跌水之位置。如地面之坡度甚爲均匀，則各跌水間之間距與各跌水之高度，均宜相同。惟究宜採用少數甚高而間距甚遠之跌水，抑宜採用多數之較低而間距甚近之跌水，仍待抉擇。間距甚密之一組低跌水，其全部跌水之建築費或較高，而挖方則必較少。除非地形至爲陡峻，採用低矮之跌水，每較經濟。再陡坡與跌水同有調節渠道縱坡之功，而可通用。地形之坡度究應達何項值，建築陡坡方可較建築一組跌水爲經濟，完全取決於流量與設計之跌水與陡坡之形式。如實際陡坡之長度較短，則以陡坡之入口及出口建築費用每屬甚鉅，故採用陡坡或欠經濟。大致跌差在一公尺以內者，建築跌水定較陡坡爲廉。跌差在一公尺以外，則難作懸揣。實際陡坡與跌水之形式均甚繁夥，究以採用何者最經濟，要以建築物本身及有關渠道之挖方與填方等工程費之總數最低者而定，須多加比較。

跌水及陡坡設計之要點，在力求減少此項建築物對於上下游渠流之影響，俾渠流一仍舊貫潺湲而行，一若未有此項建築物之存在者，是乃最合於理想之境地，惟此非實際所能致。渠水流至渠端缺口而自由下跌，水面必降至臨界水深(參閱第十一章)，如缺口之斷面與渠道之斷面相同，則此項水深恆少於渠中正常水深之$2/3$，通常前者每不足後者之半數，其時流速甚高，殊非土渠所能承受。水面低落之影響，可達遙遠之上游。愈近跌水口所受之影響愈鉅，流速亦愈高，馴至渠床渠岸漸被冲刷侵蝕。此種惡劣之現象，必須予以防止。是故跌水口設計之原則，在使跌流之水頭與渠中正常水深同值時，跌水之流量適與渠中之流量相等，如此則跌水口處之實際水深約爲渠中正常水深之2/3，上游渠內之水面雖仍須逐漸降落，水面變化顯著之範圍則僅限於短距離內，其值不致超出跌流水頭之一二倍。此項水面之遞落，乃由於水流之一部位能變化爲臨界水流之流速水頭之故，殊無可避免，但以其影響僅限於短距離內，止將土渠接近跌水口之一段稍加砌護可也。爲滿足此項跌水口之設計原則，跌水口可就其宜採之形式分爲三類：(一)採用縮狹之矩形缺口。此種缺口僅能適應一種流量，卽適與據以計算缺口之寬度所用之流量相等者；如渠中流量有增減，則上游水面仍將發生不當之壅高或降落。最可慮者爲此種缺口劇烈縮小流水之橫斷面而集中其衝擊力，迨水流跌下後，又遽形放大而生惡劣之渦流。故此項設計實屬拙劣，現時已少採用。(二)採用抬堰式之跌水口。此種跌水口之抬堰亦僅能適應一固定之流量。惟此項抬堰如係據渠道之滿水流量而設計，渠水流量減少時，抬堰對渠水壅高不多，且可另謀補救，或無大礙。再抬堰有增加跌差之弊，惟水流以未受收縮之故，甚爲順暢，其衝擊力與冲刷現象反較輕微，尙屬可取。參閱圖26。(三)採用縮狹之梯形缺口(參閱圖25)。此種跌水口可適應數種不同之流量，故上游渠水面恆不致發生不當之壅高或降落，在國內採用最廣。以其劇烈縮小水流之橫斷面而集中水流之衝擊力，施工以後每患下游冲刷問題嚴重，惟渠道之橫斷面寬淺而可將跌水口劃分作數個梯形缺口者，自各缺口湧出之跌流因相互干涉而消力成效尙佳。至爲消減跌水對於下游渠流之影響，首重設置水墊池以消殺水流之動能，次在設置漸變槽以暢流勢。跌水之結構通常可分爲(一)跌水口(二)水墊池與(三)漸變槽三部；陡坡則除此外尙須備有(四)急水槽與(五)擴散槽，仍視須要而定，容分論之。

自全面觀察之，跌水或陡坡設置之處乃渠系中之控制點，蓋渠道縱坡至此中斷，渠中水流上下游之相互關係亦至此中斷，各段渠道乃獨立自成一單位。渠道中之各項究研工作恆宜利用此項控制點以便進行。例如，渠中沉澱與冲刷之分析與研究，跌道糙率之計算，渠道輸水損失之觀測，渠水之度量，回水影響之測驗等工作之進行，恆宜利用此項建築物作控制之點。再此項建築物可與洩水或分水建築物合併建築，或與量水建築物合併建築，或與橋樑合併建築，或與水力發電廠合併建築，而成爲複式建築物，其結構經濟，工程費用可大爲節省，殊屬可取。凡此諸端尙罕爲國人所注意，亦少爲他書所指明，故編者特鄭重申述，期以引起我水利工程師之興趣，而促成建築物設計之新動向。爰試擬一例，以供參考，請閱圖27。

(二)跌水：

茲僅擬論及跌水之水工設計，其結構設計，以甚瑣屑，可由閱者自酌。至屬於圬工砌築之胸墻翼墻等均依擋土墻設計，可參閱第二十章之閘墻設計。再次節述有鋼筋混凝土之陡坡設計，亦可供參考。

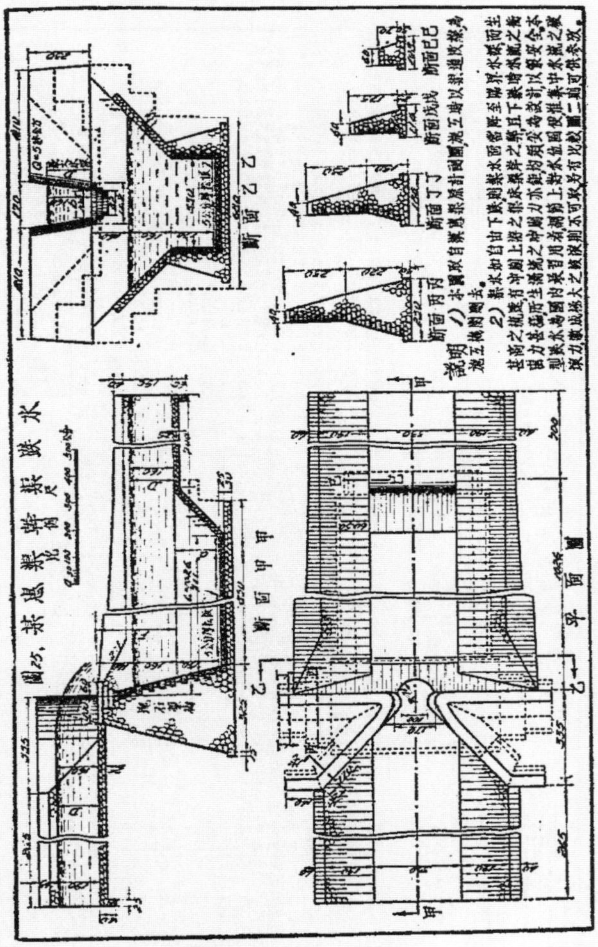

圖25，某退水跌水

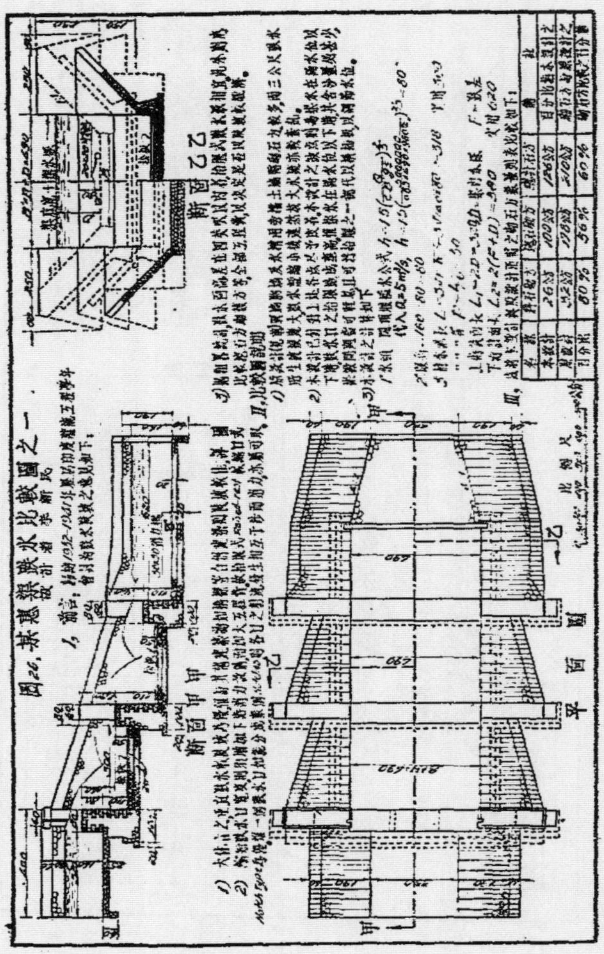

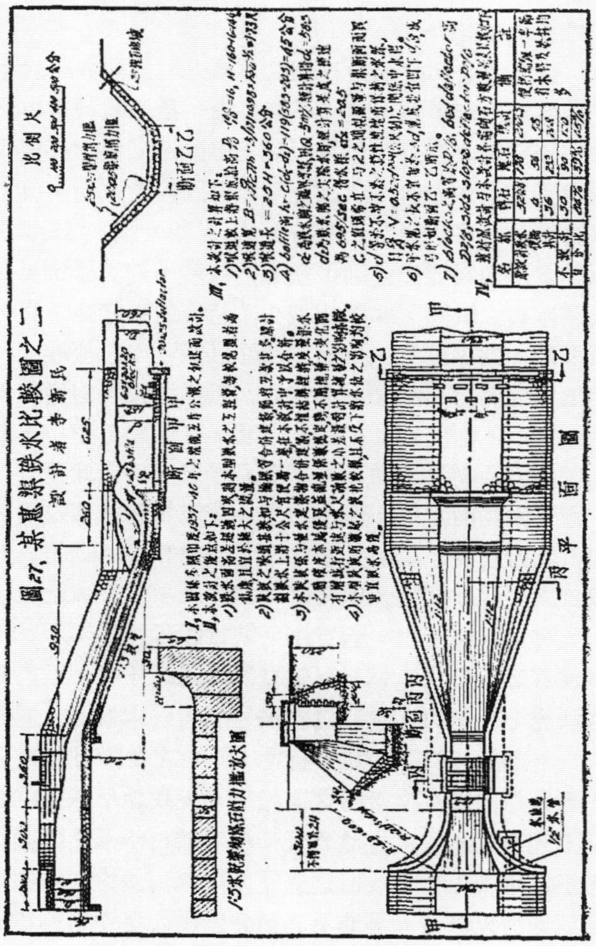
平面圖
断面甲甲
断面乙乙
断面丙丙

(甲)跌水口設計：

前已言之，跌水口可就其形式分爲三類。三者中，縮狹之矩形缺口無優點可言，不擬再論。抬堰式跌水口之設計，首在擬定堰之長度，通常恆以上游渠道之平均寬度作堰長。堰頂所承之水頭卽可依據此項堰長及渠中之最高流量計算之。計算公式可用簡單之溢流公式(見第十章)。渠水深與此項水頭之差卽爲堰頂應高出渠底之高度。計算舉例見圖26。此項跌水口之缺點，爲渠流減少時抬堰造成壅高，以致泥沙易於沉澱。爲謀補救，可酌備小冲淤涵洞，以便冲刷。再，固定堰頂之高度可酌減，而代以活動橫插板，以便隨意調節堰頂之高度。如此則具節制閘之功，惟管理工作稍繁耳。

如採用梯形之缺口，則計算較繁。設計此項缺口之宗旨，在自動調節水位，俾渠內任一種流量在跌水口所具之水頭均與渠內該項流量所具之水深，適屬相等。欲達成此目的，缺口之兩側本應由弧線組成。但因此項弧綫與直綫頗爲接近，故可用直綫代之，而實際之缺口卽可採用梯形。純從調節水位言之，採用一個梯形缺口卽可達成任務，惟爲分散並消減跌流之衝擊力，宜視實際情形酌將跌水口劃分爲數個梯形缺口。此則純恃經驗定則行之。缺口之個數宜約與以水深之1.5倍除渠底寬度所得之商相等。大致梯形缺口之水面寬度以不超過渠水深度之值爲宜。梯形缺口所承之水頭應適與渠內正常水深相等，缺口之底寬及兩側傾斜之坡度卽須依據此項原則加以計算。計算中必須分別代入渠中兩種不同之流量及相關之水深，以便求解，並能適應渠中流量之變化。此項計算可用之公式甚夥，而以哥瑞悌（Garrett）之公式最爲簡單，惟計算時僅採用一種流量，又必須查用其依據試驗而編製之數值表，殊難符合渠中之實際流量變化與渠水深度之關係。美墾務局柏給（Burcky）所擬之標準算式，考慮週詳，惟算式繁複，必須查用若干圖表，亦屬不便。愛其佛銳（Etcheverry）曾依據缺口溢流之試驗，演得一經驗公式，其流量係數可否被廣泛採用，則屬可疑。因跌水口處之水深恆係臨界水深，編者主張依照第十一章之說明，自行推演公式，以便計算。式十一(3)爲：

$$\frac{Q^2}{g}=\frac{A_c^3}{T_c}\qquad \text{亦可寫作}\qquad \frac{V^2}{2g}=\frac{A_c}{2T_c^2}$$

故
$$\frac{Q^2}{g}=2A_c^2h_c=2A_c^2(E-d_c)$$
$$=2(E-d_c)\Big[(b_c+Zd_c)d_c\Big]^2\cdots\cdots\cdots\cdots\cdots(1)$$

其中，總水頭 $E=d_c+h_c=d_c+\frac{A_c}{2T_c}=d_c+\frac{(b_c+Zd_c)d_c}{2(b_c+2Zd_c)}$

水頭損失h_f可書爲d_c之涵數，其値視渠道與缺口間漸變槽之良否而異，就通常之備有簡單漸變槽者言，h_f之値甚微。因缺口兩側之傾斜坡度多屬陡峻，Z之値每微，Zd_c之値僅爲b_c之一小部份。可假定上式中之$\frac{(b_c+Zd_c)d_c}{2(b_c+2Zd_c)}=\frac{1}{2}d_c$代入上式得$d_c={}^2/_3E$。此與實際情形雖不盡相符，惟差誤之影響則可從略，蓋式（1）中之d_c有正數亦有負數，將$d_c={}^2/_3E$代入式（1）則最後之差誤恆微也。代入式（1）得：

$$\frac{Q^2}{g}=\frac{2E}{3}\Big[(b_c+\frac{2}{3}EZ)(\frac{2}{3}E)\Big]^2\cdots\cdots\cdots\cdots\cdots(2)$$

其中Q 爲渠中流量，E爲渠流在跌水口之水頭（卽渠水深與流速水頭之和）b_c 與Z卽所求之二未知數（各符號說明見第十一章）。可代入渠中之二種流量及其相關之水頭，以便求解。可運用渠中最高及最低之流量。最高之流量等於滿渠之流量，最低之流量係據最低之渠水深及渠道情形計算定之；最低之渠水深度可定爲三公寸。設Q_1與Q_2表示此二種流量，均以秒公方計之，E_1與E_2表示此二種流量相關之渠流在跌水口之水頭，均以公尺計之，代入式(2)，解聯立方程式卽得李氏公式如下：

$$缺口側墻之坡度\ Z=\frac{0.88(Q_1E_1^{-\frac{3}{2}}-Q_2E_2^{-\frac{3}{2}})}{E_1-E_2}\cdots\cdots(3)$$

$$缺口之底寬(公尺)\quad b_c=\frac{Q_1}{1.7E_1^{3/2}}-\frac{2}{3}E_1Z\cdots\cdots(4)$$

採用此公式之計算舉例，見第三節（甲）項所舉之控制缺口之設計與入口之設計。編者曾分別應用所推演之公式，哥瑞悌之公式，柏給之公式及愛去佛銳之公式計算數例，所得之値互不相同，應用所推演之公式求得之値介乎應用柏給與愛其佛銳二公式所求得二結果之間，與哥瑞悌公式求得之結果相差甚爲懸殊。故編者推荐其自行推演之公式。各公式間相互之差異導源於所用係數之不同，不能精確定之，故計算所得者均係近似値。按臨界流乃極不穩定之水流，水位稍有波動致與計算値不盡相合，乃不可避免者。譬如渠流如不以其塞公式計算而以曼甯公式計算之，所得之結果極小有差異，據以計算跌水口之b_c 與Z之之値，則此項小差異所生之影響將大爲顯著。故吾人應以近似值爲滿足，不必深究也。再，跌水口之爲下游渠水淹沒者，跌流情形或將稍受影響。下游水位高出渠底之水深如較臨界水深爲鉅，則不可能發生臨界水流，情勢大異。惟實際此種情幾無可能，可以不論。至跌水口之稍爲下游水淹沒者，以其影響每微，可以從略。

跌水口出水處，宜設備半圓形之石層，以分散水力。參閱圖25。

跌水口之上游如無適當之漸變槽，應設翼墻，並宜與流向成30°～45°，以順流勢。上游之渠床渠岸並應酌予砌護，其長度可用渠水深度之三倍，以防冲刷。

（乙）水墊池設計：

跌流跌落之處恆須承以水墊池，以消殺跌流之衝擊力。此項設計係依據經驗公式行之。水墊池之長度宜使跌流可落於池之中央，卜來輔(Bligh) 所推荐之公式爲：

$$L=3\sqrt{DF} \quad \cdots\cdots(5)$$

其中L爲墊水池之長，D爲上游渠水深，F爲跌落之垂直距離。水墊池之深度可用：

$$P=\frac{1}{2}\sqrt{DF}=\frac{1}{6}L \quad \cdots\cdots(6)$$

池底寬度可與渠底同。爲抵抗跌流之衝擊力與冲刷力，池底宜墊以松板。渠道與水墊池相接之一段渠床與渠岸亦宜酌加砌護，其長度視渠水深度及渠道土質而定。通常可與靜水池之長度相同。參閱圖25。

（三）陡坡：

陡坡乃一砌面之急水槽，因可用以代替一個或一組之跌水，亦可稱之爲傾斜式之跌水。前已言之，陡坡之結構可劃分爲五部，至小亦須分爲三部，卽入口，出口與急水槽。使水流在入口內加速，在出口內減速，在急水槽內則爲等速急流，俾甚長之急水槽可有劃一之横斷面。

入口建築之功用，在控制水流，增大流速，入口所增大之流速應適與急水槽內正常水流之流速相等，俾急水槽內爲等速流。入口通常可分二部。其一爲控制缺口，與前節所述跌水口相同，設計亦同。另一部爲變速槽，旨在將臨界流速增高至與急水槽內之正常流速適屬相等時爲止。

出口建築之功用，在消殺水流之動能，多須利用水躍，已在第十四章加以闡述。所須注意者，梯形槽內，水躍發生後之水面，高於水躍發生前之水面，此項高出之水流，在傾斜之邊坡上猝然放寬，以無他力與之平衡，勢必形成直軸之渦流，而猛烈冲刷梯形槽之邊坡，故應妥爲砌護。

舊式之陡坡僅有斷面劃一之急水槽，其縱坡多坦至2°～3°，其入口與出口之設計亦屬簡陋，幾與土渠之有砌面者無異。參閱圖3。新式之陡坡，除入口與出口之設計完美外，縱坡多甚陡峻，多取形於抛物線(Trajectory)並作放射式，玆稱之曰擴散槽。純從理論言之，擴散槽之縱斷面應爲抛物線。爲便於施工起見，自以採用直線爲宜。印度曾作若干模型試驗，得初步之結論謂：如採用直一横三之縱坡及擴散角度約爲6°之側牆，則工程旣屬經濟易做，擴散水流之成效亦佳。爰參照印度1937～40之灌漑工作公報之敍述，設計坡陡，請閱圖27。究宜採用縱坡較坦之急水槽，抑宜採用陡峻之擴散槽，抑宜兼用急水槽與擴散槽，須配合地形，以挖填方及建築物等工程費之最低者爲斷。編者留美時，工作於墾務局(Bureau of Reclamation)，曾依照該局之規定，設計一陡坡，可代表該局之標準。爰將設計圖及計算擇錄如下。有須聲明者，原計算較繁複，且須套用該局特製之圖表等十餘幅，殊不便，下列計算多依編者自擬之簡式行之，計算結果尚屬接近。(計算均爲英制)。

安哥拉渠(Angostura Canal) Sta. 116⁰+00——1161+60陡坡設計所供給之資料：上游渠道橫斷面見圖28，渠道縱坡 S=0.00042，糙率係數 n=0.0225，滿渠流量 Q=112c.f.s.地形及上下游渠低高程均見圖28。

(甲)水工設計：

(1)控制缺口之設計——用梯形缺口

滿渠流量 $Q_I=112$ c.f.s.； 渠水深 $d_I=3.6'$； 流速 $V=2.33$ft/s

$$E_I=d_I+h_V=3.6+\frac{2.33^2}{2g}=3.68'$$

假定渠內輸水之最低水深 $d_2=1.0'$，按渠道情形用曼寧公式求得 $V_2=1.8$ft/s

$$E_2=1+\frac{1.18^2}{2g}=1.022；\quad Q_2=11.2\text{c.f.s.}$$

代入式(3)與(4)(此二公式原爲公制，須化單位)，得

$Z=0.91$

$b_c=2.88'$ 實用2'－11"合2.92'

(2)入口之設計：

入口之長度視其所啣接之二斷面之差異而定。二斷面面積之差異愈大者，入口之長度卽須愈鉅，二斷面邊坡之差異愈大者，入口之長度亦須愈鉅。茲參照渠道斷面與控制缺口之斷面情形，擬定渠道至控制缺口之入口長10呎，缺口至矩形急水槽間之漸變槽長度亦爲10呎。

入口之首開始砌面，糙率係數$n=0.014$，則渠流之摩擦坡降當與渠道之縱坡不同，可自 $\sqrt{S_1}:\sqrt{S_2}=n_1:n_2$ 之關係中求得 $S_2=0.00042\times\overline{0.014}^2\div\overline{0.0225}^2=0.000158$ 當$Q=112$c f.s.時，控制缺口之臨界水深可自式十一(7)求得，$d_c=2.75'$，流速$V_c=7.80$ ft/s，$h_v=0.945$，相應之摩擦坡降可用曼寧公式求得，$S_3=0.00336$

入口內摩擦坡降之平均值 $S=\frac{0.00336+0.000158}{2}$

$=0.00176$

10呎內摩擦所致之水頭損失$=0.00176'$

假定收縮損失$=0.1\Delta h_v$，

$0.1\Delta h_v=0.1(0.945-0.084)=0.0861'$

以上各項損失之和 $=0.176+0.0867=0.104'$ 實用$0.11'$

控制缺口之底高$=3048.77-0.11=$Elev. 3048.66

(3)急水槽之設計：

(A)急水槽之位置係採用紙上定線法擬定之，以配合地形為主。茲擬定其縱坡為0.04。急水槽內宜為等速流，以便利設計及施工。流量與流速不甚鉅者，可用梯形斷面。茲選用矩形斷面。定底寬為5呎，用曼寧公式計算得d=1.24'，V=18.4'/s，h_v=5.27'。流速超過15'/s時，急水槽之側牆之牆頂超出水面之超高不得少於1.5呎。玆用1.5呎。

(B) 控制缺口與急水槽間水流之摩擦坡降之平均值=½(0.00336+0.04)=0.0217

漸變槽長10呎，水頭損失=10×0.0217=0.22'

在控制缺口，E=d_c+h_c=3.68'，在急水槽之首端，E=1.21+5.27=6.48'，故

急水槽之槽底高=3048.66−0.22−(6.48−3.68)=Elev. 3045.64

自紙上定線中，擬定急水槽長67呎，其中為等速流，摩擦損失=67×0.04=2.68'

急水槽尾之槽底高=3045.64−2.68=3042.96

假定急水槽之糙率係數並非n=0.014而係n=0.008，則槽內水深d=0.998'，流速V=22.5'/s，hv=7.85'，

(4)擴散槽之設計：

(A) 設計擴散槽之前，首須擬定平水池池底之高程，此項高程視激成水躍所需之水深與下游渠內之水位而定。

下游渠底高程	El.3033.69
下游渠水深	3.6
渠水流速水頭	0.084
勢能線之高程	El. 3037.37

自急水槽之尾端至下游渠道之首，勢能之損失（包括摩擦與水躍所致之水頭損失)等於

(El.3042.96+0.998+7.85)−El.3037.37=14.43呎

假定此全係水躍所致之損失，並假定平水池寬10呎，即單位流量q=11.2c.f.s.。因式十一(3)可書爲

$$h_l=d_1+\frac{q^2}{2gd_1{}^2}-d_2-\frac{q^2}{2gd_2{}^2}\quad(\text{平水池内}\ Z_1-Z_2=0)$$

同時式十四(1)可書爲：

$$d_2=-\frac{d_1}{2}+\sqrt{\frac{2q^2}{d_1g}+\frac{d_1{}^2}{4}}$$

以$h_l=14.43$，$q=11.2$代入上列二式，解聯立方程得$d_1=0.321'$，$d_2=4.76'$（此項聯立方程式宜用試算法解之）。$V_1=34.9^{ft}/s$，$h_{v1}=18.9'$，$V_2=2.35^{ft}/s$，$h_{v2}=0.0857'$

故平水池底之高程=El.3037.37−(4.76+0.0857)=El.3032.52實用El.3032.30

(B)擴散槽之縱斷面應採拋物線形，其公式爲：

$$y=x\tan\theta+\frac{Kx^2}{4h_v\mathrm{Cos}^2\theta}$$

其中，x與y爲拋物線之縱橫坐標値，$\tan\theta$=急水槽之縱坡，$\tan\theta=0.04$，h_v=急水槽内之流速水頭，K爲係數，表示地心吸力僅有一部份用於增加水流之縱向流速，另一部(1−K)則用於横向之擴散。

將上式微分之，$\frac{dy}{dx}=S=\tan\theta+\frac{Kx}{2h_v\cos^2\theta}$

假定K=0.2，S=0.5，分別代上兩式，得x=36.1呎

，y=9.73呎，實際急水槽尾端之槽底與平水池池底間之高差爲y=10.44，擴散槽之長度用x=36.0呎，以此項值代入上式求得S=0.549，K=0.221

擴散槽之長度旣定，可酌估水流之摩擦損失，從而計算得平水池內水躍前之水深 $d_I=0.332'$，$V_I=33.7'/s$，$h_V=17.6'$，水躍後之水深 $d_2=4.71'$ 與前此所求得之值尙屬近似。平水池之底高可不必變動。

(C)欲擬定擴散之角度，首須估計擴散之流速，擴散槽內水流之流速可用公式算之，此項速流之値在擴散槽之始點等於零，在擴散槽之終點最鉅。

$$\frac{V^2}{2g}=\frac{V_1d_1^2(1-K)}{4V_2d_2}-\frac{d_2(1-K)}{4}$$

其中 V_I，V_2，d_I，d_2，表示擴散槽始點與終點之流速與水深，K 之値前已計算得之。故可求得 $v=4.57'/s$。擴散之寬度 $b=vt=\frac{2Lv}{V_1+V_2}=5.84$ 呎。查急水槽之寬度爲5.0呎，在擴散槽終點之槽寬可達5.0+5.84=10.84呎，實用10呎，卽適與平水池之寬度相同，水流當可充滿擴散槽。

(5)平水池設計：

平水池之底高與寬度前巳求得，玆僅須計算其長度。普通水躍之長度約爲 $5d_2$，平水池可與此項長度相同，卽 5×4.71=21.9呎，實用22呎。平水池牆之頂高出水面之超高用2.2呎，卽牆高=3037.29−3032.30+2.2=7.19呎。

(6)漸變槽設計：

出口之漸變槽須作妥善之設計，其依據與原則巳於第十一章中述之。茲可作爲前述之一題例。首須計算漸變槽之長度，代入式十一(5)，L=22呎，實用25呎，爲減少工程數量，可利用平水池之尾端一部份兼作漸變槽之一部。茲利用10呎。因渠道斷面較平水池之斷面面積爲小，漸變槽內之流速宜逐漸增加。因槽內水流緩慢，此項計算應向上游推算，即自漸變槽與渠道相交之處起始計算也。茲將槽身分爲四段，即共有五斷面。經過試算並將槽底槽岸水面線等均調整爲平滑之曲線後，得其結果見下表及圖28。

斷　　面	1	2	3	4	5
間距，呎	5	5	5	10	
流速 V，呎/秒	2.33	2.30	2.25	2.25	2.25
流速水頭 h_v，呎	0.084	0.082	0.078	0.078	0.078
水頭損失 h_l，呎	略	略	略	略	0.01
水面高 El.	3037.29	3037.29	3037.29	3037.29	3037.30
勢能線高程 El.	3037.37	3037.37	3037.37	3037.37	3037.37
面積 A，平方呎	48.29	48.70	49.90	49.90	49.90
底寬 b，呎	8.0	8.67	9.33	10	10
水深 d，呎	3.6	3.8	4.5	4.75	4.99
底高 El.	3033.69	3033.49	3032.79	3032.54	3032.30
平均寬度 b+zd	13.4	12.81	11.10	10.55	10
邊坡 z	1½：1	1.09：1	0.393：1	0.113：1	垂直
池牆項高 El.	3038.42	3038.77	3039.13	3039.49	3039.49
牆身高度，呎	4.73	5.28	6.34	7.19	7.19

(乙)結構設計：

結構設計部份，除平水池之池牆，急水槽之立牆及漸變槽之一部份扭面牆係按懸臂樑設計外，池底與槽底部份宜按U形槽計算其力率。如底基係鬆散之沙土，則池底所生之力率將與懸臂樑所生之最大力率同値。惟底基之係普通堅實之土質且水池之深度與寬度非極鉅大者，池底所負荷之力率之値甚微。通常池底與槽底之設計僅在酌定其厚度，所用之鋼筋可與依懸臂樑設計之側牆所用者同。池底或槽底之厚度多以經驗定則定之，其値可與側牆之底寬相同或稍厚一一二吋。茲將池牆之計算酌述如下，其餘計算不贅。

牆高h＝7.19呎，頂寬用6吋，池內水深4.99′，池外填土之頂高出牆頂之高差約爲d＝5呎，土壓力可以下式估算之，

$$P_I=\left(1+\frac{1.5d}{h}\right)\left(\frac{1}{2}wKh^2\right)\qquad(\text{適用於}d<h)$$

普通土壤可假定wK＝30#/ft³，代入上式

$$P_I=\left(1+\frac{1.5\times5}{7.19}\right)\left(\frac{30}{2}\right)\left(7.19\right)^2=1{,}580^{\#}$$

池內水壓力 $P=\frac{1}{2}wh_I^2=\frac{1}{2}\times62.4\times\overline{4.99}^2$

＝780# ＜1580# 其影響可不計入。

土壓力所生之力率可估計爲 $M=\frac{1}{3}P_Ih=3{,}780'^{\#}$

假定 $n=15$，$f_s=16{,}000^{\#}/_{\square''}$，$f_c'=2000^{\#}/_{\square''}$

$f_c=800^{\#}/_{\square''}$，$v=60^{\#}/_{\square''}$ 自任一混凝土方面之書籍中可查得 $K'=147$；$j=0.857$

爲適應力率，$d=\sqrt{\frac{M}{K'b}}=\sqrt{\frac{3780\times12}{147\times12}}=5.07''$ 實用 $7\frac{1}{2}''$

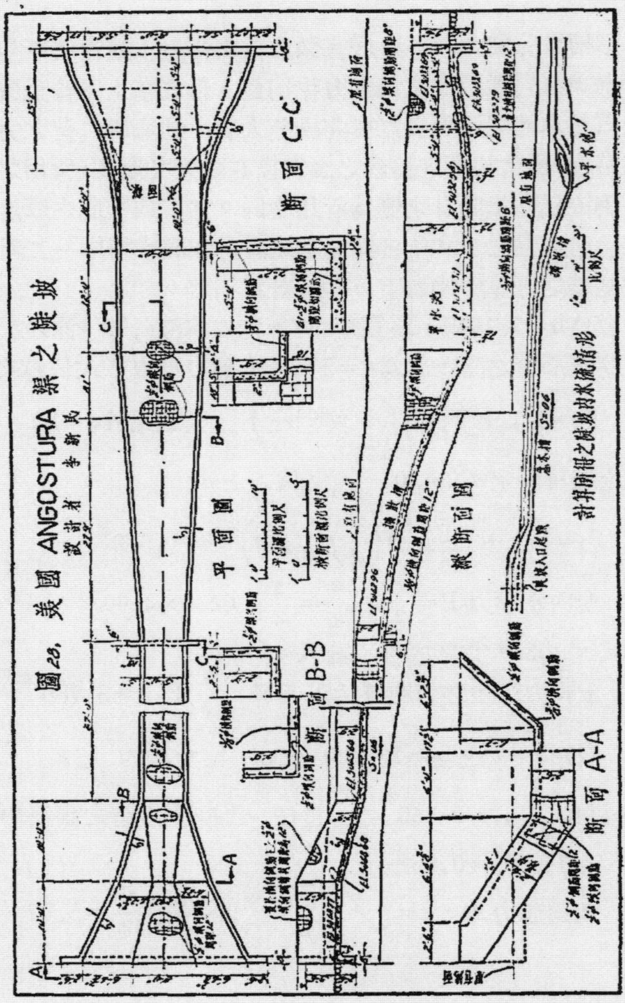

圖28, 美國 ANGOSTURA 渠之跌坡

爲適應剪力，$d=\frac{3P_1}{2Vjb}=\frac{3\times1580}{2\times60\times0.857\times12}=3.57''$較以上所求者爲小。

$A_S=\frac{M}{f_sjd}=\frac{3780\times2}{16000\times0.857\times5.5}=0.60$選用鋼筋$\frac{5}{8}''\phi$ @6″。

縱方向亦須設置鋼筋，以防混凝土之膨漲與收縮，視氣溫變化之限度與混凝土之伸縮係數而定。通常所配備之鋼筋面積可按混凝土斷面面積百分之一之3/8或計算之，惟不宜少於$\frac{1}{2}''\phi$@12″。鋼筋佈置詳情見圖28。

第二十四章　洩水工程

(一)概說：

洩水工程包括溢水建築物與洩水建築物兩種，乃用以防水患，保障渠系之安全者。溢水建築物又有溢水道與虹吸溢水道之分，均用以自動洩水，防止渠水面之高漲，超出正常水位，漫越渠堤而生災害。洩水建築物之主要者則有洩水閘，其功用有二：（一）渠道發生意外時，可將全部流量宣洩渠外，以保障下游渠道之安全；(二)可用以冲刷上游渠道之淤積。溢水建築物與洩水建築物不同之處，固前者之目的祇在宣洩過剩之水量而後者則需將全部流量排洩渠外。然事實上並非絕對如此者，溢水建築物如與其下游之節制閘聯合建築，則功同洩水建築物。自另一方面言之，洩水建築物亦可僅用以宣洩超額之流量。爲達成此目的，洩水閘之閘門，應採用活動之橫插板，或上溢式之閘門，以便調節溢水。

溢水建築物之位置，多安設於下列數處：

（甲）緊接進水閘之下游。河流水位時有波動，入渠水量因有增減，故設溢水建築物於進水閘之緊下游，以宣洩過剩入渠之水量。

（乙）高地融雪或在灌溉季節以雨量過多所造成之逕流，匯流入渠之處。

（丙）當灌溉系統之某一部水流有所變動，而其他部分不能作相當之調節時。例如因某種原因，田間需水量忽形減小，勢必關閉支渠分水閘門，以拒流水，而進水閘相距甚遠，其調節結果，非在一時期後不能見效，故宜在分水設備之下游，設置溢水建築物，以宣洩此等因調節不善而過剩之水量。

（丁）在渠線險要段落之緊上游，以防渠岸坍塌，壅塞渠身而致氾溢。

決定溢水建築物之位置時，並應考慮是否有天然河道可資利用，以減少廢水道之長度及費用。

（二）溢水道（Overflow Spillway）：

溢水道每以渠岸改築而成，其位置之選擇已詳于第一節中，其中尤以緊接進水閘之下游，最爲適用。溢水道可分溢水堰，靜水池，及廢水道三部。溢水堰乃最主要之部門，形爲滾水壩以宣洩超額之水量者，其頂高每與渠道之正常水位同高；靜水池位于溢水堰之下游，接受自渠中漫出之水流，藉以消殺動能而防止冲刷；廢水道則緊接於靜水池之下游一端，引導溢水入注天然水道。

溢水道之設計應包括洩水量之估計，溢水堰長度之決定，及靜水池之設計等三項。溢水道之洩水量視其所在位置或超額水之來源而有不同，普通可推求之如下：

(甲)估計正常河水位可能之昇高而決定與其相當經進水閘流入渠道之超額流量。

(乙)估計來自高於渠道集流面積上，在灌溉季節因融雪或降雨所產生可能流入渠道之逕流。

(丙)估計因上游分水閘關閉而產生之超額流量。

(丁)假定物體墮入渠道之壅塞程度而決定與其相當之水位昇高，如下游渠道可能完全爲所阻塞，則溢水道之洩水量應與整個渠道之流量相等，以便宣洩全部渠水。

溢水道之位置既係置於渠道之一側與水流方向平行，一般之堰流公式，規定堰身橫亙渠道與水流方向垂直者，不再適用，而應依照邊堰（Side Spillway）之公式計算之。恩格思（Engels）有公式如下：

$$Q=\frac{2}{3}\mu\sqrt{2g}\sqrt[3]{L^{2.5}h^5} \cdots\cdots\cdots\cdots (1)$$

其中L爲溢水堰長度，h爲堰項水頭，均以公尺計；μ爲流量係數，約等于0.85。

渠道經過溢水堰之水流情形，在堰之上游一端，水頭最大，過堰流量最多，愈至下游，水頭愈減，流量亦愈小；如溢水堰之長度設計合適，則至溢水堰下游之末端時，所有之超額水量均已經堰頂溢去，堰上水頭則正等于零。渠水流經溢水堰，因流量與水位之變化，使上游一段渠道之水流發生加速現象，水面降落呈一平滑之跌落曲線(Drop-down Curve)，溢水堰堰頂之水頭乃普遍降低。故設計溢水堰時，如不計及水面降落曲線之影響，所計得之堰頂長度，必不足以宣洩所擬排去之超額水量。爲減短溢水堰所需之長度，以省工費，同時顧及水面不可避免之降落起見，溢水堰之設計可根據下列兩項原則：(一)使溢水堰之洩水量等于估計所得之總水量(正常渠道流量＋超額水量)與下游渠道最大安全容量之差；(二)堰頂之水頭等于與下游渠道最大安全容量相當之水位高程與堰頂高程之差，並假設整個堰頂之水頭爲均勻一致者。如是利用下游渠道容許增加之安全容量，既可減少溢水堰之洩量，復可增加堰頂之有效水頭，兩者均足使溢水堰需要之長度減短也、例如渠道之正常渠水深爲1.57公尺，正常流量爲7秒公方，估計所得之超額水量爲5秒公方，下游渠道最大之安全水深爲1.67公尺，其相當之渠道容量爲8秒公方，則經溢水道所應宣洩之流量＝12－8＝4秒公方，堰頂之水頭＝1.67－1.57＝0.10公尺；代入式(1)：

$$4=\frac{2}{3}\times 0.85\times\sqrt{2g}\,L^{0.834}(0.1)^{1.666}$$

$\therefore L=174$公尺

溢水道之下游如設有節制閘者，則堰上可得之最大水頭當視渠道之超高而定，其洩量可僅爲超額水量，亦可爲渠道總水量之一部或全部。

溢水堰普通多依渠岸而築，故其兩側形狀卽與岸坡相當，中間則以簡單之圓弧聯絡之，使約與流水拋物線吻合，

圖29.甘肅洮惠渠溢水道
比例尺 1:100

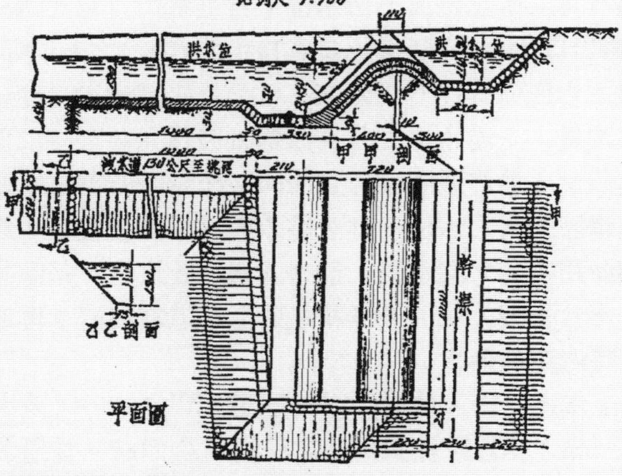

（可參考圖29，甘肅洮惠渠溢水道之設計圖）。在溢水道上游之渠道，以有超額水量之入注，其堤岸每須加高，以免漫溢，危及渠道之安全。其高度可等于因超額水量而增加之水深再加一至少不小于15公分之超高。

關於靜水池之設計，可滲閱跌水及陡坡各節，於此不贅。

(三)虹吸洩水道(Siphon Spillway)：

(甲)說明：

虹吸溢水道亦溢水建築物之一種，用以宣洩超額入渠水量，以保障渠系之安全者。其基本原理爲：當水位高漲至虹吸堰頂以上時，卽有一薄片之水漫過其上，射及出水股上唇附近之尾水中，因水舌深入尾水之內，故將虹吸管中之空氣漸逐吸出，卒成眞空，而全部爲水所充塞；於是因入口與虹吸喉道部份壓力之不均，水量乃繼續流出，直至水位再與虹吸頂齊平時，空氣進入，虹吸作用乃爲中斷。

虹吸溢水道之優點有二：(一)虹吸作用一經啓發後，其有效水頭乃爲上游水位與下游水位（當虹吸出口爲尾水淹沒時)或下游出口中心高度(當出口爲自由流水時)之差；不似普通溢水道之水頭僅爲堰頂之水深。(二)虹吸溢水道自開始流水至全部洩量，上游水位之昇高僅爲虹吸作用發動時堰頂之水深，其值恆小於普通溢水道宣洩同一流量時所需之水頭，故能迅速調節上游之水位。虹吸溢水道之設計較複雜，建築費工，然如用普通之溢水道，欲得同樣之效果時，每需甚長之溢道，兩者相較，或仍以採用虹吸溢水道爲經濟；再地形亦爲選擇時考慮條件之一。

虹吸溢水道係由入口(Inlet)，喉道(Throat)，及出口(Outlet)三部，聯以直線及灣曲之管道組合而成。普通多依照渠岸之形勢，由出水管引水至適當之地點而資宣洩；故虹吸溢水道之位置既經決定，則最大可資利用之水頭，虹吸頂(Crest)及虹吸罩(Crown)之最大弧度半徑等亦有一定之限制。虹吸溢水道卽爲根據此等流量，水頭及其他已知條件，作各項之細部設計，以求得一最經濟最有效之建築物。

虹吸溢水道以可資利用水頭之不同，可分爲高壓與低壓兩種：高壓虹吸溢水道普通乃指可資利用之水頭在一標準大氣壓或10.34公尺以上者。雖然，嚴格言之，此分界之水頭應爲一變數，爲虹吸管內之總水頭損失及實際准許之負壓水頭之和。此處所謂實際准許之負壓水頭，乃指一標準大氣壓經加所在地之拔海高度及氣化壓力等糾正後之值。例如某一地點，可資利用之水頭爲10公尺，整個管身之總水頭損失為兩公尺，准許之負壓水頭為7.5公尺，則此虹吸溢水道仍為一高壓者，蓋除各項水頭損失及准許之負壓水頭，足以產生水流外，，仍有0.5公尺水頭之餘剩也。玆謹就此兩者，分述如次：

(乙)低壓虹吸溢水道：

(1)水工設計：

設計低虹吸溢水道理論之根據有二：(一)當虹吸內部完全為水流所充滿時，其情形與水在管中流動無異，故依照白露里定理，虹吸出口處之流速水頭，入口損頭，虹吸管內之摩擦損頭及其他因彎曲、縮小、放大等特種水頭損失之總和應與可資利用之水頭相等。(二)為避免虹吸管中之水流因管內壓力太低，化成氣體，中斷注水並損毀喉道起見，故喉道部份之壓力不應再少於實際准許之負壓水頭，即7.5公尺。玆為便於說明起見，先將各部之設計要點，分述如下：(參閱圖30)

(A)入口：設計入口之要點，不外在使入口流速減緩，避免銳角，暢順流水，以減少水頭損失。根據經驗，如入口面積為喉道

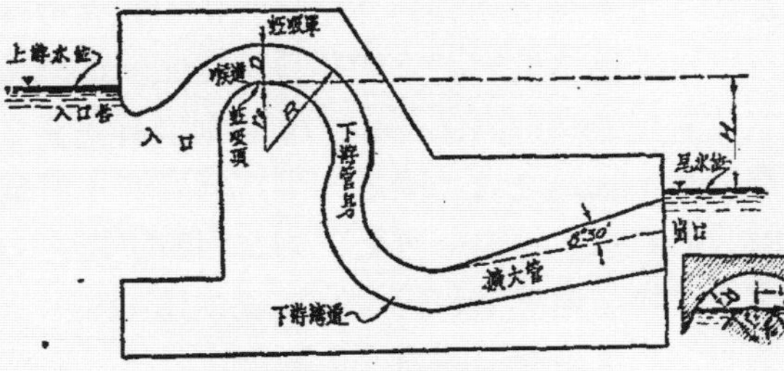

圖30. 虹吸名稱說明圖

圖31

面積之2～3倍，幷使入口順適，形如喇叭，則損頭可能減至最小。在進水唇方面，水面每易起漩渦，空氣得由漩渦中竄入，以致減低虹吸之效率及靈敏度。故爲減少入口處之亂流，免除震動，同時阻止浮體或冰塊之入阻管道起見，入口唇應淹沒於渠水面下至少三公寸。而另於渠水面之同高程處酌設氣道，俾渠水面稍有高漲，卽可閉氣，以促進吸虹作用之完成；當水面低落時，則入氣以中斷之。氣道面積視虹吸管之形狀，大小及性能而有不同。設計之道，迄無定規，統計已成之虹吸建築物，其氣道與喉道面積之比，相去甚遠，自1：4.3至1：288不等；初步設計可使氣道面積約爲喉道面積之百分之六。

(B) 喉道：喉道設計之妥善與否，關係於整個虹吸溢水道之性能及作用至鉅。設計之要點爲：(一)虹吸堰頂高度之決定；(二)虹吸頂弧度半徑之選擇；(三)喉道截面形狀及大小之決定。虹吸頂平常多與正常渠水面同高，俾渠水一有高漲，卽可溢流，促進虹吸作用之完成，使上游渠水面得能維持於一定安全之高程內。此虹吸作用完成時虹吸頂上之水深，可由渠道水位容許之變化量決定之。由模型試驗，知上游水位若超過喉道高之$^1/_4$～$^1/_5$，則設計完善之虹吸，必能完全發動；職是之故，喉道高可定爲容許水位變化量之三倍。虹吸頂之弧度半徑，可由下列二因素決定之：(一)虹吸溢水道所在地之地形；(二)根據試驗結果，知欲使經過喉道因灣曲而生之水頭損失爲最小，則弧度半徑R與喉道高D之比値約在2～3倍之間。喉道截面之形狀，以矩形爲最佳，蓋如是可使水流簡單化，減少因渦流及彎道而生之水頭損失。喉道截面寬與高之比，約爲2；雖然，有時爲增加虹吸溢水道之靈敏度起見，亦有增加此值者。

(C) 下游管道及出口：　虹吸下游管道之作用，在啓發及維持虹吸堰頂之負壓水頭，並供給一管道以導水至一定宣洩之處。下游管道多近垂直方向或稍傾向下游，總以使過虹吸頂之漫水能適落於對壁下游灣道之上層，成銳角交，以爲封閉；俾漫水所帶投入尾水中之氣泡，不致回竄，遲滯虹吸之發動時間。下游灣道之弧度半徑，當虹吸之水頭不過大時，以愈長愈佳，其與喉道高之比値，可用2.5～3。下游灣道之最低點應與虹吸出口之底部同高，或稍低，俾虹吸一經流水，此點卽淹沒於尾水面下，自然成一封水池(Sealing Basin)。如是虹吸內部卽與外界隔絕，空氣不得進入，使虹吸作用發動時之水頭及所需之時間均可減少。然淹沒水深亦不可過大，以能使水流所帶之空氣，得以暢洩爲度。虹吸下游管道之下端，每接一逐漸擴大之擴散管(Diverging Tube)，利用吸力作用(Draft Action)，以增加虹吸之洩量。擴散程度 Gibson 氏認爲用 8°30′爲最佳。出口末端之管高約爲喉道高之1.5～2倍。

自上述虹吸各部之關係，一面配合地形，虹吸溢水道之縱剖面圖卽可繪出。於是乃可根據白露里定理幾經試算以決定喉道入口及出口所需之面積。(關於各種水頭損失之計算，可閱參第十二章)。虹吸之流量則可以式十二(6)計算之，該式亦可書爲，

$$Q=\mu A_e\sqrt{2gH} \quad \cdots\cdots(2)$$

其中 Ae 爲虹吸管出口之面積，μ之值應視虹吸之形狀及長度而異，普通設計完善之短虹吸管約在0.7～0.8之間。然因設計之不善，亦有低于0.5者，初步設計時每可使等于0.65。

虹吸之尺度旣經決定，次一步驟卽應計算虹吸管中任何部份是否有水流中斷之可能。以喉道最爲嚴重，尤應注意。過去之計算法，均應用白露里定理，求出虹吸各部份之絕對壓力，繪製絕對壓力曲線，若虹吸管中任何部份均在此曲線下2公尺，卽可認爲安全，而無中空（Cavitation）現象之發生。然此所繪製之絕對壓力曲線，係根據平均流速計算而得，不能表示虹吸管內局部之壓力變化。例如在喉道部份，以受灣道之影響，其水流情形與在直管中迥不相同，並不對稱於截面之軸心線，而係在內部之流速爲最大，依次向外遞減，其情形與自由渦流（Free Vortex），則頗相似。故合理之計算法，應根據自由渦流之原理。今推演在喉道部份之平均流速公式如下：

如圖31，今虹吸頂之孤度半徑爲r_o，虹吸罩之弧度半徑爲R，則

$$rv=r_ov_o=RV=\text{常數}$$

$$v=\frac{r_o}{r}v_o$$

虹吸管一公尺長之流量$Q_I=\int_{r_o}^{R}vdr$

$$=\int_{r_o}^{R}\frac{r_o}{r}v_odr=r_ov_o\text{Log}_e\frac{R}{r_o}\cdots\cdots(3)$$

$$虹吸管之平均流速V_a=\frac{r_o v_o}{R-r_o}\text{Log}_e\frac{R}{r_o}\cdots\cdots(4)$$

式(3)及(4)中v_o之值，如以$v_o=\sqrt{2gH}$代入，H爲虹吸頂最大准許之負壓水頭；則由式(4)所得計之V_a之值，應爲虹吸喉道最大准許之平均流速，實際設計之平均流速不能較V_a之値爲大，不然卽表示在喉道部份之負壓水頭，已超過實際准許之限度而應重加設計矣。此時稍可改變R及r_o之值，以增大最大准許平均流速之值，或可增加管道之長度或摩擦力，以消減過剩之水頭，減低實際之平均流速。關于後者當於高壓虹吸溢水道一節中再申論之。

虹吸發動時間（自開始漫水至虹吸全部爲水流充塞所需之時間）之長短，及發動時堰頂之水頭，兩者與虹吸之性能，關係甚鉅。普通爲促進虹吸作用之及早完成起見，有用不同之附屬設備者。如于堰頂加用彎折鐵片，卽所謂啓發堰者（Priming Weir），以增長堰寬；或用補助小虹吸等，然皆利害兼備，無一合理想者。例如彎折鐵片雖有使發動時間減短之利，然一旦滿流，則反增加阻礙，減少虹吸之洩量。輔助小虹吸係于虹吸頂之上，設一夾層，當水位到達虹吸頂時，小虹吸已充滿流水而射水封閉虹吸之出水股，喉部之空氣旣漸被帶出，虹吸作用遂因而發動。然因設置夾層，於建築上旣屬困難，且費用昂貴，而小管亦有被阻塞之危險。根據模型試驗研究之結果，知對虹吸發動時間最有裨益者：(一)爲使漫水適落于對壁下游彎道之上唇，以爲封閉；(2)爲封水池之設置。此兩者已分詳於以上虹吸各部之設計要點考：(1)虹吸頂之半徑愈大，則每單位寬度之流量愈大，而所需之喉道面積乃可愈小；(二)弧度半徑減少，可使虹吸之發動性能增善。總之，喉道之弧度半徑當配合地形與水力條件兩者，妥爲選擇，R及r_o既經決定，則由式(5)，每個吸管之洩量Q卽可求得矣。

(2)出口：

高壓虹吸溢水道最大可利用以產生流水之水頭爲實際准許之負壓水頭與在管道內各種因入口、縮小、放大、灣曲、摩擦等水頭損失之總和。超過此數之剩餘水頭並不能用以增加虹吸之洩量，故爲使虹吸頂之負壓水頭不致超過實際之准許値起見，此項剩餘水頭，必須設法加以消滅。其法有二：(一)利用摩擦或灣道之阻力，使剩餘之能量化成熱能而消失；(二)縮小出口面積，增加出口處之流速，變壓力水頭爲動能。出口面積計算之原則，在使因出口面積縮小而增加之流速水頭適能與虹吸之剩餘水頭相平衡；換言之，卽出口之流速水頭與各種水頭損失之總和正與可資利用之水頭相等也。如h_v爲喉道之流速水頭，虹吸之各種水頭損失均以h_v乘一係數表示之，又設$K_I h_v$爲因入口，摩擦，灣道等而生之總水頭損失，$K_e h_v$爲出口之流速水頭，則：

可資利用之水頭$H=K_I h_v+K_e h_v=h_v(K_I+Ke)$

但 $K_e=\left(\frac{A_t}{A_e}\right)^2$；其中$A_t$＝喉道面積，Ae＝縮小後之出口面積，故

中，當不再贅。

（2）結構設計：

虹吸管道所受之荷重計有：(一)管外之填土重；(二)管內負壓水頭所產生之內向壓力。此兩種荷重作用之方向相同，故設計時之總荷重當爲此兩者之和。虹吸管於喉道部份所產生之負壓水頭爲最大，設計時應特加注意。虹吸管道之斷面多呈箱形，已如上述，關于其結構分析之方法，擬于涵洞一節中再詳述之。茲不贅述。

(丙)高壓虹吸溢水道之設計：

高壓虹吸溢水道之入口，大體與低壓者相同。其不同之處則在喉道與出口兩部，茲特再加論述：

（1）喉道：前已述及，經過喉道之水流，其流速分佈情形，與自由渦流頗爲相似。再虹吸之喉道部份爲避免壓力過低，流水化爲氣體，中斷注水起見，其負壓力強度恆有一定之限制，不能超過實際准許之值。高壓虹吸溢水道卽根據以上兩原則，以決定虹吸喉需要之斷面積。假設虹吸頂之負壓水頭已至實際准許之最大值 H，則其相等之流速$V_o=\sqrt{2gH}$。自式(3)，已知虹吸喉每長一公尺之流量 $Q=r_o v_o \mathrm{Log_e}\frac{R}{r_o}$，而虹吸喉之斷面以矩形爲最佳，喉寬等于喉高之二倍，故每一虹吸管之流量：

$$Q=2(R-r_o)Q_I=2r_o v_o(R-r_o)\mathrm{Log_e}\frac{R}{r_o}\cdots\cdots(5)$$

以此流量除所擬宣洩之總水量，卽得共需虹吸之數目。

R與r_o之値平常多受地形之限制，不能專以水工之要求爲考慮條件；如此種限制不存在時，則下列兩點，可供參考：（1）虹吸頂之半徑愈大，則每單位寬度之流量愈大，而所需之喉道面積乃可愈小；（二）弧度半徑減少，可使虹吸之發動性能增善。總之，喉道之弧度半徑當配合地形與水力條件兩者，妥爲選擇，R及r_o既經決定，則由式（5），每個吸管之洩量Q即可求得矣。

（2）出口：

高壓虹吸溢水道最大可利用以產生流水之水頭爲實際准許之負壓水頭與在管道內各種因入口、縮小、放大、灣曲、摩擦等水頭損失之總和。超過此數之剩餘水頭並不能用以增加虹吸之洩量，故爲使虹吸頂之負壓水頭不致超過實際之准許値起見，此項剩餘水頭，必須設法加以消滅。其法有二：（一）利用摩擦或灣道之阻力，使剩餘之能量化成熱能而消失；（二）縮小出口面積，增加出口處之流速，變壓力水頭爲動能。出口面積計算之原則，在使因出口面積縮小而增加之流速水頭適能與虹吸之剩餘水頭相平衡；換言之，卽出口之流速水頭與各種水頭損失之總和正與可資利用之水頭相等也。如h_v爲喉道之流速水頭，虹吸之各種水頭損失均以h_v乘一係數表示之，又設$K_I h_v$爲因入口，摩擦，灣道等而生之總水頭損失，$K_e h_v$爲出口之流速水頭，則：

可資利用之水頭$H = K_I h_v + K_e h_v = h_v(K_I + Ke)$

但 $K_e = \left(\frac{A_t}{A_e}\right)^2$；其中$A_t$＝喉道面積，Ae＝縮小後之出口面積，故

$$H=\left[K_I+\left(\frac{A_t}{A_e}\right)^2\right]h_v$$

$$A_e=A_t\sqrt{\frac{h_v}{(H-K_I h_v)}} \quad \cdots\cdots\cdots\cdots\cdots\cdots (9')$$

根據上述兩節，喉道與出口之尺度，均可計算而得；此時虹吸頂之最大負壓水頭適等于實際之准許值，而全部可資利用之水頭亦正爲宣洩此流量時，所有水頭損失及出口流速水頭之總和；兩大條件均得符合矣！

（四）洩水閘（Escape）：一

（甲）說明：一

洩水閘之功用，一在保障渠系之安全，一在冲刷沉積于渠道中之泥沙。洩水閘在用作第一目的時，其位置每設于下列諸處：

（1）進水閘前，河流水位時有變動，如閘門操縱失宜，洪水期不免引入過多之水量，故宜在進水閘下游若干距離處，設置洩水閘，以資宣洩。

（2）如渠道設在峻峭之山坡上，或經過柔輭之土山，則萬一潰決，決口愈冲愈大，使事後不易修復，故宜在危險段之上游擇地建築洩水閘，以策安全。

（3）如渠道係由填築而成或需穿過惡劣土壤之內，則須在其上游，設置洩水閘。

（4）在重要之渡槽或倒虹吸管之上游，宜設置洩水閘，俾當此種建築物損壞或發生漏水等情事時，可以斷流，以便修理。

（5）在大量山水或地面逕流注入渠道處之下游。

（6）在幹渠分爲支渠處之上游短距離內。

洩水閘之兼作排沙用時，所謂冲刷洩水閘，則其位置每設於進水閘之下游若干距離處，此段之渠身應稍放大，使流速減緩，帶入渠道之泥沙，得以沉澱於斯。當洩水閘開啓時，則水面降落，流速增大，足以冲刷沉積渠道中之泥沙。

洩水閘可分二部份：一爲設在渠岸中之閘，其構造與分水閘相似，垂直渠道；一爲承接洩出水量之廢水道，下端通入天然水道中。如天然水道與洩水閘相距甚近，兩者之水位又相差甚鉅，則廢水道可以免設，放出之水，遂成懸瀑之狀。

（乙）水工設計：

洩水閘之洩量多使等于渠道之滿渠水量與超額水量之和，然亦有僅爲超額之入渠水量者。洩水閘之水工設計，視下游渠道節制閘之有無，可別爲下列兩種情形：（一）洩水閘如與節制閘聯合建築，則上游可維持與原有之正常渠水位相等，渠水經由洩水閘全部排走。如是上游水面可無加速跌落現象之發生，冲刷作用得完全限制於閘前之一段。此種洩水閘之設計甚爲簡單，上游卽爲渠道之正常水位，下游則爲廢水道之尾水位，可用孔流公式，計算所需之閘孔面積。（二）在下游無節制閘之設置時，則閘前之一段渠底及閘門檻均應降低，俾全部渠水得經由洩水閘洩走，不致繼續流入下游渠道。所應降落之程度可自洩水量，廢水道尾水位及供給之閘孔面積試算之。總以適能宣洩所擬排走之水量而使上游水位不超出原來之渠底高程爲度。原來渠道中之水面，此時呈一降落曲綫，加速下跌，水面曲線之上游一端則與原來（洩水閘關閉時）之水面線相切。水面降落曲綫之形狀與所及範圍可用變流速（Non-uniform Flow）公式，自最下游一點起分段向上游試算，直至與原來之水面線相接時爲止。在此段落內，水速增大，或使穩性渠之性質破壞；爲防止冲刷起見，渠底及渠坡均宜加鋪砌面，以資保護。

降低之渠底其兩端係以斜坡與原來之渠底相接，上游一端宜平緩，俾當洩水閘閘門開啓，水速驟增時，渠底之變化不致太劇，以減亂流而免冲刷。下游一端之斜坡則不妨較陡，甚至直立者亦無不可。洩水閘如兼作排沙閘用時，則降低之渠底卽可作爲沉沙之用，僅需將上游一端渠道略予放大卽可

圖33. 陝西涇惠渠洩水閘

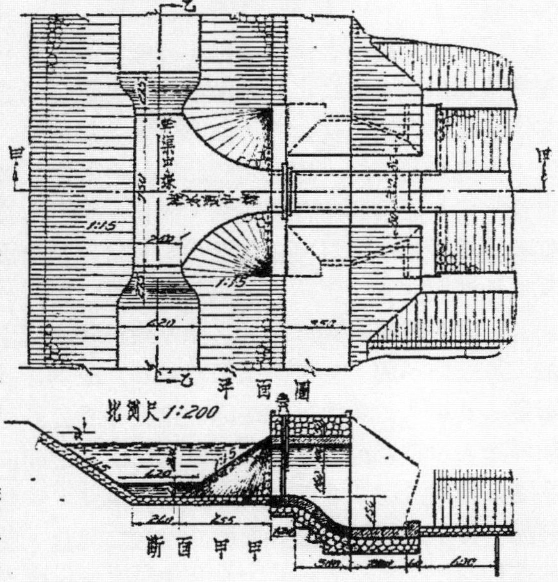

，其長度之計算可參閱第二十三章沉沙槽之設計。

（丙）結構設計：

洩水閘亦由閘牆，閘墩、閘台及閘底等數部份組合而成，其設計方法，均已詳于進水閘一章中，故從略。

（丁）設計實例：

陝西省涇惠渠洩水閘，見圖33。

第二十五章 輸水工程

（一）概說：

灌溉系統中之輸水設備，自以渠道爲主，惟當渠線經越峻險之山巖，深嶄之谷澗，或地質特別疏鬆之地區，或與其他水道或道路相交之處，如非失之費用浩繁，卽屬危險可慮，或竟爲不可能，故必須藉助於其他輸水建築物之設施，以資跨渡。通常習用者有隧洞、渡槽、壓力水管、涵洞及倒虹吸管等數種；究以採用何種爲宜，當視實際之地形需要及其他因素而定。

爲求建築之經濟起見，輸水建築物之輸水面積每與渠道之原斷面不同，甚至較原面積縮小，故對於渠中水流不無影響；其出入口與渠道聯接處，尤宜妥爲設計，配置適當之漸變槽，以期避免因亂流或高流速所引起之冲刷現象。再輸水建築物對於泥沙之處理，亦應妥爲顧及，蓋建築物中如有沉澱，每不易淸除，致影響所能輸送之流量，甚或引起災害。通常均使是段縱坡較陡，俾其中流速較渠中之正常流速爲大，泥沙不致沉澱；並宜在入口之上游酌設沉沙池，以截留泥沙，免其入內壅塞。

(二)隧洞：

(甲)說明：

灌溉工程中利用隧洞以輸水者，不外有下列四種情形：

(1)渠首之地址位於山谷之中，兩岸峻峭如壁，無法設置進水閘，則惟有穿鑿隧道以引水。

(2)攔河壩並不甚高，但河岸則甚峻峭，高出渠底甚巨，如無別種辦法時，則應穿鑿隧洞。

(3)在山巒起伏之區域內建築渠道，其路線每爲山嶺所阻，如繞道迂迴或開挖深槽等辦法均不可能時，則應穿鑿隧道以通過之。繞道每需增長渠線，且因須沿山坡而築，工費鉅而養護難；開挖明渠如挖方太深，亦有同樣之弊病。

(4)如灌溉系統所需水量甚鉅，非一個水源所能供給，而須挹取另一流域之水源時，則宜穿鑿隧洞以貫通之。

(乙)隧洞斷面之尺度與形式：

爲求施工之經濟及便利起見，隧洞之斷面每有一最小之限制。人工挖鑿者，其高度至少在1.8公尺以上；機器開挖者，最小斷面約爲2.5×2.5平方公尺。斷面之大於此者，則以所擬宣洩之流量及可利用之水頭以流水公式計算之。隧洞之坡度須較渠道爲大，用以增加洞內流速，而避免泥沙之沉澱；然同時應考慮下列二點：(一)隧洞之坡度愈大，水頭損失愈多，是否將減少渠道所能灌溉之面積。(二)隧洞之最大流速應以隧洞之地質及襯工所能忍受者爲度。普通最大流速可達每秒三公尺，若水質甚清而無泥沙者，則可採用更大之流速。明渠流水式之圓形隧洞，在水深爲直徑之0.93倍時，洩量最大，故理論上設計圓形隧洞時應置水面於該處，最爲經濟。然隧洞之水面上每宜留有二三公寸之淨空，以通空氣，藉免因波浪或其他之阻礙，以致水面觸及洞頂，增大摩擦，減少洩量。故如水面空隙不夠，圓形隧洞每可使水深爲直徑之0.8倍，標準馬蹄形隧洞（見圖34）爲0.83倍，蓋在此等水深下之洩量與隧洞滿流時正相同也。

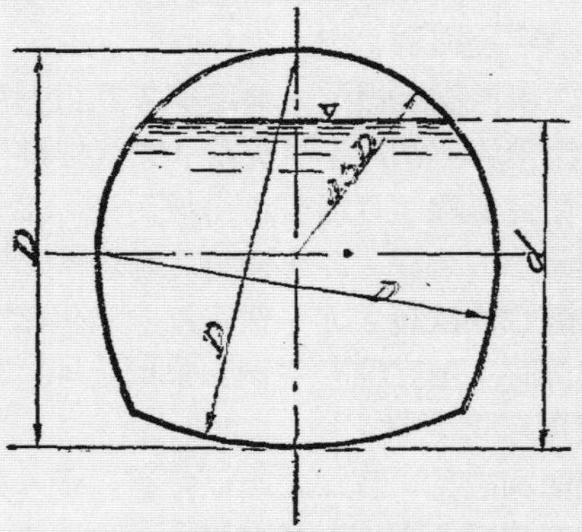

圖34，標準馬蹄形隧洞

隧洞形式之運用，當視隧洞所穿經之地質，襯工支撐之方法，運料及穿鑿之方法，流水之性質等因素而定。普通所用者有矩形，上冠以平頂或拱形之頂，馬蹄形及圓形等數種。圓形隧洞之流水性質最優，但較矩形或馬蹄形者爲難鑿；馬蹄形之流水性質較矩形爲優，但穿鑿則較難；故就穿鑿與修整之工事而言，以矩形爲最便，對於自身可以支持之地質，無滑卸之危險者最稱適用。然在不穩固之地質中，兩側及頂上受有壓力者，則隧道形式宜有拱形之頂，並有斜立或拱形之側壁，以增加地質自身之支持及襯工之抵抗強度。如地質十分柔軟，底部亦應設置襯工時，則以採用圓形截面最爲妥善；爲便於施工計，馬蹄形亦屬可取。

(丙)襯工(Lining)：

襯工之功用，除用以支持隧洞之外壓力以期堅固外，且可供給光滑之面，減少摩擦，改進流水性質，避免水量之滲漏。襯工厚度視所承受荷重之大小而有不同。圓形隧洞之結構分析較屬簡單，與壓力水管相似。馬蹄形或其他複雜形式之隧洞斷面則以採用“柱相似法”(Mothod of Column Analogy)分析之最爲便捷。然隧洞襯工所受之荷重以所穿經地質情形之不同，其數量每可相去甚鉅，不易得精確之結果；普通多根據經驗作下列之規定：(一)在堅硬穩固之地層中，襯工之作用僅用以填塞空穴，供給一平滑之表面，若頂部無加以支持之必要，則襯工可僅施於底部及兩側潤周之內；此種襯工之平均厚度約自10～15公分，隨穿鑿時之精確與否而定。(二)隧洞穿鑿於能自支持之地層中，或雖設支撐但於加施襯工時可以暫時除去者，襯工厚度約自15～20公分。(三)隧洞穿鑿於不穩固之土石中，其頂部或兩側均須用木料爲之支撐，無法暫時除去；此襯工即加施於襯版之外，而將支撐埋沒於混凝土內部，其厚度自20～30公分，亦有多至45公分者。

經過隧洞之水流如係受水壓力之作用時，則襯工之設計，必須顧及內部水壓力之影響。如水壓頭頗大，土質疏鬆，覆土又不太厚，混凝土之襯工每需加紮鋼筋，以承受因水壓而產生之拉應力。襯工外部如因滲水排水不善而產生相當之水壓力時，可以泿孔穿經襯工或用排水管引至隧洞之兩端，以宣洩之。

(三)渡槽(Flume)：

(甲)說明：

渡槽可為座槽(Bench Flume)，安設於山腰之缺口或挖方上，用以代替沿山坡之渠道，減少挖方之數量及困難；或可為架槽(Elevated Flume)，安設於高架之上，引導渠水，跨越河谷或其他地面陷窪之處，以代替過高之塡方或壓力水管，倒虹吸管等之設置。

渡槽之建築材料可為木、鋼、砌石、混凝土或鋼筋混凝土；其斷面形狀亦可為矩形，或半圓形，視材料之種類而異。渡槽之用木料，圬工或混凝土建築者，其斷面宜為矩形；用鋼料建築者，則宜用半圓形。座槽與架槽，對於流水部份槽身之設計，並無若何區別；所異者支承物之不同耳。座槽可直接設置於地面上，或以混凝土之底脚或墊木為其支承；架槽則多以與水流方向平行之縱樑為支承，架於石墩，混凝土墩之木架或鋼架之上，傳送荷重於地下之基礎。然有時為增大墩架間之跨度起見，亦可用桁架(Truss)或拱樑以代替縱樑之設置者。

渡槽之斷面可以所擬宣洩之流量及可利用之坡降設計之。若坡降充裕，渡槽之流速可儘量增大，以減省斷面面積，高至每秒三公尺之流速，亦常有之。惟自渠道進入渡槽或由渡槽進入渠道之處，應設置漸變槽，使流速得以逐漸增減，不致發生嚴重之冲刷現象。漸變槽之形式有二：其一，漸變槽之兩側翼牆呈扭曲之面以與渠道相接者。其二漸變槽之兩側翼牆爲垂直之牆，逐漸開展，形如雙翼者。前者對於水流最爲順適，但建造上較爲困難；後者之建造雖易，其缺點則在渠道或水槽與翼牆相接處不易密合，水頭損失較大。兩翼牆之交角愈銳，漸變槽中之斷面變化愈緩，水流情形愈可順適；但槽身則必愈長，費用愈大，普通可使此交角約自30°～60°。漸變槽之設計詳見第十一章。渡槽之進口與出口處，流速甚急，故常成渠道之一弱點，下列數點，宜加以注意，以免發生潰決之患：(一)翼牆與渠道及水槽之接合處須密不漏水；(二)水槽出口處必須構造堅固，以抵抗高速度之水流與不可避免之漩渦；(三)水槽必須伸入兩端實地中，或設置截水牆深入實地中，以免渠水滲出水槽之外。然如渡槽甚爲短小時，則其流速宜使與渠道之流速相等；以添設漸變槽，反屬不經濟也。

架槽之底應高於所擬跨越天然河道之洪水位，以免危及槽身之安全。如所餘空間不足以宣洩洪水量時，則倒虹吸管每爲可考慮之代替建築物。如所需架槽之高度甚鉅，而復需經越甚長之窪地時，則採用壓力水管常屬經濟。

茲就木質矩形、木質半圓形、圬土及鋼筋混凝土四種架槽之結構設計，分述如下：

(乙)木質矩形架槽：

(1)概說：

木質矩形架槽，以其材料之低賤及隨處可得，故凡較小或不甚重要之輸水建築物，用之頗廣。其缺點則在容易漏水，養護費大，及壽命短促。平常松木所造之架槽約可維持十至十二年，稀槎木者則可達十三至十五年。木架槽之修理與養護在開始五六年內為數並不大，僅須重嵌隙縫，防止漏水而已；然在後數年則增加頗速。

架槽之上部，為木質之矩形槽，其下則以木製之樁柱或棧架支承之。同一斷面積之矩形，以寬度為水深之二倍時，洩量最大，最為經濟，故渡槽寬深之比恆為二比一。惟對於較小之渡槽，則其深度宜卽與渠道之水深相等，以期容易銜接，進出口之設計亦可較為簡單。槽頂超出水面高度宜按下列之經驗公式規定之：

$$槽頂超出水面高度=\frac{水深}{12}+5（均以公分計）\cdots\cdots(1)$$

設計架槽之棧架時，宜令較所需之數稍寬，以便流量擴大時，祇須改造木槽卽可。槽身須以無節之乾燥木材造成，對於接合之式樣與匠藝均應屬上乘，蓋灌溉工事所用渡槽不似水電工事所用木材厚度至少為四公分，能為五公分更善，過薄則日久拗曲，每易漏水。槽邊與槽底木板之接合法，示如圖35：最簡單之木板接合法為抵頭接合，但須將內隅削去，以便於此填嵌麻絲與地瀝青；用作槽側之接縫處，更應貼釘木板一小條。貼釘夾板式係用厚1～2.5公分寬10～15公分之夾板釘在騎縫處，在貼釘夾板以前，亦應用麻絲瀝青嵌入縫內。夾板甚易拗曲，以致隙縫外露；亦有貼釘夾板於槽外者，使淤泥自行嵌入板縫，減少對水流之阻礙。兩重木板

圖35,

式係用厚度相同或相異之木板兩重疊成，厚板置在外方。企口板式之凸口頗易因拗曲碎裂，故不甚合用。插筍式成效最佳，惟厚度至少在五公分或六公分以上。疊筍式宜於四公分厚度之板，其接縫亦易於填嵌

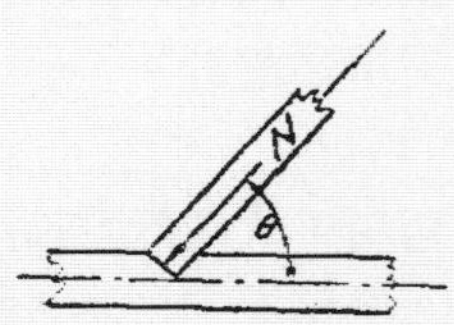

圖36,

木質矩形架槽之結構，如圖37。槽底板係釘着於下夾木，側板則釘着於旁夾木，旁夾木之間距約自一公尺至一公尺半不等。槽底板有與水流同向者，有與水流成直交者。前者釘附於下夾木之上，而下夾木則以縱樑支承之，因其摩擦較小，故爲一般所採用；後者則直接釘附於縱樑之上，固可省去下夾木一項，但因容易漏水，且修理困難，故不甚可取。再前者之旁夾木可設上夾木於槽頂，對對聯接之，亦可用斜撐以支持之（見圖38），而後者之旁夾木則不能用斜撐，故惟有設上夾木之一法。斜撐之上端應交與旁夾木中三分點之上相交。

木架之構造與普通橋樑相同，間距約自四至六公尺不等。單層木架作梯形，頂部有頂木，底部有閾木，正中設中柱，兩旁設斜柱，斜度約自1：6至1：12。木架之正反面及

兩木架之間更用X形斜撐聯繫之，以臻牢固。木架之閥木支承混凝土墩上，並用螺栓固着於墩內，單層木架之高，以受木料長度之限制，最高可自七至十二公尺；高度之大於此者，則應用多層木架或以鋼架代替之。

最經濟之渡槽乃使槽板，槽身及木架三部份工費之總和爲最小。增大旁夾木之間距，固可使槽身之工費減少，然槽板之厚度則同時加大；如增大木架間之跨度，支架與基礎之工費可以減省，然此又增加縱樑之工費。故務必作多種佈置，反覆比較，以期求得一最經濟與完善之設計。

(2)結構設計：

架槽之木材以乾濕無常，甚易朽腐，故設計時其單位應力應較平常所用者爲低，以策安全。架槽所受荷重，除水重外，並應計及風力，務使整個建築無論在滿載或空載時，均不致傾覆爲度。風力之大小視地理環境及氣候而異，普通可以每平方公尺一百公斤計之。在地層不穩固之處，因地震而生之力亦應計入，約爲渡槽與水合重之$\frac{1}{10}$，着力點在渡槽之重心，成水平向。

槽底與槽側木板之厚度，均可視作自由支持之單樑設計之。所不同者作用於槽側板之水壓力是三角形，愈至下部而愈大；如槽身甚高，爲節省材料起見，可分側板爲數段，分別設計之，但最小厚度仍不宜小於四公分。

旁夾木爲用以支撐側壁之水壓者，其下端與下夾木相接合，上端之支承，可爲架於槽頂之上夾木，可爲置於旁夾木中三分點以上之斜撐，已如上述。用上夾木時，旁夾木可視作自由支持於兩端之單樑。最大彎曲力率之處剪力等於零，於是可計算最大彎曲力率之值而求得所需要之截面。用斜撐時，亦可根據水壓，計算在斜撐處之反動力，用同樣步驟，設計其截面。上夾木承受旁夾木之反動力，可視作張力肢(Tension Member)設計之；然如上加鋪行人板時，則其尺度應足以支持此種直接拉應力及因行人板上活荷重所生彎曲應力之組合應力(Combined Stress)。斜撐之尺度每取決於接頭處所需之抗壓面積，見圖37。與木材纖維方向成任何交角截面上之抗壓強度，可應用罕金孫(Hankinson)公式求得之：

$$N=\frac{PQ}{P\sin^2\theta+Q\cos^2\theta}\cdots\cdots\cdots\cdots(2)$$

其中N=任何斜面上容許之單位抗壓應力，P=與木紋平行之單位抗壓應力；Q=與木紋垂直之單位抗壓應力；θ=荷重方向與木紋方向間所包含之角度。P，Q之值取決於所用木材之強度，N與θ之值如經決定，即可計得所需之抗壓截面積及斜撐之尺度矣。

下夾木所受之荷重爲水壓力，槽底板及本身重量之總和；爲計算簡便計，仍可以單樑設計之；其跨度即爲縱樑間之中心距。縱樑傳達各下夾木之反動力於支架之頂木，所受之荷重除下夾木所傳槽身之集中荷重外，尙有均勻分佈之本身重量，跨度則爲木架之間距，亦可視作自由支持之單樑而設計之。木架乃用以支撐架槽之槽身者，由頂木、支柱及斜撐等組合而成。頂木承受所有經縱樑傳來之渡槽槽身之荷重所以支柱爲其支承，可視作連續樑，以三力率公式（Three

Moments Theorm）或力率分配法（Method of Moment Distribution）解之，以求得各支承點之彎曲力率及反動力之值，而設計其斷面。

木支柱之尺度可依據設計頂木時所得最大之反動力，以立柱公式設計之：

$$\frac{P}{A}=S\left[1-\frac{L}{60D}\right]\cdots\cdots\cdots\cdots\cdots\cdots\cdots\cdots\cdots(3)$$

其中：P爲准許之安全載重；A爲需要之支柱面積；S爲順木紋之單位安全壓應力；L爲柱之無支長度；D爲支柱之直徑或截面最小一邊之長。

設支柱爲摩擦樁（Friction Pile）時，支柱必須打入基礎之深度L′（以m.計）則可自支柱之表面摩擦力（Skin Friction）求得之。如支柱之直徑爲D（以公尺計），單位安全表面摩擦力＝Fs；則

$$L'=\frac{P}{D\times F_s}\cdots\cdots\cdots\cdots\cdots\cdots\cdots\cdots\cdots\cdots(4)$$

圖37.木質矩形架槽圖

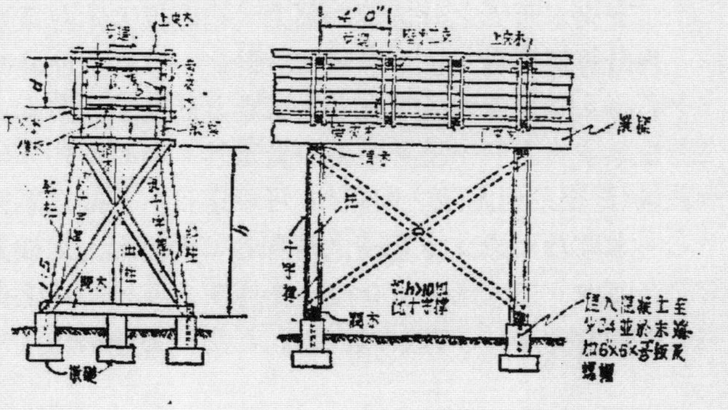

表22　木質矩形架槽標準尺度表

d×b	跨距	槽身設計							槽架設計							
					縱（吋）樑					斜柱及中樑					螺絲釘	
（呎）	（呎）	槽板厚（吋）	每組二支 每夾板（吋）	上夾下木（吋）	根數	甲木種料	乙木種料	丙木種料	頂閥木與木（吋）	根數	尺吋	最大高度（呎）	十字撐（吋）	鉚釘（磅）	直徑（吋）	需可重數（磅）
3×3	12	2	2×4	4×4	3	4×12	4×10	4×10	4×8	2	4×4	10	2×6	8	7.8	25
3×3	16	2	2×4	4×4	3	6×12	5×12	4×12	6×6	2	6×6	15	3×6	10	7/8	25
3×4	12	2	2×4	4×4	3	5×12	4×12	3×12	6×6	3	6×6	15	3×6	10	7 8	25
3×4	16	2	2×4	4×4	3	6×14	6×12	5×12	6×6	3	6×6	15	3×6	10	7 8	25
3×5	12	2	2×4	4×4	4	4×12	3×12	4×10	6×6	3	6×6	15	3×8	10	3 4	17
3×5	16	2	2×4	4×4	4	5×14	6×12	5×12	6×6	3	6×6	15	3×8	10	3 4	17
3×6	12	2	2×4	4×4	4	5×12	4×12	3×12	6×6	3	6×6	15	3×8	10	3.4	17
3×6	16	2	2×4	4×4	4	6×14	5×14	6×12	6×8	3	6×6	15	3×8	10	3/4	17
4×4	12	2½	2×6	4×4	3	6×12	5×12	4×12	6×6	3	6×6	15	3×6	10	1	32
4×4	16	2½	2×6	4×4	3	6×16	6×14	5×14	6×6	3	6×6	15	3×6	10	1	32
4×5	12	2½	2×6	4×4	4	5×12	4×12	4×12	6×6	3	6×6	15	3×8	10	7/8	25
4×5	16	2½	2×6	4×4	4	5×16	6×14	6×12	6×8	3	6×6	15	3×8	10	7/8	25
4×6	12	2½	2×6	4×4	4	6×12	5×12	4×12	0×8	3	6×6	15	3×8	10	7.8	25
4×6	16	2½	2×6	4×4	4	6×16	5×16	5×14	6×8	3	6×6	15	3×8	10	7.8	25
4×7	12	2½	2×6	4×4	5	6×12	5×12	4×12	6×8	3	6×6	15	3×8	10	3,4	17
4×7	16	2½	2×6	4×4	5	6×16	6×14	5×14	6×10	2 1	6×6 6×8	15	3×8	10	3/4	17
4×8	12	2½	2×6	4×4	5	5×14	5×12	4×12	6×10	3	6×6	15	3×10	10	3,4	17
4×8	16	2½	2×6	4×4	5	5×18	5×16	6×14	8×10	3	8×8	20	3×10	10	3/4	17
5×5	12	2½	3×6	4×6	4	6×12	5×12	4×12	6×8	3	6×6	15	3×8	10	1	32
5×5	16	2½	3×6	4×6	4	5×	5×16	6×14	6×8	3	6×6	15	3×8	10	1	32
5×6	12	2½	3×6	4×6	4	6×14	6×12	5×12	6×8	3	6×6	15	3×8	10	1	32
5×6	16	2½	3×6	4×6	4	6×18	6×16	5×16	8×8	3	8×8	20	3×8	10	1	32
5×7	12	2½	3×6	4×6	5	5×18	6×12	5×12	6×8	2 1	6×6 6×6	15	3×8	10	7/8	25

表22、木質矩形架槽標準尺度表 （續前）

d×b (呎)	跨距 (呎)	槽身設計 槽板厚 (吋)	每組三支旁夾板 (吋)	上夾下木 (吋)	縱樑(吋) 根數	甲木種料	乙木種料	丙木種料	槽架設計 頂閥木與木 (吋)	斜柱及中樑 根數	尺一	最大高度 (呎)	十字撐 (吋)	鉚釘 (磅)	螺絲釘 直徑 (吋)	槽重可盡 (磅)
5× 7	16	2½	3×6	4×6	5	6×18	6×16	5×16	8× 8	3	8× 8	20	3× 8	12	7/8	25
5× 8	12	2½	3×6	4×6	6	5×14	5×12	4×12	8×10	3	8× 8	20	3×10	12	7/8	25
5× 8	16	2½	3×6	4×6	6	5×18	5×16	6×14	8×10	3	8× 8	20	3×10	12	7/8	25
5× 9	12	2½	3×6	4×6	6	6×14	4×14	5×12	8×10	3	8× 8	20	3×10	12	7/8	25
5× 9	16	2½	3×6	4×6	6	6×18	5×18	5×16	8×12	2 1	8× 8 8×10	20	3×10	12	7/8	25
5×10	12	2½	3×6	4×6	7	5×14	4×12	5×12	8×10	3	8× 8	20	3×10	12	7/8	17
5×10	16	2½	3×6	4×6	7	6×18	6×16	5×16	8×12	2 1	8× 8 8×10	20	3×10	12	3/4	17

假定用三種木料如下

甲種木料……………………………………………抗灣應力　800#/口″

乙種木料……………………………………………抗灣應力1,000#/口″

丙種木料……………………………………………抗灣應力1,200#/口″

槽板夾木及柱用甲種木料。縱樑可用各種木料如表所列。頂板閥木用丙種木料。螺絲釘應砌入礅內二呎，砌入之一端用坐板，墊木上之一端用墊板。

螺絲釘直徑	坐板直	徑板尺寸
½″	2″	4″×4″×⅜″
5/8″	2″	4″×4″×⅜″
¾″	3″	4″×5″×⅜″
7/8″	3″	6″×6″×⅜″
1″	4″	6″×7″×⅜″

(3)設計實例：

(A) 美國墾殖局矩形木架槽標準設計，見圖37與表22

(B) 陝西省漢惠渠黃沙河渡槽：(擇自漢惠渠工程設計)

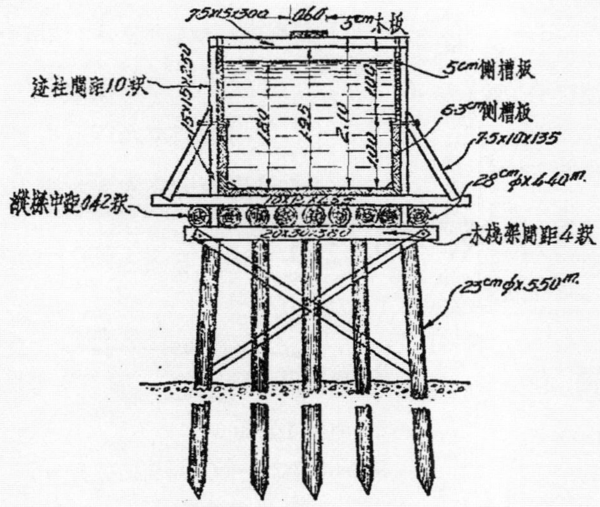

圖38，漢惠渠黃沙河
矩形木質架槽

(a)槽側板：

槽側板之出水高度$=\frac{180}{12}+5=20$公分；用30公分。

設旁夾木之中心距為一公尺。

槽側板所受最大水壓力＝wh＝1000×1.8
＝1,800公斤/平方公尺。

槽側板之彎曲力率$M=\frac{1}{8}WL^2=\frac{1}{8}\times 1,800\times 1^2$
＝225公尺-公斤＝22,500公分-公斤

$d=\sqrt{\frac{6M}{bf_s}}=\sqrt{\frac{6\times 22,500}{100\times 70}}=4.4$公分。用$2\frac{1}{2}$吋(6.3公分)厚木板。

(b)旁夾木及斜撐：

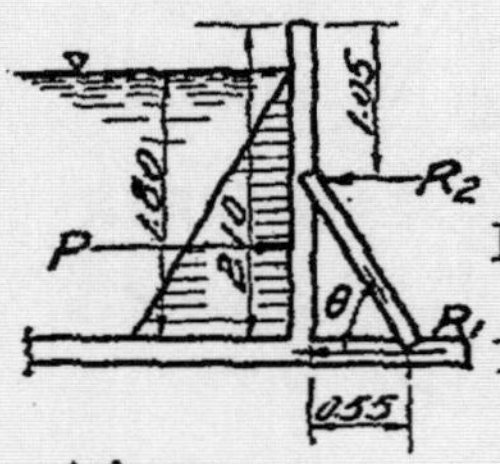

圖39，

水槽傳至旁夾木之水壓力

$P=\frac{1}{2}wh^2\times b=\frac{1}{2}\times 1,000\times 1.8^2\times 1=$ 1,620公斤

$R_1=\frac{1,620\times(1.05-\frac{1.80}{3})}{1.05}$
＝694公斤；

$R_2=1,620-694=926$公斤。

設最大力率(Mmax.)處，(剪力V＝O)距槽底爲x公尺，則
$\frac{1}{2}(1.80-x)^2\times 1000=926$可得
$x=0.44$公尺；
Mmax.＝14,550公分-公斤。

如b＝15公分，

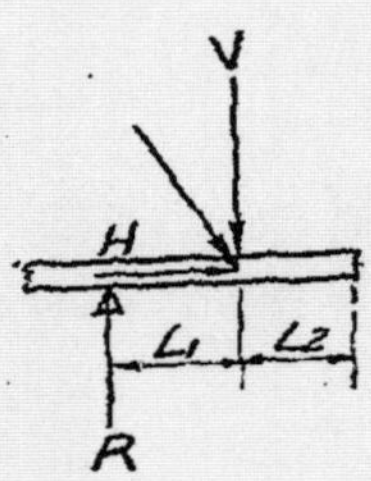

圖40，

則因彎曲力率所需之

$$d=\sqrt{\frac{6\times 14,550}{15\times 70}}=9.14\text{公分。}$$

木材之安全單位剪應力 $V_s=7$ 公斤/公分²，則因剪力所需之截面積 $bd=\frac{1.5\times R_2}{V_s}=\frac{1.5\times 926}{7}=198$平方公分；用15公分×15公分方木(6吋×6吋)，bd＝225平方公分＞198平方公分。

$$\text{斜撐所受之直接壓力}=926\times\frac{1.18}{0.55}=1,990\text{。}$$

自公式(2)，如P＝64公斤/平方公分，Q＝15公斤/平方公分。則

$$N=\frac{PQ}{P\sin^2\theta+Q\cos^2\theta}=\frac{64\times 15}{64\left(\frac{1.05}{1.18}\right)^2+15\left(\frac{0.55}{1.18}\right)^2}$$

＝17.8公斤/平方公分。

所需截面積$=\frac{1990}{17.8}=112$平方公分；用4吋×5吋方木，供給之面積＝129＞112平方公分。

（c）下夾木：

假定用九根縱樑，中距爲0.42公尺；

下夾木本身靜荷重＝10公斤/公尺。

所承受之水重及底板重＝1,840公斤/公尺。

總荷重＝1,840＋10＝1,850公斤/公尺

$$M=\frac{1}{8}\times 1,850\times \overline{0.42}^2\times 100=4,070\text{ 公分-公斤。}$$

$$Z=\frac{M}{f_s}=\frac{4,070}{70}=58\text{立方公分}$$

端剪力 $=1,850\times\frac{0.42}{2}=388$公斤。

剪力所需要斷面積 $=\frac{1.5\times388}{7}=83.2$平方公分(矩形面積之最大剪力強度應爲平均剪應力之$\frac{3}{2}$倍)。

用10公分×15公分方木，則供給之截面積＝150平方公分＞83.2平方公分。

$Z=\frac{1}{6}\times10\times\overline{15}^2=375$立方公分＞58立方公分。

由下夾木受斜撐之壓力，計算L_1及L_2之值(見圖41)

已知 H＝926公斤；$V=926\times\frac{1.05}{0.55}=1,770$公斤。

供給之抗彎力率＝375×70＝26,250公分-公斤。

故$L_1=\frac{M}{V}=\frac{26,250}{1,770}=15$公分　(實用爲14公分)。

L_2之長度視剪力H及抗剪面積而定；設平行於木紋之單位剪應力＝7公斤/平方公分。故 $L_2=\frac{H}{7\times10}=\frac{926}{70}=$ 13.2公分(實用爲26公分)。

(丙)木片半圓形架槽：

(1)說明：

本型架槽之優點有三：(一)在曲線上可以圓轉如意；(二)用料較矩形者爲省；(三)螺母可以隨時加緊，以防漏水。其缺點則在木片須製成圓弧形，費工甚多。自鐵皮架槽施用後，本型架槽已漸少採用；雖然，就我國之國情言，則仍不失其應用之價值。

木片半圓形架槽之槽身構造與木片管頗爲相似，將木片製成半圓形之槽狀，外加鐵條緊抱槽腹；鉄條之間距視渡槽之大小而異，約在一公尺左右。各木片之末端須相互參差，並插入舌形鐵片於其接縫內，以防滲漏。本型架槽其支承水量及本身重量之方法有二：第一種係將木架之跨度儘量縮短，利用木槽本身之抗彎強度，以承受荷重者。第二種係於木架之上另設縱樑，鐵條貫穿其間，以支持架槽槽身之重者。第一種結構雖因無縱樑之設施，致材料較爲節省，然不若第二種之牢固。茲僅將後者之設計方法敍述如下：

（2）結構設計：

槽板可視作以鉄條爲支承之單樑設計之。設水深爲 H，以公尺計；a 爲鐵條之間距，t 爲木板厚，皆以公分計；f_w爲木材之單位安全抗彎應力，以公斤/平方公分計；則木板所受之最大水壓爲$\frac{H}{10}$公斤/平方公分。每公分寬木板之彎曲力率爲。

$$M_{max.}=0.125\frac{H}{10}a^2=f_w\frac{t^2}{6}$$

$$t=0.274a\sqrt{\frac{H}{f_w}}\quad\cdots\cdots\cdots\cdots(5)$$

槽板之厚度最小不可小於 2.5 公分。

鐵條之設計與木片管之鋼箍無異，可參照第（四）節(乙)木片管一節設計之。其尺度須足以承受水及槽板本身靜荷重合重所引起之拉引力，同時并應糾算鐵條對槽板所生之擠壓力，是否超過安全限度。縱樑所受之荷重爲經各鐵條傳來之水及槽身之合重與縱樑本身之均匀靜荷重，可以單樑設計之。鉄條與縱樑之接合係以螺母扣緊，其間應加設墊板，以供給充分之承荷面積（Bearing Area），不致超過木材之單位安全壓應力。

（3）設計實例：

湍惠渠半圓形木片架槽。（見圖41）

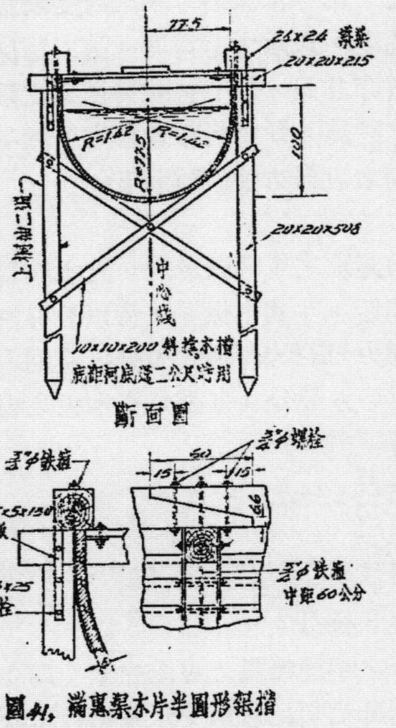

圖41，湍惠渠木片半圓形架槽

已知：鉄條之間距 α 爲60公分，水深爲0.775公尺，$f_w=70$ 公斤/平方公分。

則 $t=0.274\times60\sqrt{\frac{0.775}{70}}$

$=1.73$ 公分

（該設計用 4.0 公分）

鐵條所受之荷重爲盛水重及木板之合重 $=T$。

$T=\pi r^2 f_s=304$ 公斤

$\therefore r=\sqrt{\frac{T}{\pi f_s}}$

$=\sqrt{\frac{304}{\pi\times1{,}050}}=0.304$ 公分

（該設計用 ¾″ φ，$r=0.95$ 公分）

鐵條對木板之擠壓力可以公式(13)求得之：

$$e=\frac{\pi r f_s}{R+t}=\frac{\pi\times0.95\times1{,}050}{77.5+4}=38.5<45 \text{公斤 / 平方公分}$$

(丁)石質矩形架槽：

(1)說明：

石質架槽較木質者堅固耐用，每採用於人工便宜，石料易得之處。斷面多屬矩形，底寬約爲高之二倍。槽身由底扳及兩側之邊牆組合而成。支承槽身之結構多用礦拱，再下則以橋墩或橋座，傳達荷重於地下之基礎。

(2)結構設計：

邊牆之設計與重力式擋土牆同，無非在使水壓力與本身重量之合力交於底面三分點之內，以免傾覆；使本身重量與摩擦係數之乘積大於水壓力之作用，以免滑動；及使對底面基礎之壓縮應力不超過安全限度而已。初步估計每可使底寬爲牆高之0.6倍。

礦拱之拱頂應高於排水溝之最高水位，俾留有充分斷面，以暢流水。石拱之最大跨度普通以十公尺爲限。礦拱之拱心曲線，可爲圓形、拋物線、橢圓曲線或變換垂直綫等；然由塊石所甃成之拱，恆因砌成各式曲線，工料俱費，仍以圓弧爲最簡單而通用，拱頂厚度則可按美國工程師學會通用公式計算之：

$$拱頂厚=0.276\sqrt{拱高+\frac{1}{2}(跨度)}+0.06\cdots(6)$$

(均以公尺計)。

拱端之厚度，約爲拱頂厚之1.5～2.5倍。

依照上述之公式擬定石拱之形式及尺寸後，可再用圖解法以分析礦拱之安全與否，茲述如下：

(A) 磁拱之分段及合力之推求(如圖42(a)所示)：

設取垂直於紙面單位長度之磁拱；位於側牆下之磁拱所承之荷重最大，故可即以此拱作設計之對象。如 Q'Q為荷重曲線，乃用輻射線，將拱環分為等長之n段，n之數目，應視拱之尺度及需要之精確度等而定，總以適合為度。自此等拱環之分段點a,b,………，繪垂直線至荷重曲線QQ'，將荷重分為n部份。乃可計算作用於每一分段拱環上之垂直荷重 W_1，W_2……，及水平推力H_1,H_2……；如拱頂荷重僅有填土，則水平推力之強度可假定為垂直荷重之 $\frac{1}{3}\sim\frac{1}{4}$ 倍，即 $H_1=\left(\frac{1}{3}\sim\frac{1}{4}\right)W_1$，$H_2=\left(\frac{1}{3}\sim\frac{1}{4}\right)W_2$，……。拱環各段本身之重量$V_1$，$V_2$…… 及其着力點，亦可求得。$F_1$，$F_2$……則為各分段所受荷重及本身重之合力如圖所示。

(B)壓力線之繪製：

各荷重既經決定，乃可進而繪製力圖(見圖42(b))。命J-K，K-L，L-m，……等依次代表拱環上F_1，F_2，F_3……各段之總荷重。在經o之水平線上先選任何一點P'為極點，聯P'J,P'K，P'L……等綫乃自拱頂截面f之上方中三分點S開始，繪P'O之平行線交F_5於5'；自5'繪 P'N之平行綫，交F_4於4'。依此類推。直至與P'K之平行綫交F_1於1'；再於1'作P'J之平行線冋交經S點之水平綫於r，則r即為所有荷重 F_1，F_2，F_3……合力R之着力點，合力R之方向亦可自力圖 42(b)上得之，與JO平行。根據力學原理已知：(一) 作用於一平衡體不平行之三力，必相交於一點，(二)對稱之拱，在拱頂之反應力之力向必為水平者；故r點亦必為拱端反應力所經過。聯Ar，A為拱端之下中三分點。於力圖上，經J點作Ar之平行綫交P′O或其延長線於P，則P點卽為所求之新極點，PO與PJ之長分別代表在拱頂與拱端反動力之強度。再於(a)圖上，如前法自S點起始作平衡多邊形(Equilibrium Polygon)則經點1所作之PJ平行線必經過A點，而A—1—2-3……S卽為所求之壓力綫。

(C)磁拱內部應力之糾算：

壓力線既經繪得，則礦拱內部各斷面所受壓力之大小，方向，及位置亦可自壓力綫與力圖上求得。礦拱之安全條件為：(一)壓力線應位於拱環之中三分點以內，俾可何一軸射斷面均不致荷承張應力；(二)作用於任何一軸射斷面之剪力不應大於正面垂直力與摩擦係數之乘積，俾不致有滑動之危險；(三)任何一軸射斷面上所受之單位壓應力，不應超過安全限度。如所假設之礦拱，經加計算後，有一者不適合以上之條件，卽應變換礦拱之形式或斷面，重新估算，直至安全為止。

橋墩之尺度視所承載重，基礎狀況及所需之高度而定。其所受之荷重較鐵路或道路之橋墩略為簡單，計有：(一)經礦拱傳來拱端之推力；(二)風力；(三)河中浮冰及物體之衝擊力(四)；流水之壓力；(五)橋墩之本身重；(六)橋墩下基礎之抵抗力；(七)河水滲入橋墩下所生之上浮力等。設計時應計算其穩定性是否有下列四種趨勢：(一)沿水流向下游滑動；(二)依橋墩邊緣而傾覆；(三)墩脚基礎受到過量之壓力；(四)橋墩內任一部份之壓應力，超過安全限度。其計算方法可參看重力壩等章，務使所供給之橋墩尺度不致有以上任何一種情形之發生。墩頂之長度視渡槽所需之槽寬而定。橋墩之頂寬至少為一公尺，四周並應有1：12至1：24之斜坡向外傾斜，直達墩底。相連而跨度相等之兩拱間所架橋墩之頂寬應為拱頂厚度之三倍半。如相連之拱達五個以上，則每遇第三或第五橋墩時，應造成橋座式，足以單獨支持一拱之推力，庶遇基礎失敗時，全部架槽不致同時圮毀。座式橋墩之頂寬可假定為拱頂厚度之五倍。

渡槽所跨越之天然水道，多坡峻流急，橋墩附近每易發生渦流，淘刷甚烈；故凡不甚穩定之河床均應漿砌塊石或抛護蠻石，妥予保護。再對於橋墩之形式，亦應細加研究，以減少亂流及冲刷之程度，可參閱第二十一章關於閘墩各節。

普通橋座之式樣有面式，翼牆式，凹字式及凸字式等四種。用於架槽者以翼牆式為宜，與水流約成30°～40°之銳角，以順流勢而防水流之淘刷。橋座係按圬工擋土牆之原理設計，所受之荷重計有自旋拱傳來之推力，座後之土壓力及滲水力，本身重量，基礎之反動力及水之浮托力等。設計要點無非在使底脚有充分之面積，俾基礎受壓不致超越其最大安全支承限度，座身具有足量之面積及強度，以支持所要之荷重，不致傾覆，滑動及擠粹而已。根據經驗，初步設計每可使底寬為座高之0.6倍。再對於座後及座底滲流問題之處

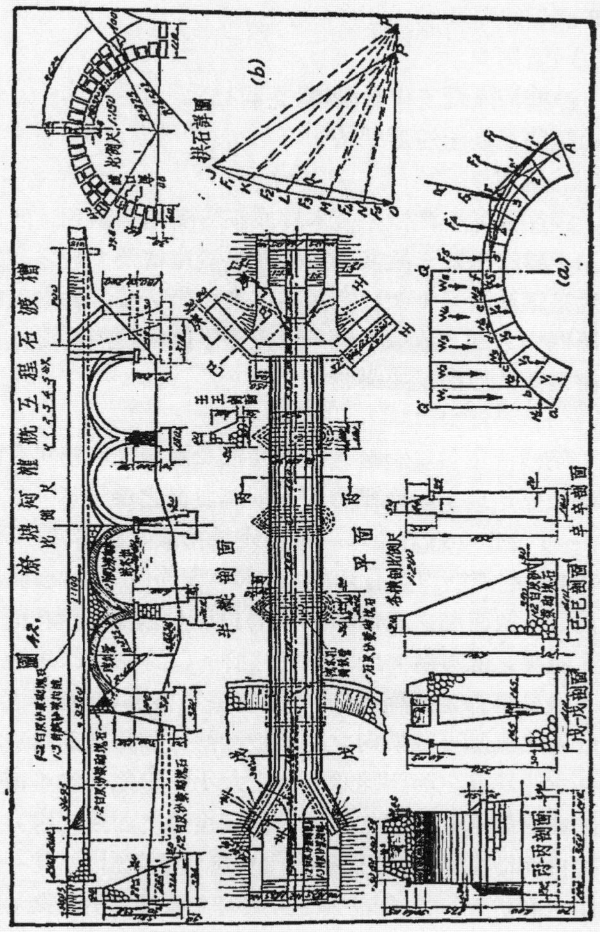

理，亦應妥爲顧及。

（3）實例：

潦塘河灌漑工程石渡槽（見圖42）

（戊）鋼筋混凝土矩形架槽：

（1）說明：

鋼筋混凝土渡槽雖較木質或鋼料者經久耐用，然以費用甚昂，建築困難，故其用途每僅限於座槽及少數之高架渡槽。建築鋼筋混凝土架槽需用架工與模殼甚多，其位置所在又每屬偏僻之鄉，運輸不便，致使每單位體積鋼筋混凝土之單位價常較其他灌漑建築物者爲高。

（2）結構設計：

架槽槽身多爲矩形，由槽底板及兩側之側牆組合而成。側牆如僅用以支承水壓力時，則其設計之法，不外下列三種：（一）視作一端自由，一端固定於槽底之懸臂樑（Cantilever）設垂直鋼筋以應付水壓力，水平鋼筋（水平鋼筋面積與有效混凝土截面積之比值P＝¼％）以應付因溫度變化而生之應力；側牆之低矮者，此式每較經濟。（二）側牆係用邊柱支持之，邊柱則締定於槽底內，槽面有繫以橫撐，亦有不設橫撐者；此時之側牆可按縱向之連續板設計，其跨度則爲邊柱之間距。水平鋼筋之間距隨水壓力之大小而變化，愈至槽頂而愈稀，並略置垂直鋼筋，以承荷因溫度變化而生之應力。邊柱則按槽面橫撐之有無，而按單樑或懸臂梁設計之，其一部份可視作包藏於側牆之內者。（三）側墻上端締定於頂梁，下端締定於槽底，故可視作立板而設計之，設垂直鋼筋以抵抗水壓力，長向水平鋼筋以應付因温度變化而生之應力。上端之頂樑可視作側牆之一部，其支承物或爲架於槽頂之横撐，或爲位於槽側之邊柱；爲設計簡便起見，可假設槽內水深與槽頂相齊，三分之一之水壓力傳達於頂梁，三分之二傳達於槽底之接合處。頂梁則按連續梁設計之。

槽底板視渡槽寬及支架間距之不同，可按縱向或横向兩種不同之方法設計之。如槽身甚寬而支架之間距不大者，槽底板之設計每以視作藉支架爲支承之縱向連續樑較爲經濟；反之，則宜視作横向之單樑，支承於兩側縱梁之上。

架槽之下層建築有墩座，機架等類，而以縱梁或礦拱傳達水槽之荷重。有時側墻可兼作縱樑，以負担水槽之荷重者。縱樑係視作連續樑設計之。支承槽身之礦拱，可爲一整片之曲面，可爲一組大小相同之拱肋（Arch Ribs），其支承水槽之法有下列三種：（一）以小柱或横墩架於槽底與拱礦之間，水槽即支架於此等小柱或横墩之上。槽身之設計與以墩座或棧架支承者無異。（二）將礦拱之兩肋延伸至水槽之底，與槽之側牆連成一片。在此情形下，側牆僅用以抵抗水壓力，槽身及水之荷重則籍横向鋼筋，傳達荷重於拱肋。（三）於拱肋之上，再加設小拱，用以支承水槽之重量。以上三種結構方法，究以採用何種爲宜，惟有視當地情形，作工費之比較，以定取捨。

關於鋼筋混凝土之樑，柱，基脚（Footing）及彈性拱之設計，可參看專書，在此不贅。

（3）設計舉例：

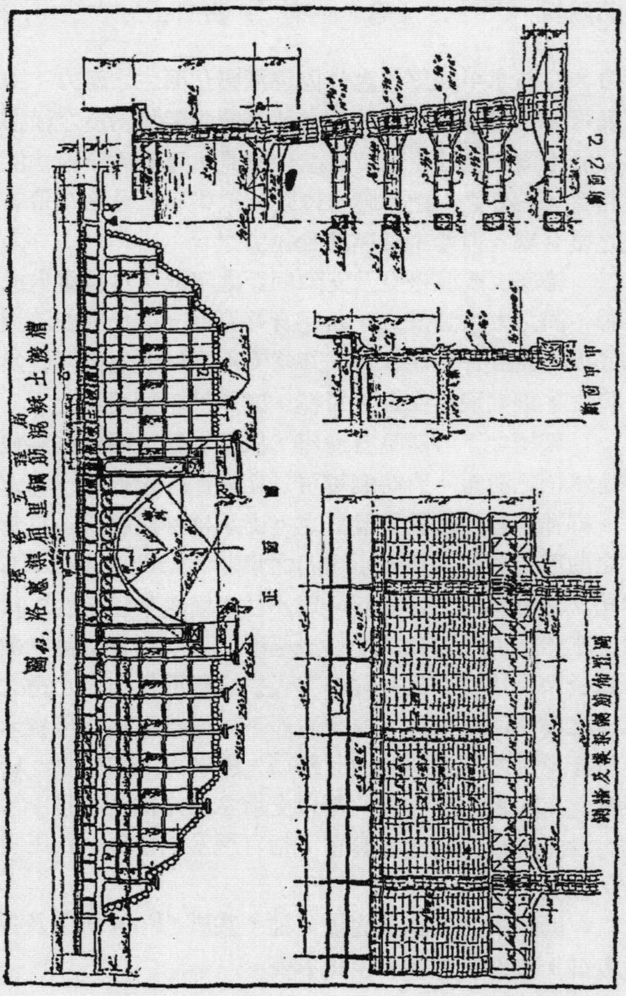

圖43, 洛塞渠用里鋼筋混凝土渡槽

洛惠渠屈里鋼筋混凝土架槽。(見圖43)

(四)壓力水管(Pipes)：

(甲)概說：

灌溉工程中應用壓力水管以輸水者，有倒虹吸管代替架槽之設施，以渡過低窪之谷地，有蜿蜒於山腰代替座槽或渠道之建築，以減少施工上之困難者。在地形複雜，水源稀少之處，管道更有用以輸水與配水，以減少因滲漏或蒸發所耗失之水量者。涵洞，潛流式分水閘及斗門，穿經道路或渠岸以洩水量者，其流水部份實亦爲短管之一種。

灌溉工程上所用之管道以木片管，鋼筋混凝土管最爲普通；熟鐵管，鋼管及鑄鐵管等以費用較貴，且管壁厚度受最小壁厚之限制，故用於水壓較低之管道，每不經濟。排污工程上所用之缸管及純混凝土管，如流量不大，水頭不超過五公尺時，亦可作爲灌溉管道之用。究以採取何種材料之管爲宜，當視所受水頭之高低，工程費用及壽命等因素而定。

管道之水工設計，可根據管流原理而計算之；即可利用之水頭應等於管道之摩擦損頭，出口之流速水頭及其他各種入口，放大，縮小，彎曲等水頭損失之總和。關於各種水頭損失之計算方法，詳見第十二章中。管道之出入口宜有適當之漸變槽，以與兩端之渠道相接，當於第二十六章倒虹吸管一節中再詳述之。管道之任何部份，應位於水力坡降綫(Hydraulic Gradiant Line)以下，俾無負壓力之產生；否則，即須有通氣管或空氣活門之設置，以資補救。管道有曝露於地面者，有埋沒於地下者，在前者之情形下，管道所承受之荷重，僅爲管內之水壓力，盛水及管壁之靜荷重；在後者之情況下，則除此三者之外，尙應計入覆土之荷重。關於此等荷重之計算，各種水管均屬相同，故特先述之如下：

(1)管內水壓力：

管壁必須足以承受因內部水壓所生之漲應用（Hoop Tension），其值可以下式表之：

$$T=\frac{1}{2}Pd=f_t \cdot a \cdots\cdots\cdots\cdots (7)$$

式中，T＝每公分管長所受之管壁張力，以公斤計。P＝管內水壓力，以公斤/平方公分計；如有水錘現象，應計入因水錘所增加之水頭。d＝管徑，以公分計。f_t＝容許之管壁單位安全漲應力，以公斤/平方公分計。a＝每公分長之管壁面積，或壁管承受張力部份之面積，如鋼筋之於鋼筋混凝土管，以平方公分計。

(2)塡土之垂直荷重：

埋沒於地下之管道，其所受之荷重，每因覆土之性質，緊實之程度，管道埋置之方法及管道本身之強度等而有所不同。塡土加於管道之荷重，不外有二種方式：一爲直接作用於管身上部塡土之靜荷重，一爲兩側塡土因與管道相互沉陷之不同所生之摩擦力。此項摩擦力之方面及大小，視塡土之相對沉陷度及管道本身之強度而異，致使管道所受之總荷重，有時爲第一種荷重與第二種荷重之和，有時則爲兩者之差；設管頂之塡土與兩側塡土之沉陷値相等時；則管道所受者僅爲第一種荷重而已。

根據瑪頓氏(Marston)之研究結果，管道可以埋置情

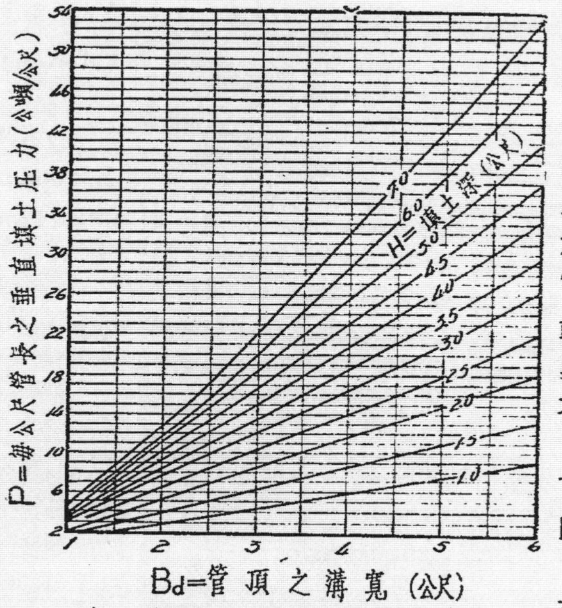

圖44, 管道之垂直填土压力(第一種情形)

形之不同，分爲下列兩類：

第一種情形爲管身完全埋沒於溝內者（Trench Pipes），溝寬與管徑之比不大於1.5；在此情形下，當填土開始沉陷時，有一部份荷重每經填土之拱作用（Arch Action）傳達於溝壁，故可減輕填土荷重之一部。

填土之垂直荷重宜依照實驗所得之資料計算之，茲刊載曲線圖兩種：圖44適用於第一類之管道，圖45適用於第二類之管道，此兩組曲線且可同樣應用於箱形涵洞填土荷重之計算，僅將Bc改爲涵洞之頂寬而已。

(3)填土之水平側向土壓力：-

管道所受填土之單位側向土壓力，可以軟京(Rankine)

圖45，管溝之垂直填土壓力(第二種情形)

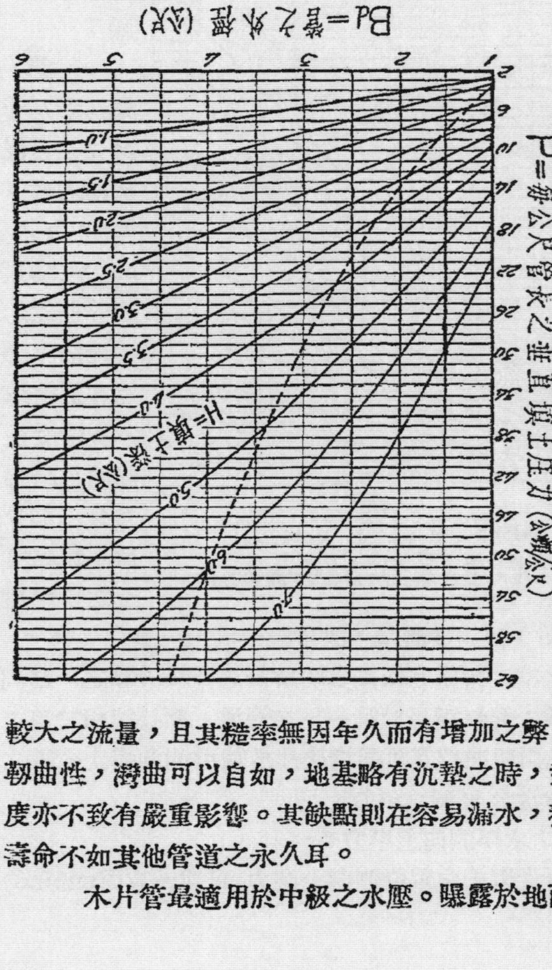

公式計算之，見式二十一(1)

(乙)木片管(Wooden Stave Pipe)：

(1)說明：

木片管之優點有：(一)材料低賤易得，建築費低；三）內壁較混凝土管或鋼管爲光滑，同一之斷面每可輸送較大之流量，且其糙率無因年久而有增加之弊；(三)管身富韌曲性，灣曲可以自如，地基略有沉墊之時，對於管身之強度亦不致有嚴重影響。其缺點則在容易漏水，養護困難，及壽命不如其他管道之永久耳。

木片管最適用於中級之水壓。曝露於地面之木片管其水壓不宜小於六公尺，埋藏於地下者，最低水壓則應爲十五公尺。蓋木片管在時濕時乾之情形下最易朽爛，管內水流宜維持一用當之壓力，使木片得以恆受水之潤濕也。然壓力亦不能太大，致使所需之鋼箍，反不若代以鋼管爲經濟。不同管徑木片管所能承受之最大水壓可列如下表：

淨管徑(公尺)	壓力水頭(公尺)	淨管徑(公尺)	壓力水頭(公尺)
5.0	40	1.0	140
4.0	45	0.75	155
3.0	60	0.50	175
2.0	85	小於0.50	200
1.5	110		

木片管之管壁係以彎形木板所組成，外繞鋼質之箍以束縛之。鋼箍之強度須足以抵抗管內之水壓力與木板之擠壓力。木片管因製造方法之不同，可分爲機製式(Machine-banded Pipe)與連續式(Continuous Stave Pipe)兩種。機製木片管由製造廠內製成，每節長約自一公尺至六公尺不等，運至工地，再行接合。其直徑各廠家有整齊尺寸，自五公分起至七十五公分止，最高水頭可及一百二十公尺。特製者直徑可達42吋(100公分)，但壓力較低。機製管以尺寸所限不能用以輸運巨量之水，故灌溉工程中用者殊少。連續木片管係在工地建築，所用木片，鋼箍及零件均預先製就，運至工地待用。因係拆散運輸，故所佔地位甚小，重量亦微，對於運輸不便之處，甚爲合宜，再其裝置亦甚簡便而敏捷，連續木片管之直徑，最小爲十五公分，最大可至五公尺。

木片管之壽命，視遭遇情形之不同，差別甚多。一般言之，如設計妥善，用材良好，養護周密，當可維持30～40年，不然，如水壓太低，土質疏鬆，木管時濕時乾，亦有短至四五年者。保護木管之法，可用木榴油將木片預在壓力下浸製之，幷宜在木榴油乾燥後而未放水時，在管外塗刷煤焦油或瀝青漆一道，以資保護。此後每隔相當時間，沿管查看一次，如見滲漏，即須設法堵塞，鋼箍之銹壞者，須即更換，油漆剝落者，須即重塗，如能常川注意，其壽命自可延長。

(2)木片管之結構設計：

(A)木片之截面：

木片係在廠內製就者，內外表面均爲圓弧形所成，內表面之半徑等於管之半徑。外表面之所以採取圓弧形，乃欲使鋼箍之支持力，得以均勻分佈耳。木片之兩側，通例採取放射形，俾相鄰兩片得以互相密合。木片之厚度須能符合下列三種需要：(一)木片須有足量之強度，俾管內流水後，仍能保持管形不致變形，並擱置於支鞍間而無過量撓度(Deflection)之發生。(二)木片不宜過厚，庶管內流水時得以全部浸透，延長壽命；然亦不宜過薄，以致水能滲出。(三)木片之寬度須與所購木料相適應，以免浪費。

關於木片之厚度，荷爾敦(Horton)有經驗公式如次：

$$t_{min}=2.54+\frac{H}{12}+\frac{D}{12}\ (\text{公制})\cdots\cdots\cdots\cdots(8)$$

式中，t_{min}：爲木片之最小厚度，以公分計；H爲水頭；D爲管之內徑，均以公尺計。

每種管徑所用木片，常有一定之經濟寬度，如管徑不滿六十公分者，寬度不宜超過十公分；管徑自七十五公分至四公尺者，宜用十五公分寬之木片；管徑更大者，則用寬度二十公分以下之木片。製造木片之木料，以用整數爲佳，普通廠家均有一定之標準尺寸。

(B) 鋼箍：

鋼箍之設計應包括(一)鋼箍直徑之推求；(二)鋼箍間距之計算兩項。前者可自鋼箍對木片之擠壓力推求之，後者則視木片管之水壓力，及木片浸透膨脹後之壓應力而定，茲分述如下：

(a)鋼箍之直徑：

鋼箍圍繞管身，埋入管身少許，其深度隨箍之張力而異。箍與管身之接觸面積，在木材未被壓破以前，可假設均等於箍之半徑。故如 r 爲箍之半徑以公分計；e 爲鋼箍對木片之安全支承壓應力，以公斤/平方公分計；$S=\pi r^2 f_s$，其中S爲鋼箍之安全拉引力，以公斤計；f_s 爲鋼箍之單位安全拉應力，以公斤/平方公分計；R爲管之半徑，t 爲木片之厚，均以公分計；鋼箍之拉引力應與木片之抗擠力相等則 $S=\pi r^2 f_s(R+t)er$。

$$r=\frac{R+t}{\pi f_s}\cdot e \quad \cdots\cdots(9)$$

e之值，視木材之種類而異，普通可用45公斤/平方公分。根據公式(9)計算所得，乃為最大准許之箍徑；所用箍徑不應再大於此，俾木片之支承應力不致超過 e 值也。

(b)鋼箍之間距：

鋼箍所抵抗之力計有：(一)水力壓；(二)木片浸透後因木片膨脹所生之應力。設 d 為鋼箍之間距，以公分計；p 為管中之水壓力，以公斤/平方公分計，e′為木片間之安全壓應力，以公斤/平方公分計；其他符號與公式(9)同，則

$$d=\frac{S}{pR+e't}\cdots\cdots\cdots(14)$$

根據斯威卡特之實驗，e′之值不能超過每平方公分8.8公斤，故

$$d=\frac{S}{pR+8.8t}\cdots\cdots\cdots(10)$$

為符合實際需要及防止管身之滲漏起見，鋼箍之間距不應大於20至25公分。如以式(9)所計得之最大箍徑代入式(10)中，使求得之鋼箍間距過鉅時，可利用式(10)，以反求鋼箍之直徑及木片之支承壓應力。

(C)木片之接合：

連續式木片管乃用長度相等之木片，依次聯接而成。每相鄰之兩片，須至少參差六十公分，以收犬牙交錯之功。為防止滲漏起見，除木片之側面應有如企口式之接頭(見圖46)外，木片末端相接處，更應有舌形鈑或特製之接合座以聯接之。(如圖之47a所示)舌形鈑用10～12號鈑規之頁鋼所製成，切成矩形，邊緣須方正。鈑闊45公厘厚3公厘，長度

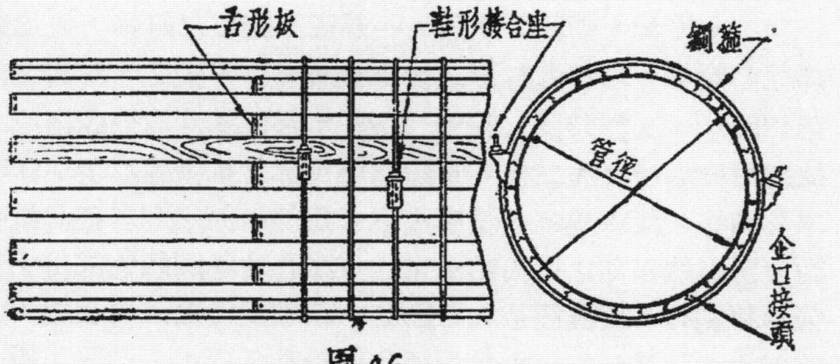

圖46,

較木片之寬度加2～3公厘，伸出於木片之兩側。容納舌形鈑之槽係用踞鋸成，深20公厘，使舌形鈑切入木片內3公厘。圖47之b係特製之接合座。用此座後，可使木片之接合更形堅強，管之時受壓力與吸力者尤應用之。裝置時宜於木片末端之中央刻痕，以容納接合座中央之銳稜。

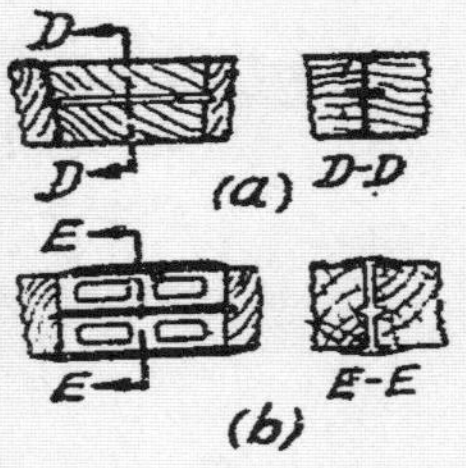

圖47.

(D) 木片管之最小曲線半徑：

木片管富柔曲性，故在曲線上可以屈曲自如，但過銳之半徑亦非所宜。其最小曲線半徑隨管徑而定，列如次表。

管徑（公尺）	最小半徑(公尺)	管徑（公尺）	最小半徑(公尺)
1.2	40～45	3.0	180
1.8	60～68	3.6	210
2.4	90～120		

(E) 鞋形接合座：

木片管上圍繞之鋼箍，一端設衣紐形之釘帽，他端刻螺線設螺母，均扣入鞋形之接合座而接合扣緊之，其構造如圖48所示，直徑超過1.5公尺之管，每道鋼箍均分成兩段，故應用鞋形接合座二枚。鋼箍螺線根部之抗張強度須與鋼箍本身相等，故螺線輒由滾壓成之，螺線如係鑴刻者則其抗張強度由螺線根部之截面積決定之，亦有將鑴刻螺線部份之鋼條加以鎚打，使直徑放大3公厘，庶鑴刻後之截面積適與其餘部之截面積相等。鋼箍上所用螺母常較標準者稍厚，螺母之底設有鋼墊圈。鞋形接合座恆用上等有煆延性之鑄鐵製成，其強度須與鋼條相等。

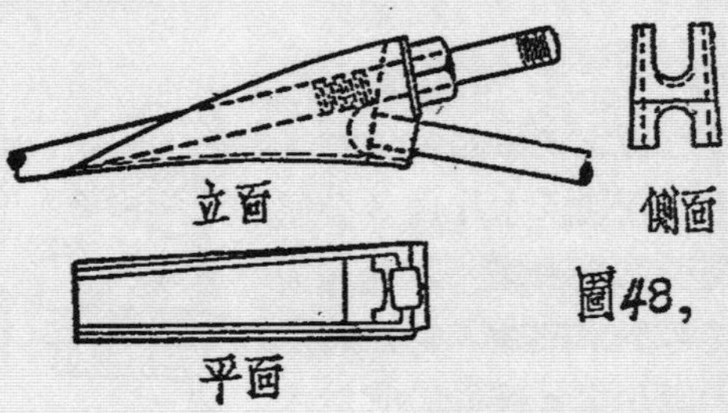

圖48.

(F) 木片管之支架：

埋入地下之木片管，以填土中不免含有腐敗植物或

圖49.

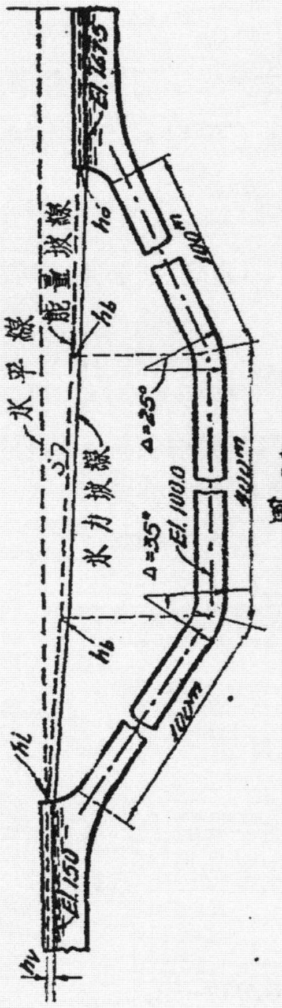

圖50.

菌類之種子；每易朽爛；故在可能範圍內，以完全架空爲佳，如此兼可便於檢查及修理。木片管之用支架以架空者，式樣有三種：(一)用木材作橫枕，置管於其上，兩側加楔形之木塊，其面略凹，以與管面相稱，見圖49。(二)用混凝土，圬工，或建築鋼所造之支鞍，兩側延伸至水平直徑以上，或其相近處。(三)於懸崖內插入工形鋼或鋼軌以承托木片管，每隔1～2公尺，用鋼條一端生根於山崖，一端連繫於工形鋼或鋼軌以維繫之。又法則於山側鑿穴以容管身，每三公尺即用鋼條維繫之，此鋼條之兩端均須生根於山石內。

木片管於轉換方向處或峻陡之斜坡上，每有向合力方向移動之趨勢，故在此等地方均應酌設混凝土座(Anchorage)以締定之。

(G)木片管之其他細節設計：

木片管之灣曲半徑如甚小時，多用鋼製之曲管(Elbow)代替之，兩者相接之處，須有一特製之插承接合，以備鋼管之伸縮，接縫內更須填以蔴絮，以杜漏水。

(3)木片管設計舉例：

如圖50所示，設流量爲20秒立方公尺；兩端管身進出口均以扭曲面之漸變槽與渠道扣接，上下游渠道之流速均爲1秒公尺。

(A)水工設計：

可利用之水頭=150－147.5=2.5公尺。如用史可悲氏(Scobey)之木片管流水公式：-

$$Q=0.84D^{2.65}H_f^{0.555} \quad \cdots\cdots\cdots\cdots (11)$$

其中，Q爲流量，以秒立方公尺計；D爲管之內徑，以公尺計；H_f爲摩擦損頭，以1,000公尺管長中之公尺計。

第一步；如暫不計入其他入口，出口及灣道之損失，

則$H_f=2.50\times\frac{1,000}{600}=4.17$公尺，代入公式(16)：可得

D=2.45公尺，

故$V=\frac{Q}{A}=4.24$秒公尺；$h_v=0.917$公尺。

各次要水頭損失之計算如下：-(參閱第十二章)

入口損失$=h_i=0.1\Delta h_v=0.1(0.917-0.051)$

$=0.087$公尺。

出口損失$=h_o=0.2\Delta h_v=0.2(0.917-0.051)$

$=0.174$

第一灣道損失$=h_{b_1}=0.25\sqrt{\frac{35}{90}}(0.917)=0.143$

第二灣道損頭＝$h_{b2}=0.25\sqrt{\frac{25}{90}}\times0.917=0.121$

總計＝0.525公尺

則可利用於克服管道摩擦之水頭＝2.5－0.525＝1.975公尺。用同樣方法代入公式(16)中，得D＝2.57公尺；此數較第一步所得者爲大，故應重新糾算。

第二步：今假設D＝2.55公尺；則V＝3.92秒公尺；h_v＝0.785公尺。

$h_i=0.1(0.785-0.051)=0.0734$公尺。

$h_o=0.2(0.785-0.051)=0.1468$

$h_{b1}=0.156+0.785\qquad=0.1222$

$h_{b2}=0.132\times0.785\qquad=0.1035$

總計：其他各種細節損頭　　＝0.4459公尺

可利用之摩擦水頭＝2.5－0.4459＝2.0541公尺。代入公式(11)，得：D＝2.55公尺，卽爲所求之木片管直徑

(B) 結構設計：－

在此情形下，木片管所受之最大水頭係在第一灣道之下游一端，故如不計入灣道損頭，木管中心之壓力水頭＝150－($h_i+h_f+h_v$)－100＝48.8公尺。

自公式(8)；木片厚度＝$2.54+\frac{48.8}{12}+\frac{2.55}{12}$＝6.82公分用7.0公分。

設f_s＝1,050公斤/平方公分；e＝45公斤/平方公分。自

公式(9)；最大之鋼箍半徑$r=\frac{R+t}{1,050\pi}\times 45=\frac{127.5+7}{1,050\pi}\times 45$

$=1.83$公分。

$\therefore S=\pi\times\overline{1.83}^{2}\times 1,050=11,050$公斤。

又自公式(10)：

$$鋼箍之間距=\frac{S}{pR+8.8t}$$

$=\frac{11,050}{\frac{48.8}{10}\times 127.5+8.8\times 7}=16.0$公分，故卽可用半徑爲1.8公分之鋼箍，其中心間距用15公分。

(丙)鋼筋混凝土管：

(1)說明：

鋼筋混凝土管可分事先造就者與就地建造者兩種。事先造就多於廠中先製成長1～5公尺之短管，運至工地再加以接頭及安裝。就地建造者，則卽建於安裝管道之位置上。爲運輸便利起見，前者之管徑最大不宜超過三公尺；後者之管徑則可較大，有至六公尺者。鋼筋混凝土管之在工地建造者，普通多用於壓力較低之水管，以不超過20～30公尺爲宜。蓋澆製及處理等情形未能臻合理想，不易製成十分密緻之管壁也。事先造就之管，其水壓則可較大，其最大限度約在60～120公尺之間。然水頭如在三十公尺以上時，多於壁內加一道圓形鋼筒，以防漏水，并可兼作抵抗伸張應力之用。

(2)水工設計：

鋼筋混凝土管之水工設計與木片管無異，無非根據管流原理，自已知之流量及可利用之水頭，以求其所需之管徑而已。關於混凝土管流量之計算，史可悲氏專有公式如下：

$$Q=2.46C_s\times{}^{2.65}\times H_f^{0.5}\cdots\cdots\cdots(12)$$

其中Q，D，Hf之單位與公式(16)同；C_s 爲一係數，視混凝土管之種類而異，普通灌溉上所用之鋼筋混凝土管約在0.310～0.370之間。如用曼寧公式時，則事先建就之混凝土管n=0.012；在工地製造者，N=0.014。

(3)結構設計：

鋼筋混凝土管所承受之荷重計有：(一)管內之水壓；(二)管外之填土重，包括垂直土壓力及兩側之水平土壓力；(三)管壁之本身重；及(四)管內之盛水重等。垂直土壓力及底脚基礎之反動力均可假設爲均勻分佈者，其值可自填土高，管壁外徑及填土性質等，根據圖44及45之荷重曲線計得。單位側向土壓力爲單位垂直土壓力與一係數"K"之乘積，(普通填土，K之值可約估爲1/3)故設h爲管外壁任何點之填土深；w爲單位體積之填土重；則該點之單位水平土壓力應爲Kwh。作用於管身側向水平土壓力之分佈係呈一梯形，計算時可假設由一均勻分佈之矩形及另一三角形之土壓力組合而成。

在以上四種荷重之共同作用下，管壁之每一斷面均將有彎曲力率及軸心力之發生。鋼筋混凝土管結構設計之步驟卽爲：(一)根據以上之荷重，計算各斷面所受之總彎曲力率及總軸心力之值；(二)依照鋼筋混凝土設計原理，以決定所需之鋼筋數量及計算混凝土所受之應力是否在安全限度以內。

(A)軸心力及彎曲力率：

茲爲便利計算起見，將在各種荷重及180°與90°兩種不同管座之支承情形下；管頂，管底，及管側所發生之彎曲力率及軸心力之係數，列表如左：

表中，軸心力之帶(+)號者，表示壓縮力。彎曲力率之帶(+`號者，表示在管之內壁產生張應力。d＝平均管徑，以公尺計。Ws＝每公尺管長之管身重，以公斤計。W_w＝＝每公尺管長之盛水重，以公斤計。We＝每公

表23 每公尺長混凝土管所受之軸心力與彎曲力率之係數

	荷重或支承情形	軸心力公斤 管頂	軸心力公斤 管側	軸心力公斤 管底	彎曲力率公尺-公斤 管頂	彎曲力率公尺-公斤 管側	彎曲力率公尺-公斤 管底
1	管壁本身重，180°之支承座	−0.027Ws	+0.250Ws	+0.027Ws	+0.028Wsd	−0.031Wsd	+0.035Wsd
	管壁本身重，90°之支承座	−0.053Ws	+0.250Ws	+0.053Ws	+0.033Wbs	−0.039Wsd	+0.051Wsd
2	管內盛水重，180°之支承座	−0.186Ww	−0.068Ww	−0.451Ww	+0.028Wwd	−0.031Wwd	+0.035Wwd
	管內盛水重，90°之支承座	−0.212Ww	−0.068Ww	−0.424Ww	+0.033Wwd	−0.039Wwd	+0.051Wwd
3	管外垂直土壓力，180°之支承座	0	+0.500We	0	+0.063Wed	−0.063Wed	+0.063Wed
	管外垂直土壓力，90°之支承座	−0.027We	+0.500We	+0.027We	+0.0685Wed	−0.070Wed	+0.0783Wed
4	管外均勻分佈之側面土壓力	+0.500H	0	+0.500H	−0.063Hd	+0.063Hd	−0.063Hd
5	管外三角形分佈之側面土壓力	+0.313H_t	0	+0.687H_t	−0.052H_td	+0.063H_td	−0.073H_td
6	管內水壓力	−0.5000pd	−0.500pd	−0.500pd	0	0	0

尺管長所受之總垂直土壓力，以公斤計。H＝每公尺管長所受矩形分佈之側向土壓力以公斤計。 H_t＝ 每公尺管長所受三角形分佈之側向土壓力以公斤計。p＝管內水壓力，以超出管頂以上之水頭計之，以公斤/平方公尺計 。如在管徑甚小，高水頭之情形下，彎曲力率每可予以忽視，而按管內水壓所產生之張力(Hoop—tension) 設計之。

(B) 管壁厚度：-

混凝土之管壁係爲防止漏水，保護鋼筋及增加管壁之強度而設。其厚度須足以支持因彎曲力率所生之壓應力。混凝土管之管壁厚度每隨水頭及管徑而增加，下列規律可供參考：

至管道中心之水頭(公尺)	管壁厚度(公分)
0 —12	8.4D (最小厚壁15公分)
12—24	8.4D+2.5
24—30	8.4D+5.0
30—36	8.4D+7.5
36—42	8.4D+10.0
42—48	8.4D+12.5

其中D 爲水管之內徑，以公尺計。

(C) 鋼筋之單位容許拉應力：

當鋼筋受壓力而伸張時，附近混凝土不免有細小裂縫之產生，管壁之不透水度因而減低。故習慣上鋼筋之單位容許拉應力，應較一般所用者爲低，且隨水頭之增加而減低，可以下列公式表示之：-

$$f_s=1,050-11.5H \cdots\cdots(13)$$

其中fs爲鋼筋之單位容許拉應力，隨水頭之增加而減低，但最小不低於560公斤/平方公分；H爲管內壓力水頭，以公尺計。

(D) 鋼筋面積 As 及混凝土所受壓縮應力 f_c之推求：-

設總彎曲力率 M 以公尺-公斤計；總軸心力 T 以公斤計爲已知，則軸心力之偏心(Eccentricity) "e" 可計算如下：-

$$e(\text{以公分計})=\frac{100M}{T} \cdots\cdots(14)$$

見圖51，設一公尺長之管身，并設$e>d-\frac{t}{2}$，則可導得關係如上：

$$\begin{cases}\dfrac{e}{d}+\dfrac{t}{2d}=\dfrac{6np(1-K)-K^2}{6np(1-K)-3K^2} \cdots\cdots(15)\\[2ex] 2np=\dfrac{K^2}{1-K}+\dfrac{nT}{50f_sd} \cdots\cdots(16)\end{cases}$$

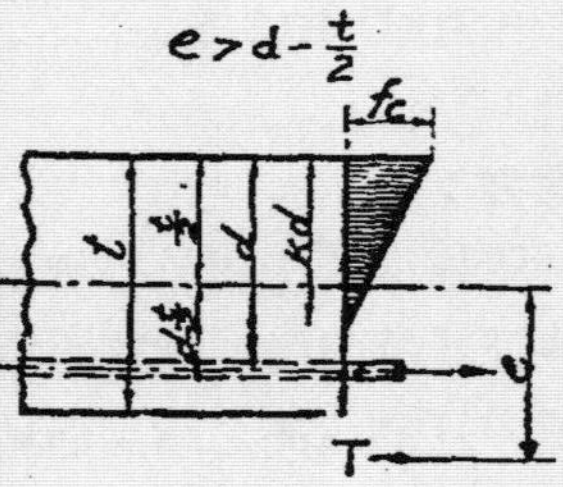

圖51

其中K爲中性軸(Neutral Axis)與鋼筋有效深度d之比值；n爲筋鋼與混凝土彈性係數之比值＝$\frac{E_s}{E_c}$；p爲鋼筋面積A_s與有效混凝土面積之比值＝$\frac{A_s}{bd}$；d爲鋼筋之有效深度，以公分計：管徑小於 2.5 公尺者，$d=t-5$；管徑在 2.5～3.5 公尺間者，$d=t-6.25$；管徑在 3.5 公尺以上者，$d=t-7.5$。

計算時 e，d，t，n，T，f_s 之值均可自以上各節計得，代入公式(15)與(16)中而解之，即可求得 K 與 P 之值矣。如爲一勞永逸計，可先製成 K 與 $\frac{nT}{50f_sd}$ 之兩組曲線，以 2np 爲橫座標，$\frac{e}{d}+\frac{t}{2d}$ 爲縱座標，自已知之 $\frac{e}{d}+\frac{t}{2d}$ 與 $\frac{nL}{50fsd}$ 即可迅速求得K及2np之値。則

$$A_s=pbd \quad\cdots\cdots(22)$$

$$f_c=\frac{f_s}{n}\left(\frac{K}{1-K}\right) \quad\cdots\cdots(23)$$

(E) 鋼筋之佈置：

關於鋼筋混凝土管鋼筋之佈置可見圖52。壁厚之小於20公分者，用單層鋼筋，管頂及管底所受之彎曲力率，使管壁內層產生張力，故鋼筋應置於內層；管之兩側則反是。壁厚之大於20公分者，用雙層鋼筋。

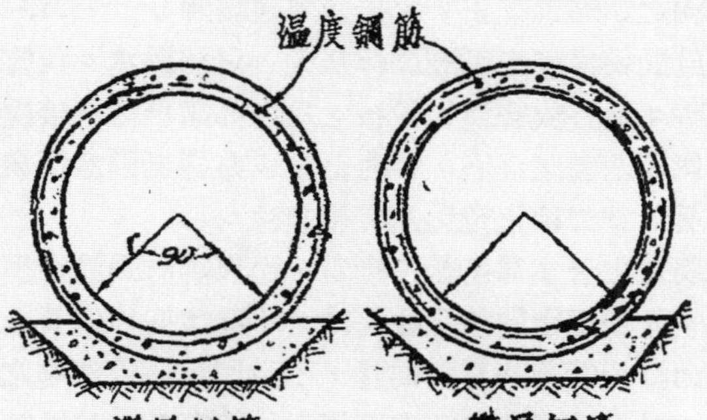

圖52,

再管壁內外與表面相近處，每設有

縱向鋼筋，用以承受因溫度變化而生之應力，其量約佔管壁截面積之¼%。

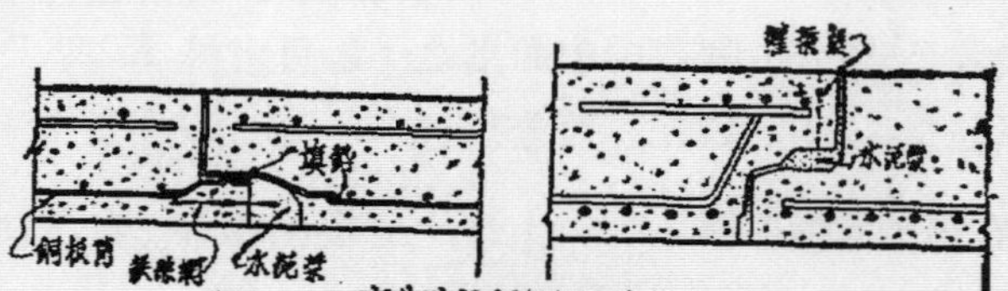

(a) 事先造就鋼筋混凝土管之接頭 (b)

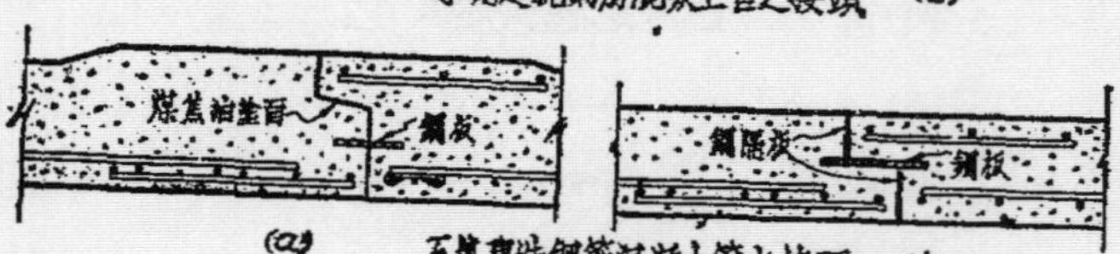

(a) 互地建造鋼筋混凝土管之接頭 (b)

圖 53,

(F) 鋼筋混凝土管之接縫：

事先造就之鋼筋混凝土管之接頭普通均為 bell—and—Spigot式，於放置妥當後，再澆灌洋灰漿，以防漏水。如管徑之尺度許可時，最好俟管通填覆後，於內部施行之。接縫必須嚴密，即使因基礎之沉陷，稍有活動；亦應無漏水現象之發生。圖53所示為二種比較通用之接頭法。

在工地製造之管多為連續不斷者，而以縱向鋼筋穿徑橫向之工作縫。此種工作縫須呈疊筍式，中間並插以銅片，作防漏之用，如欲使管身略具柔曲性，不致受沉陷或地震之嚴重影響起見，於工地製造之管亦可備有伸縮縫者，其結構如圖53所示。

(丁)純混凝土管(Plain Concrete Pipe)：

純混凝土管用於輸水者，多屬水頭在五公尺以下之低壓力。蓋混凝土所能支持之伸張應力甚屬有限（約當安全單位壓縮應力十分之一），在水頭較高時，管內水壓所生之管壁張力每足以使混凝土超過其安全限度而碎裂也。

純混凝土管，除於水量甚足珍貴之處，用以代替明槽，作配水之用外，更有用於斗門，涵洞或短倒虹吸管者，穿經渠岸或渠底，以作輸水之用。

純混凝土管之直徑自一公寸至一公尺不等，每段長約一公尺，用套筒式接頭，中填以灰漿，以防漏水。

第二十六章　交叉工程

(一)概說：

渠道與天然水道或道路鐵路相交之處，每須有交叉建築物之設置，以資渡越。天然水道通過渠道之法，不外下列四種：(一)如天然水道低於渠水面時，可設涵洞或倒虹吸管，使天然排水穿經渠道之下；惟當排水量遠較渠道流量爲大，或其大小不甚確定時，則爲安全及經濟起見，仍應保持原有之排水道，而以架槽使渠水超越其上。(二)如天然水道高於渠道時，可於渠道之上架排洪槽(Over-chute)，使排水自渠上流過；惟排水量甚大者，則宜採用涵洞倒虹吸管或壓力水管使渠水穿經天然水道之下。(三)流清量微之天然水道與渠道平交時，可以平交道引入渠中；必要時則於渠道之另一岸設溢水道以宣洩之。(四)沿山坡建築之渠道，遇排水量甚微之溝流時，可將其原有水道堵塞，沿渠設截流溝，匯集一處，再於適宜之地點以交叉建築均穿輕渠道。渠道與道路或鐵路相交，通過之法，亦有三種：(一)設涵洞或倒虹吸管，穿經路基之下。(二)設架槽跨越路線之上。(三)如鐵路之路面較滿渠水面爲高，或不甚重要之公路，路面可以任意抬高時，則可採用橋樑，橫越渠道之上。綜上觀之，渠道之交叉建築物不外架槽、排洪槽、平交道、倒虹吸管、涵洞、橋樑等數種；究以採用何種方式或建築物爲宜，當視渠道與天然水道或路面之相互高程，渠道與天然水道流量大小之比較及工程費用等因素而定。

洪水量估計之精確與否，關係排洪建築物之安危綦鉅。如排洪槽之洩量不足以宣洩驟來之洪水，則勢必漫溢入渠，危及上游渠道之安全。涵洞之流水面積如屬太小，則上游之水位勢必壅高，或增加淹沒之田地，或漫溢路渠之堤岸而生危險。第九章中所述關於洪水量估計之公式，多偏於流域面積較大之正式河流，不適用於荒溪式天然排水溝渠洪水量之估計。McMoth & Burki-Ziegler 有經驗公式如下，可資採用，爲便於計算起見，仍沿用英制；

$$Q=CiS^{\frac{1}{5}}A^{\frac{4}{5}} \cdots\cdots (1)$$

其中Q爲流量，以秒立方呎計；C爲一係數，視流域面積之情形而異；i爲暴雨量，以每小時之吋數計；S爲流域之縱坡，以每千呎所降落之呎數計；A爲流域面積，以英畝計。C之値可規定如下：

平廣之草原；　　C=0.10
田莊及未加整理之城郊；　　C=0.20

經整理後之耕地；　　C=0.30

坡度峻陡之山地或小城鎮；C=0.40

式(1)中之"i"，普通之雨量記錄中，多付缺如，然可根據每廿四小時之暴雨量記載及逕流集中間（Time of Concentration）推算之，如表24所示。所謂逕流集中時間，乃指流水自流域之最上端至建築物所在地所需之時間，其值每隨流域之長度、面積、坡降及地面情形而異。故欲作精確之估計，頗不容易；如其他計算方法之資料不足時，則表25所數字，可供參考。

表24　每小時之暴雨量吋數

廿四小時之暴雨量吋數	逕流集中時間				備註
	5分鐘	15分鐘	60分鐘	120分鐘	
Rt	0.99(Rt)	0.43(Rt)	0.20(Rt)	0.14(Rt)	雨量比值
4"	3.96	1.72	0.80	0.56	
5"	4.95	2.15	1.00	0.70	
6"	5.94	2.58	1.20	0.84	

表25　逕流集中時間（分鐘）

流域長度（呎）	流域面積（英畝）	流域縱坡降（每千呎之降落呎數）			
		10	50	100	200
2,000	31	19	8	7	5
3,000	69	20	12	9	7
4,000	122	26	14	12	8
5,000	191	32	18	14	10
7,500	430	47	24	20	14
10,000	760	60	30	24	18
15,000	1.720	84	46	33	26
20,000	3.050	102	50	40	32

由上可知，天然排水溝渠洪水量之估計，每不易準確。在可能範圍內，仍以渠水穿經或跨越天然道為妥。惟渠道中輸水或交叉建築物愈多，水頭損失愈大，選擇時亦應顧及。除架槽之設計，已詳於第二十五章輸水工程一章中外，玆謹就後五者分述如次。

(二)排洪槽(Over-chutes)：

(甲)說明：

如天然水道之底較渠道之滿渠水位為高，則可建排洪槽，引天然水越渠而過。此種情形以築渠於峻峭之山坡，最為普通。排洪槽在功用與性能上與架槽雖多差異，一為排洩洪水者，一為輸送渠水者；然就本身之結構言，則兩者甚相近似。排洪槽無非是渠上之短渡槽，兩端配備以適當之入口與出口建築物而已；故其建築材料之選擇及設計方法均可參照第二十五章架槽一節辦理，不再贅述。

設計排洪槽時，應注意之點有：(一)洪水量之估計應力求精確，以為設計排洪槽斷面之根據，免因洩量不夠，而生危險。(二)水頭損失在排洪槽可不若架槽之重視，故入口及出口漸變槽之設計，可採用較簡單之翼牆為之，以省工費。(三)如天然水道之坡度甚陡時，則排洪槽之出口每與依岸坡而築之陡坡相接，並於其下端酌設靜水池，以消蝕其因跌落而產生之高度流速。關於靜水池之設計，可見陡坡及跌水各節。(四)槽身兩側槽版應留有充份之超高(Freeboard)，以防洪水溢入渠道，危及渠系之安全。

排洪槽之長度除足敷跨越渠道外，更應繼續伸展至兩

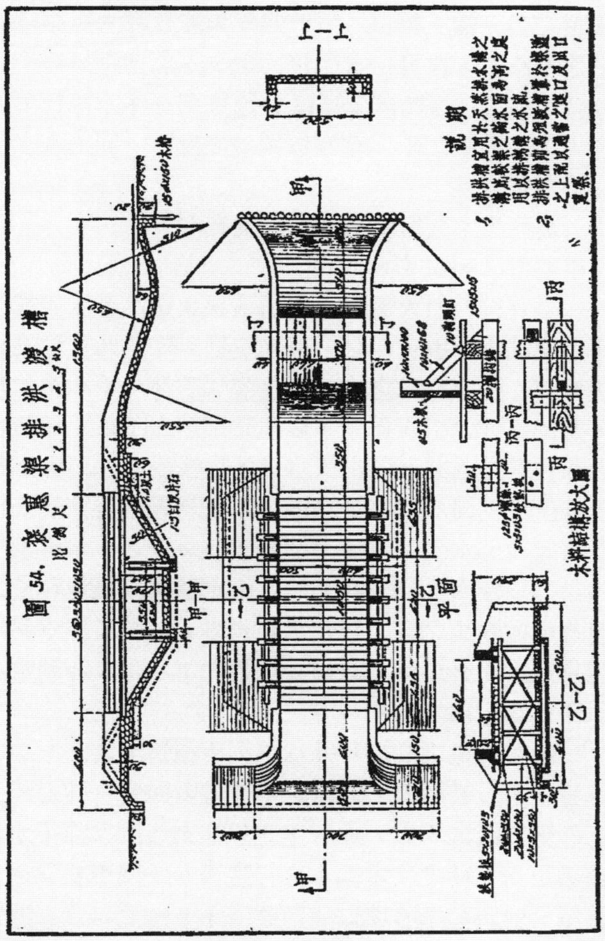
圖 54. 袁惠渠排洪渡槽
平面
甲—甲
乙—乙
丙—丙
丁—丁
說明
木料結構放大圖

側渠頂之另一端，再以入出口建築與原有之天然水道相接。渠道之狹小者，自可一次架槽而過；不然即須於渠中加設橋墩分成二個或三個跨度。橋墩之設施對渠中水流情形，頗有影響，可參照第二十一章關於閘墩之設計一節辦理之。

（乙）設計實例：

褒惠渠木製排洪渡槽——見圖54。

（三）平交道(Level Crossing)：

平交道乃將天然排水引導入渠與渠水合流，或穿經渠道再由他端溢水道宣洩之一種建築物。控制此項建築物設計之條件爲：（一）排水之來，適逢灌溉季節，渠水又欠豐裕，則可將此項排水引入渠中，以補充渠水之不足；超額水量則經由入口對岸或其下游之洩水建築物洩去。（二）排水之來，適逢非溉灌期間，且其量甚微，不致超過渠道之安全容量，則可將此項排水匯流入渠，輸至下游最近之洩水建築物或即穿過渠道以洩去。（三）如天然入渠水量遠較渠道容量爲大，或適逢渠道滿流之際，以致水量過多，則此項排水必須穿經渠道以洩去；必要時，更應於渠道之下，酌設節制閘，以免危及下游渠道之安全。

故平交道之設計可分爲下列兩種情形述之：一爲天然排水溝之水量甚微者，此時之平交道實即爲一種匯流工程，將天然排水匯流入渠，或利用之以補充灌溉季節渠水之不足，或導引至下游之洩水閘，再行宣洩。此種平交道之設計甚屬簡單，即將渠岸邊坡修建而成。上下游之一段渠道宜加鑲護，以防冲刷。

另一種情形爲天然排水量甚鉅者，則平交道之設施旣不經濟，又不安全，不若代以倒虹吸管，使渠水穿經天然排水溝下之爲佳。

平交道在灌溉工程上應用不多，有者亦不過爲細小水量之匯流工程而巳。故本節僅對其作用及性能略加說明，不擬建議採用。

(四)倒虹吸管(Inverted Siphon)：

(甲)說明：

倒虹吸管於壓力水管一節中業經提及，實卽管道之一種，用以輸水渡過低窪之谷地，以以代替架槽或高塡方渠道之設置者。在渠道與鐵路，公路或其他水道相交之處，如其高度相差無幾，旣不便築涵洞穿經其下，又不許設架槽跨越於上，亦有用倒虹吸管以代替之者。

倒虹吸管每由單個或一組管道組合而成，兩端口與出口建築物與渠道相接。在在入口處恆設有沉沙與退水閘，俾修理時可以洩去水量，并將積淤冲走。倒虹吸管之轉折處須按其不平衡之合力，設置鎭碇(Anchorage)。在管之隆起處，須設有空氣活門(Air Valve)，用以排除管中之空氣，並使在放空管中積水時，由此引入空氣。倒虹吸管之低陷處，須設吹出活門(Blow-off Valve)，修理時藉以放空管中之水量，並排出管中所積之泥沙。

倒虹吸管之斷面普通圓形與箱形二種：圓形斷面可就建築材料之不同，別爲洋灰管、缸管、木片管、鋼筋、混凝土管、鋼管及生鐵管等。關於各種管道之選擇及設計方法，已詳於壓力水管一節中，茲不再贅。箱形斷面多以鋼筋混凝土建築之，其結構分折方法，擬於涵洞一節中述之。

(乙)倒虹吸管之入口及出口設計：

倒虹吸管之入口建築物應具備有下列數種條件：(一)管道之入口必須平順，以減少因亂流或漩渦所引起之水頭損失；(二)進水口必須常使淹沒，以期避免空氣或浮體之進入；(三)宜與沉沙池及退水閘等合併建築，以截泥沙而策安全。出口建築物乃用以降低倒虹吸管出水之高速，並使斷面逐漸放大，以減少水頭損失及防止上下游渠道之冲刷者。入口與出口之設計，應視可資利用水頭之大小而定。如可資利用之水頭不成問題，其設計自可簡單，採用八字形之垂直翼牆即可；不然，如在坡度平緩之渠道，可資利用之水頭甚屬有限，則宜採用扭曲面之漸變槽，妥加設計。

渠道之斷面多屬梯形，倒虹吸管之斷面則可爲圓形，可爲箱形。如爲圓管時，其入口可先使變成正方形，然後再由正方形變成圓形；出口則反是。自梯形變成正方形或自正方形變成梯形之一段每於扭曲面之漸變槽內行之；由正方形變成圓形或自圓形變成正方形之一段，則於暗管內行之，所需接渡之長度約爲管道直徑之二倍。

關於漸變槽之設計，於第十一章中已經述及，惟應用於倒虹吸管之出入口設計時，不無相異之處，謹再申論之：

漸變之設計不外包括二點：(一)漸變槽長之決定；(二)扭曲面形狀之計算。關於前者之設計理論根據，無非在使水面之收縮或擴展不致過於急驟，以免過度亂流之發生而已。收縮時之水流情形每不若擴展時之嚴重，故入口漸變槽之長度不妨稍短，約為出口之一半，可用式十一(5)計算之。漸變槽之長度既經決定，最簡單之法，可卽以平滑之雙同曲線聯接漸變槽兩端斷面之水面邊線及渠底邊線，以構成漸變槽兩側之扭曲面。在縱斷面方面，出入口漸變槽亦應以平順之曲線為之，以聯接上下游之渠底及倒虹吸管之管道本身。設計妥善之漸變槽，其入口損頭為 $0.1\Delta h_{vi}$，其中 Δh_{vi} 為入口漸變槽起始及末端兩處之流速水頭之差；出口損頭則為 $0.2\Delta h_{vo}$，Δh_{vo} 為出口漸變槽兩端流速水頭之差。如漸變槽相當長，則計算總水頭損失時，亦應將摩擦損頭計入。

(五)涵洞(Culverts)：

(甲)說明：

涵洞乃一種人為水道，用以穿經道路、鐵路、天然排水道或渠道之下，以達到輸水或交叉之目的者。涵洞與倒虹吸管在作用上，甚為相似，同為一輸水或交叉之建築物；兩者異殊之處則在：(一)與所交水道或道路相互位置之高下有別。涵洞多用於水道之位置較所穿經建築之底為低。能供給涵洞所需之洩水斷面，而不必降低其底部之高程者。倒虹吸管則每需降低管身之高程，以求得充份之洩水斷面。(二)涵洞可為明槽式可為管流式，倒虹吸管則多為具有內水壓力之壓力水管。涵洞亦由入口，出口及流水道本身三部組合而成。以其流水道本身形狀之不同，涵洞每可分為管形，箱形及拱形等三種。關於其選用之標準，當視所在地之情形，各種形狀在水工與結構方面之效率比較，建築之難易及工程費用之大小等因素而定。箱形涵洞適用於覆土較淺，內部水壓力之較小者；施工簡單，對基礎壓力之分佈較爲均匀，是爲其優點，在淨空（Head Room）受限制時，且可採用寬而淺之斷面。管形涵洞適用於覆土厚，內部水壓力之較大者，其結構強度較箱形者爲佳，且具有較優之水力斷面。其缺點則在對基礎壓力之分佈不若箱形涵洞之均匀，再如有入口與出口之建築與渠道相接時，水流情形每不若箱形涵洞之平順。拱形涵洞界於兩者之間，利弊兼備，適用於深狹之溪谷而覆土較深之處。

管形涵洞以其所用建築材料之不同，又可分爲混凝土管、瓦管、木片管、鋼筋混凝土管、鋼管、波紋鐵皮管及鑄鐵管等。混凝土管及瓦管多用於較小之涵洞，其管徑不大於0.5公尺；再天氣寒冷之地不宜採用，以免冰凍而致破裂。鑄鐵管之工價較昂，雖有用於穿經鐵道之涵洞，以期負担軌道之荷重，然用於道路或灌溉渠上則鮮。木片管與波紋鐵皮管之長向強度較大，故路基之有沉墊或尚未堅實者，最爲合宜；然木片管之壽命不長，甚易朽腐。鋼筋混凝土管之強度既大，又頗經久耐用，故在較重要之涵洞，最宜採用。

箱形涵洞或拱形涵洞有一孔者，其形式及尺度之大小，隨所需之容量，許可之淨空及工程費用等因素而定。箱形涵洞多用木板或鋼筋混凝土建築之，木質者強度甚弱，又易朽腐，故僅宜於較小或不重要之建築物。拱形涵洞每用於孔徑較大，淨空敷裕之涵洞，多以磚或混凝土砌成。全國經濟委員會規定有各種公路涵洞孔徑之範圍，特錄於此，以供參考。

表26　涵洞孔徑之範圍(公分)

管形		箱形		拱形	
瓦管	10~30	磚石牆，石蓋板	30—100	磚拱或石拱	100—300
混凝土管	15—45	磚石牆，鋼筋混凝土蓋板	100—300	混凝土拱	100—300
鋼筋混凝土管	45—120				
波紋鐵皮管	60—300	鋼筋混凝土箱	100—300		

關於涵洞位置之選定，可分空線，坡度與高度三項述之：

(1)涵洞之軸心線必須與原有水道（渠道或天然水道）之軸心線相吻合，進出口暢順無阻，不致使水流因改向有所壅塞，而減低涵洞之洩量，便利泥沙之沉積。

(2)涵洞之坡度普通均使與附近原有水道之坡度相等或稍陡，太緩或太急，均非所宜。太緩則流緩沙停，需要之洩水面積因而增加；太急則流速過高，增加出口建築之困難。

(3)涵洞底部之高度多與原有水道之底高相等，不可再低，穿經土渠下之涵洞，其頂至少應低於渠底0.6~0.7公尺；如渠底係鑲砌有護面者，則至少應低於護面底8~10公分。

涵洞之入口及出口建築，如涵洞係用以輸送渠水者，應以呈扭曲面之漸變槽為之，以減少因亂流而生之水頭損失；如係用以通過天然水道之排水者，則可即以簡單之翼牆為之，蓋水流情形無庸重視也。

(乙)水工設計：

涵洞如用以輸送渠水者，則其洩量爲渠道之滿渠水量，甚爲簡單；然如涵洞係用以排洩天然水量者，則洪水量之估計應力求精確，可依照公式(1)計算之。

涵洞在滿流時，其流水情形與倒虹吸管或壓力水管無異，可依照第十二章所列公式，自已知之流量及可利用之水頭根據管流原理計算之。涵洞在用作排洩天然水量時，可資利用之水頭應爲上下游水位之差。爲不使上游水位壅高過甚，至淹地過多或危及路渠之堤岸見，較小之涵洞每可使上下游之水頭差"H"，等於0.15公尺，較大者則用0.30公尺，以計算其所需之洩水斷面（亦有規定流速之值以決定洩水斷面之大小者）。涵洞之上下游水位相差頗鉅者，對於滲流問題亦應妥爲顧及。管箱之四週宜添設多道截水牆（Collars），以增長滲流之長度，不致使管身與填土之間成爲一滲水之弱點。截水牆之深度應爲管徑之$\frac{2}{3}$倍，至少不小於0.5公尺。

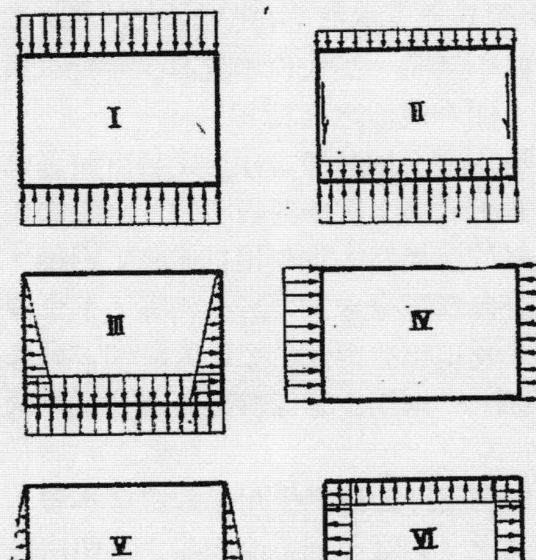

圖55，荷重圖例

(丙)結構分折：

關於管形涵洞

之結構設計，與壓力水管洞，不擬再贅，茲僅就箱形涵洞約述如次：

箱形涵洞所受之荷重，計有下列六種(見圖55)：

I.均匀之垂直荷重P，以每公尺涵洞長之公斤計；P應包括涵洞頂之覆土重，路面或道軌之死荷重及因車輛所生之活荷重與衝擊荷重等。覆土荷重之計算可見壓力水管第一節，圖44，45。涵洞之活荷重，如覆土深在一公尺以上時，每可假設爲均匀分佈者。穿經道路之涵洞活荷重均爲每平方公尺750—1,000公斤，衝擊荷重可以活荷重之百分之卄五計；鐵道涵洞約爲每平方公尺3,500—5,000公斤，衝擊荷重則爲活荷重之百分之五十。

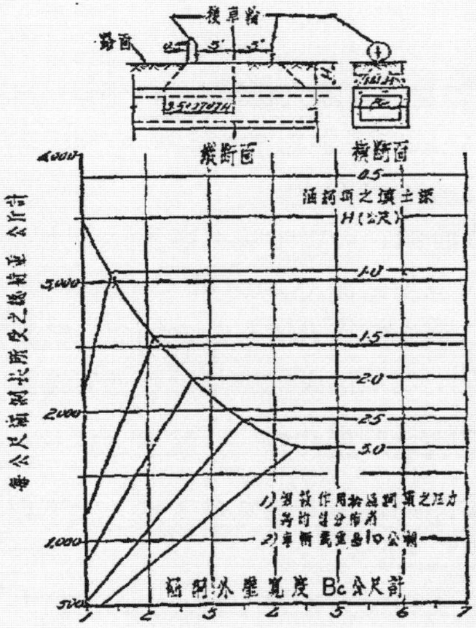

圖56. 標填土深至涵洞之車輛荷重

圖56爲在十公噸貨車列車(H—10)荷重下，不同之涵洞寬度B_c及覆土深度H，每公尺涵洞長所受之車輛荷重，以公斤計。如設計之車輛荷重不爲十公噸時，可卽自圖上所得之數値，乘以實際之車輛噸位數，除以10卽可。

II.涵洞之本身重。可假設基礎之反動力爲均勻者，混凝土之單位體積重量以每立方公尺2,400公斤計。

III.滿流時，涵洞各部所受之靜水壓力。

IV.均勻之側向土壓力(兩側對稱)，以W表示之。

W(以公斤/平方公尺計)$=w'h\frac{1-\sin\phi}{1+\sin\varphi}$，其中h爲涵洞頂之填土深；w'爲單位體積之填土重；φ爲填土之安息角。

V.三角形之側向土壓力(兩側對稱)，T爲單位側向土壓力，以每立方公尺之公斤數計。例如單位體積之土重爲1,600公斤/立方公尺，$K=\frac{1}{3}$，則$T=\frac{1600}{3}=533$公斤/立方公尺。

(組合IV V兩項卽得一實際之梯形側向土壓力分佈圖)

VI.超過涵洞頂之水頭所生之靜水壓力。普通涵洞，此項水頭甚微，設計時可不計入。

鋼筋混凝土箱形涵洞之設計步驟，亦與壓力水管相同，先自各種荷重求得各危險截面(Critical Section)上所生之彎曲力率及軸心力之值，然後自所假設之斷面以計算所需之鋼筋面積及較算混凝土之單位壓應力是否超過安全限度。初步設計時，每可使箱版之厚度約爲$\frac{1}{12}$涵洞之寬。如涵洞爲長方形時，以淨寬爲淨高之1.5倍爲最普通，上下兩箱版之厚則爲兩側箱版厚之1.5倍。

各危險截面上所生彎曲力率M，軸心力N及剪力V之值，可自下列二表求得之：

表27 單孔矩形涵洞(見圖57(ã))

	斷				面		
	4		5		6		7
	M	N	M	N	M	V	M
I、均匀之垂直荷重							
$P(1.5L+t)$	−0.025		−0.025		−0.012		+0.100
P		+0.50		+0.50		−0.50	
II、涵洞本身重							
$t(1.5L+t)^2$	−134.5		−21.4		−121.5		+663
$t(1.5L+t)$		+2,720		+3,520		−3,520	
III、箱內水壓力							
$L^2(L+1.5t)$	−33.2		+13.9		+32.8		+32.8
IV、均匀之側向土壓力							
$w(L+1.5t,^2$	+0.067		−0.030		−0.058		−0.058
V.三角形之側向土壓力							
$T(L+1.5t)^3$	+0.034		−0.016		−0.033		−0.033

表28 雙孔正方形涵洞(見圖57(b))

	斷面							
	5		6		7	8	9	
	M	N	M	N	M	M	M	V
Ⅰ、均匀之垂直荷重								
P(1.5L+t)	−0.014		−0.014		−0.006	+0.028	−0.044	
P		+0.208		+0.208				+0.292
Ⅱ、涵洞本身重								
$t(1.5L+t)^2$	−117.0		−206		−75.2	+323.0	−547.0	
t(1.5L+t)		+2,080		+3,360				+2,560
Ⅲ、涵洞满流時內部水壓力								
$L^2(L+t)$	−35.0		+17.9		+31.0	+7.83	−15.5	
Ⅳ、均匀之側向土壓力								
$w(L+t)^2$	+0.069		−0.036		−0.056	−0.014	+0.028	
Ⅴ、三角形之側向土壓力								
$T(L+t)^3$	+0.035		−0.018		−0.031	−0.008	+0.016	

表中所用之符號規定如下：

彎曲力率M，之使內壁產生拉應力者正，以"+"表示之。

軸心力N，之使截面呈壓縮者爲正，以"+"表示之。

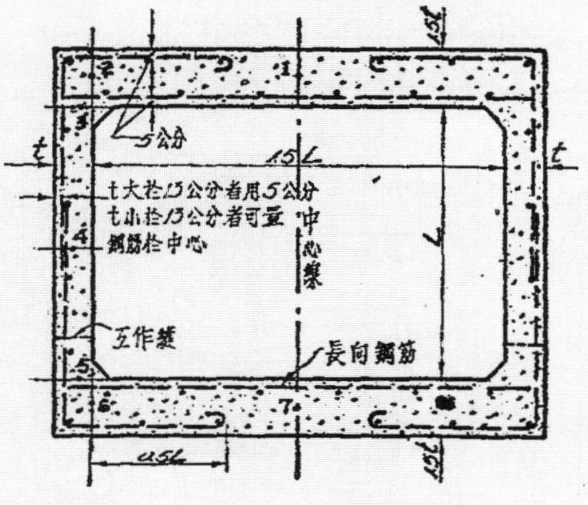

剪力V，自管內壁向外觀看，如斷面左方所有力之和係向外作用時，以"+"表示之。

表中所用之單位規定如下：

M以公尺-公斤計：N，V及P以公斤計；w以公斤/平方公尺計；T以公斤/立方公尺計；L及t以公尺計。

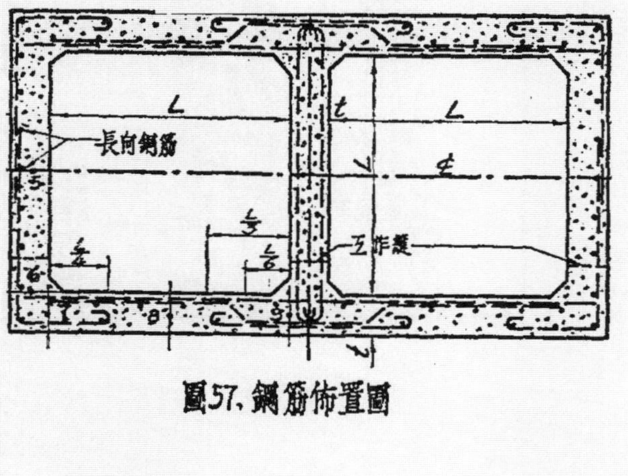

圖57. 鋼筋佈置圖

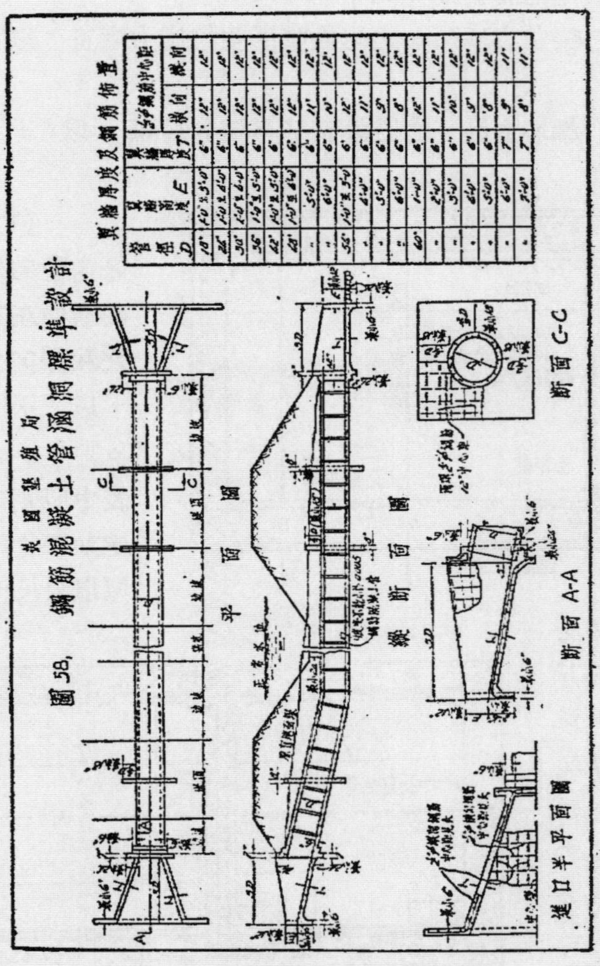

圖58, 美國墾殖局 鋼筋混凝土管涵洞標準設計

自以上二表中求得之係數，再代入實際之P、L、t、w、T諸值，即可計算各危險截面上，在各種荷重分別作用下之彎曲力率，軸心力及剪力之值矣。至於在各種荷重共同作用下所生之總彎曲力率、總軸心力及總剪力則可分兩種情形組合之：一為涵洞內滿流者，一為涵洞不過水者（其他荷重均仍同時作用），視何者情形下能產生最嚴重之結果，即以此作為設計該截面時之荷重。

關於鋼筋面積及混凝土應力之計算，與鋼筋混凝土製之壓力水管同，可參照第二十五章或鋼筋混凝土專書設計之。鋼筋之佈置法，如圖57所示。

（丁）設計實例：

美國墾殖局混凝土管標準涵洞圖（見圖58）

（六）橋樑(Bridges)：

（甲）說明：

橋樑為道路、鐵路跨越渠道或天然水道之一種交叉建築物，亦為灌溉渠上之一種交通工程。橋樑以建築材料之不同，可分木橋、磚拱或石拱橋，鋼筋混凝土橋及鋼橋等數種。木橋多為大樑式，以受木材長度之限則，其單孔跨度不宜超過6公尺。在渠面甚寬，又不願於渠中架設橋墩，以致有礙流水時，亦有採用桁架式(Truss)者。磚拱式或石拱橋多用於大車路或便道；如水面上有充足之空間，以供拱頂之敷設時，則亦可用於公路之橋樑，惟跨度不宜超過十公尺。鋼筋混凝土橋可分平板式(Flat Slab Type)，T字或I字形式、組合樑式(Girder Type)及拱樑式等。普通寬度(6～7公尺)之單孔橋樑，跨度在5公尺以下時，平板式每較經濟；T式或I形樑式之經濟跨度可至7～8公尺。組合樑式適用於跨度再大而寬度小於跨度之橋樑；拱樑式之跨度可至10公尺以上，惟受淨空高度之限制，並須有堅實之橋座基礎，以承受礙拱所傳來之推力。鋼橋有鋼樑橋及鋼桁架橋之分，前者之跨度範圍約自5～15尺，後者則可至卄公尺以上。各種橋樑建築材料及結構形式之選擇，當視橋樑之重要性，荷重之大小，跨度之長短及工程費用等因素而定。至於同一之橋長，用一孔者抑多孔者，可比較橋樑本身及橋礅工程費用之總數，以何者爲最經濟而決定之。

跨越渠道之橋樑，其兩端之支承建築物，有爲設於兩岸渠頂之座檻(Sills)或基脚 (Footing) 者，有爲擋土牆式之橋座者。在前者時，橋身之長卽爲渠道之頂寬；在後者時，爲縮短橋樑之跨度，同時不致使水流收縮過甚，增加水頭損失起見，其間矩多使等於渠道之平均寬度。橋樑之底面至少應高於渠道之滿渠水位0.3公尺，以免有礙水流。

灌漑工程所用之橋樑中，以木橋採用最廣，故本章所述，暫以木橋爲限，其他各種橋樑之設計，可參閱專書，於此不贅。

(乙)木橋：

木橋因其所在位置及重要性之不同，其設計荷重及需要路面之寬度亦因而有異。普通可分下列四種：(一)工作橋(Operating Bridge)：設計荷重及路面寬度視機器設備之需要而定，以便於工作爲準；(二)村路橋：指用於田疇或村落間之小橋；單行，設計荷重用H－5或H－10，路面寬16呎（5公尺）；(三)鄉道橋：單行或雙行，設計荷重用 H－10或H－15，路面寬單行者16呎(5公尺)，雙行者20～24呎(6～7.5公尺)；(四)公路橋：雙行，設計荷重用H－15或H－20，路面寬自24～28呎(7.5～8.5公尺)，在交通未臻發達，灌溉區域所用荷重自可酌減。此處所謂設計荷重係根據美國州公路工程師學會之規定，關於各級列車之組合，車輛之尺度及荷重之分配，可見圖59。我國車輛大多購自英美，故所用尺度仍本其舊，並爲與荷重之尺度相當起見，關於木橋設計所用之公式，均用英制表示之：

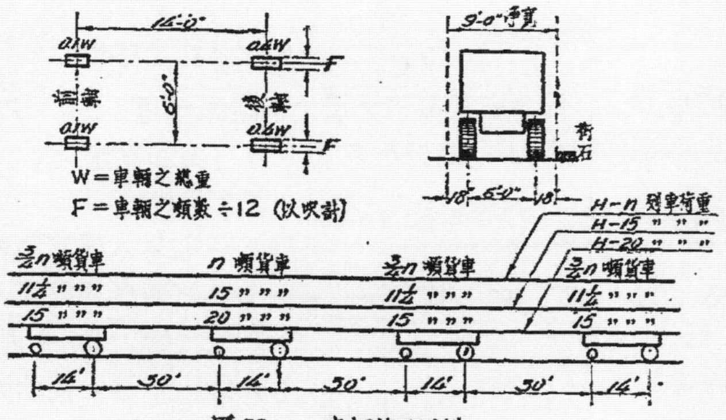

圖59，　車輛荷重圖例

(1)橋面板(見圖60)：橋面板係以大樑爲其支承，其厚度每受外邊纖維抗彎應力之牽制，可視作單樑設計之，其公式如下：

$$M(\text{以呎磅計})=\frac{P_R}{8}(2S-F),\ F\leqq S \cdots\cdots(2)$$

其中P_R爲後車輪之荷重$=0.4W$，平均分配於後車輪寬F之上；S爲大樑之中心距，以呎計。

(2)大樑：

大樑之設計應同時使截面之抗彎應力，支承點材所受之支承壓應力及水平向之剪應力均在安全限度以內。

(A)抗彎應力：橋面板實爲架於大樑上之連續樑，有分配荷重於數個大樑之作用，故每根大樑所受之荷重，實祗爲車輪重之一部份。其分配比例，當視大樑之間距 S ，橋面板之種類及厚薄而有不同，可以下式表示之：

$$P_{F1}=P_F\times\frac{S}{C_I};\ P_{R1}=P_R\times\frac{S}{C_I}\cdots(3)$$

其中P_{F1}，P_{R1}爲分配於每根大樑之前後車輪重；P_F，P_R爲前後車輪之荷重；C_1 爲分配係數，可自表29覓得之：

表29　分配係數C_I之值

橋面板種類	C_I	
	單行道	雙行道
平鋪板橋面(Plank Floor)	4.0′	3.5′
4吋寬之條板橋面 (4″Strip Floor)	4.5′	3.75′
6吋寬或6吋以上之條板橋面	5.0′	4.0′

作用於每根大樑之車輛荷重既經決定，根據力學原理，知最大彎曲力率應發生於後車輪之截面上，當後車輪至大樑中心與前後車輪之合重至大樑中心之距離相等時。如依照以上車輛之尺度，則最大彎曲力率應發生於距大樑中心 1.4 呎處置

後車輪於其上。於是自已知之彎曲力率及木材之抗彎應力，卽可設計大樑之尺度矣。

(B) 支承面之壓應力：大樑兩端支承處因活荷重而生之反動力R 可以下式計之(見圖61)

$$R = P_R\left(1-\frac{F}{4S}\right) + P_F \times C_2 \times \frac{b}{L} \cdots\cdots(4)$$

其中 P_F 、P_R、F、S之單位與前兩式同；C_2爲係數，可自圖62覓得之。

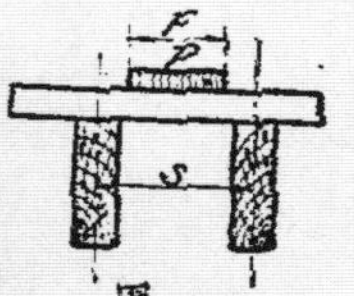

圖60,

圖61.

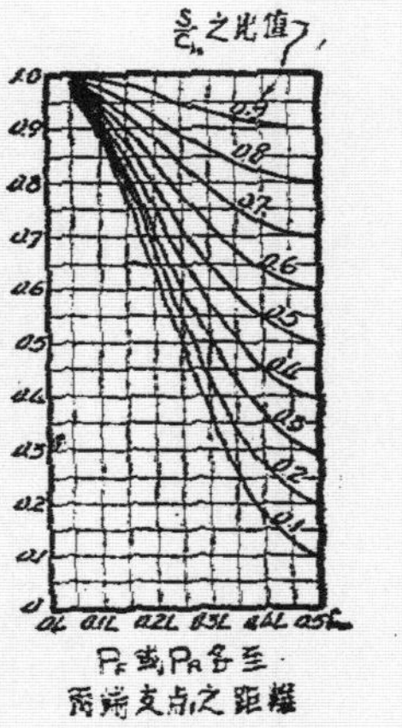

圖62.

(C) 水平向剪應力：在求大樑之最大水平向剪應力時，可假設在距兩端支承點等於樑高之距離內不受任何荷重之作用，並置後車輪於距支承點爲三倍樑高之處。作用於每根大樑之車輪重可依照圖62 C_2之比値而分配之。在計算總剪力時，祗計入活荷重剪力之百分之九十。如 w 爲大樑之均勻死荷重，以磅/呎計；b 爲樑寬，d爲樑深，均以呎計：則

$$\text{死荷重剪力}\ S_D = w\left(\frac{L}{2}-d\right)$$

$$\text{活荷重剪力}\ S_L = \frac{1}{L}\Big[P_R \cdot C_2(L-3d) + P_F \cdot C_2 \times (L-3d-14)\Big]$$

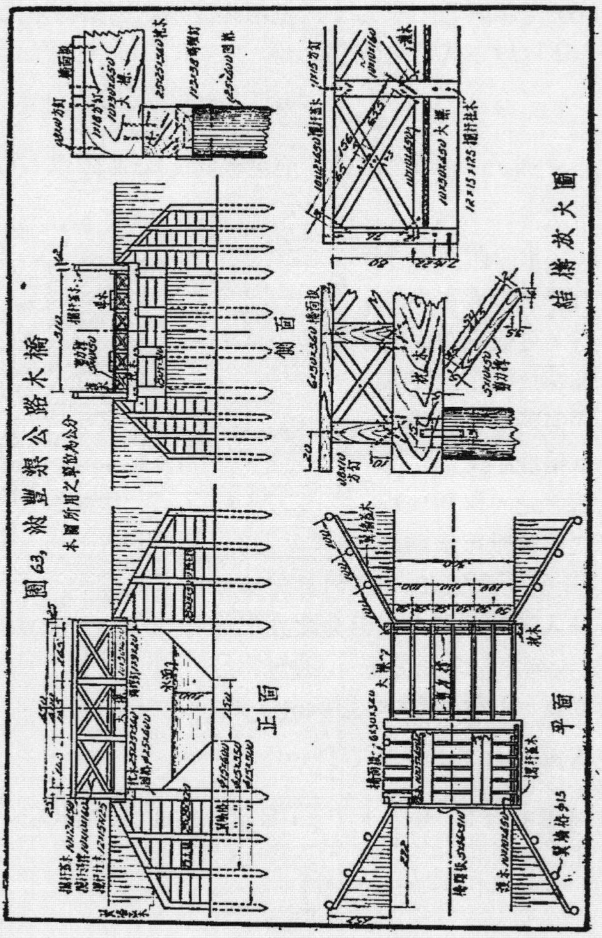

圖63，洮豐縣公路木橋
本圖所用之單位為公分

（C_2之值，在上式中並不相同，蓋P_R與P_F至支承點之距離，各不同也。）

總剪力 $=S=S_D+0.9S_L$

最大之單位水平剪應力$=\frac{1.5S}{bd}$，以磅/呎^{2}計；（蓋矩形樑之最大剪應力爲截面平均剪應力之$\frac{3}{2}$倍。）

關於木棧架橋墩暨橋座之設計，已分述於以前各章中，故從略。

(3)設計實例：

涡豐渠公路木橋(見圖63)

第二十七章　配水工程

(一)分水建築物：

(甲)概述：

分水建築物通常包括分水閘與斗門兩種，分水閘每設置於幹、支、子等渠之起首處，用以控制並調節引入之水量；如渠水挾帶有泥沙，則分水閘應兼具分配泥沙之功。斗門則專指設於子渠之進水口以調節並控制直接輸入農田之流量與泥沙量者。

分水閘(Lateral Turnout)與斗門(Farm Turnout)之劃分，與計劃中所採用之配水方式與配水單位之大小關係至鉅，故有時某一計劃中之斗門可較另一計劃之分水閘爲大，然如就同一計劃言，則斗門之規模多較小，常屬涵洞式，穿經渠岸，直接引水以入農田。

分水閘每可依其形式，別爲明槽式與涵洞式兩類，明槽式分水閘多用於取引流量較大之處，每與幹渠下游之節制閘(Check Gate)相緊接，或兩三分水閘合併建築，藉以控制水位，收相互調節之功。明槽式分水閘與引水幹渠渠首之進水閘甚爲相似，其不同之處，則爲：(一)進水閘係位於引水渠之渠首，閘外洪枯水位相差懸殊，洪水期間所受之靜水壓力甚鉅，而分水閘所受者僅爲滿渠水位所致之靜水壓力。職是之故，分水閘之爲明槽式者，可全賴閘門以閉塞水路，無需帷牆(Panel Wall)之設置，(二)進水閘應盡量阻止泥沙之入渠，而分水閘則須便利一部份泥沙之通過。再就形式言，明槽式分水閘與節制閘亦屬相似，惟兩者使用之方法則異，有時其入口與出口之建築亦復不同耳。

涵洞式分水閘與斗門甚屬相似，多用於取水較少之分水建築物，每包括一個或一組圓形短管或箱形涵洞，穿經供水渠渠岸，以引渠水。兩端則配備以適當之入口與出口，並設滑動閘門於入口處，以司調節。

(乙)明槽式分水閘：

(1)說明：

明槽式分水閘實爲渠岸中所設之閘門，兩端連以適當之進口與出口翼牆，以與供水渠及支渠之渠岸相接。閘之本身爲矩形之水槽，由鋪底及兩旁之側牆組合而成。如閘之分水量甚巨者；則其水路可用閘墩，閘座等分爲若干孔，其上架設步道或平台，以供昇降閘門時作業之所需，亦有將步道或平台擴展爲橋面者。

明槽式分水閘之進口與出口建築，以翼牆位置之不同，其形式亦異。普通進口之形式有三：(一)翼牆之方向與側牆成直角；(二)翼牆由側牆延長而成，(三)翼牆作八字形，與側牆所成之角度約在30°以內。第一種形式，翼牆每深入渠岸之內，而於翼牆之前方將渠岸之土坡修築爲錐體形，翼牆之長恆爲水深之1.5～2倍，第二及第三種之翼牆則接於側牆之外，其頂逐漸傾斜至水面下爲止。直角之翼牆不若第二及第三種翼牆爲好，然較經濟。出口處之翼牆可與進口處同式，但亦有以扭曲面爲之，以與土渠相接者。

明槽式分水閘之閘門，亦可分上溢式與下射式兩種；其優劣之比較，於進水閘一章中，已有論述。大體言之：(一)上溢式閘門較宜兼作量水建築物之用(二)下射式閘門之啓閉較便，(三)上溢式閘門之流量係與水頭之 $^3/_2$ 次方成正比；下射式閘門則流量係與水頭之平方根成正比。故欲維持固定水位之建築物如節制閘等，以採用上溢式爲宜，俾不致因渠中流量之增減，水位之變化過大：然如欲維持固定流量之建築物，如進水閘與分水閘等，則以採用下射式之閘門爲宜，蓋可不因河道或供水渠之水位變化影響入渠之流量過鉅也。其他因素如泥沙問題等亦可供選擇閘門種類時之參攷。如引水渠中含沙甚富，而支渠之坡度復甚平緩，需拒絕泥沙之入內時，則宜採用上溢式之閘門，以便引入上層含沙較少之水流。

(2)水工設計：

(a)閘孔尺度：

下射式閘門之閘孔面積可自潛流水孔公式求得之：

$$Q=CA\sqrt{2gH}\cdots\cdots(1)$$

其中Q爲引入支渠之流量；A爲閘孔面積；H爲上下游水位差；C爲流量係數，其值每隨分水閘之佈置，閘孔之大小及形式等因素而異，約在0.7～0.8之間，蓋引水渠中一部份之行近流速有時可利用以增加分水閘之流量，分水閘與引水渠之交角愈銳，可資利用之流速水頭愈大，C之值亦應愈高。爲供給充份之流水面積，俾在任何情形之下均能引入所需要之流量起見，H之值宜用最小之安全數，其值相當於在灌溉季節上游供水渠內可能之最低水位與支渠內滿渠水位之差(見圖64)。過閘流速不宜過大，以期減少出口防冲工程之困難，普通以不超過每秒一公尺爲宜。故如可資利用之水頭過大時，對於出口建築物下游冲刷之防護，應妥予顧及。

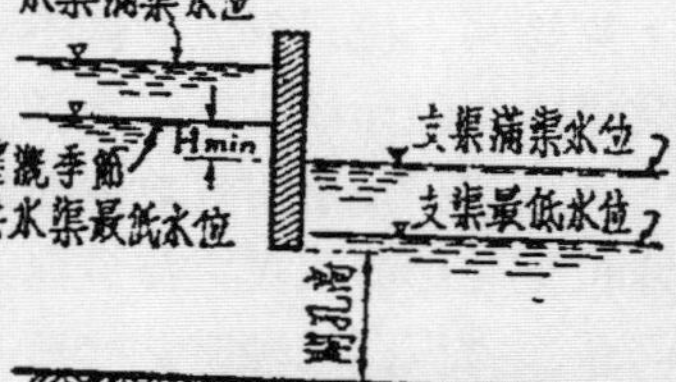

圖64,水位關係示意圖

下射式閘門之閘孔頂宜設在出口處最低支渠水位之下，常使淹沒，以期減低出口之流速，便利量水。此項最低水位常按滿渠水量之½或$^{1}/_{3}$計算，蓋支渠之作業流量絕少較此爲小也。閘之鋪底宜與供水渠之渠底相齊或稍低，但遇供水渠甚深者，則閘底可設在較高之處。閘孔之高度既經由所需之鋪底高程，支渠之最低水位及閘孔之淹沒度等因素決定；閘孔之總寬則可以閘孔高除閘孔面積而得。分水閘以受閘門尺度之限制，閘孔不宜太寬，如閘孔寬在2.0公尺以上時，則應分設二孔或若干孔，中架閘礅間隔之。

(b)淘刷之防止：

設計分水閘時，對於在建築物底脚及四周淘刷之防止，務須特加注意；所有截水牆及翼牆宜深入渠底或渠岸之內，以供給充份之滲流長度。再，還填於閘旁之填土，宜碾壓結實，俾建築物與填土之間，接合嚴密，不致成為滲流之甬道。關於滲流之理論與實施，除可參閱第十三章滲流與板樁各節外，下列規律，係綜合多數設計完善之分水閘而得之結論，可供採納：

(一)由閘孔起至出口末端之鋪底長度，至少須為閘門高度之二倍或三倍，如土壤冲蝕甚易，則宜用後數。

(二)如為粘壚姆土壤(Clay loam Soil)則圍繞閘旁與閘底之滲漏綫長度應等於鋪底上最大水深之4～5倍，壚姆及沙性土壤(Loamy or Sandy Soil)則宜為6～8倍。

(三)在沙土中，進口處所設截水牆(Cutoff Toe wall)之深度，應使等於鋪底上最大之水深；如為粘土則可減半。出口處之截水牆除極易冲蝕之鬆土外，可較進口處之截水牆為淺。

(3)結構設計：

明槽式分水閘之結構與進水閘或節制閘甚為相似，已

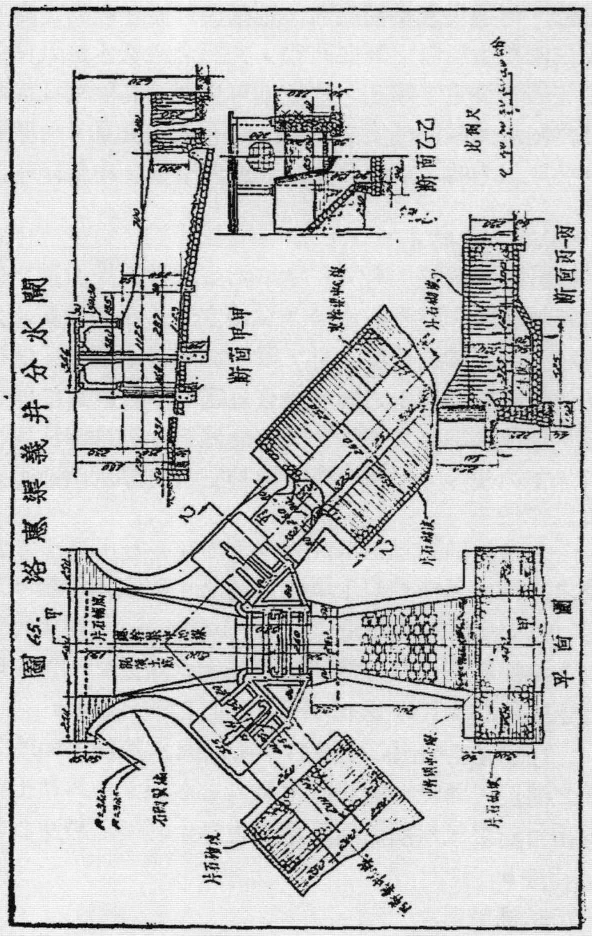

圖65. 洛惠渠義井分水閘

如前述，故凡有關閘牆閘磡，閘台之設計均可參閱進水閘一章；至於閘門及啓閉機，則詳於第二十八章中。

（4）設計實例：陝西洛惠渠義井分水閘，見圖65。

（丙）涵洞式分水閘與斗門：

（1）說明：

涵洞式分水閘或斗門，多與供水渠垂直，穿經渠岸，引導渠水。閘身每爲單個或一組圓管或矩形管所組成，一端設進口，他端設出口，以與渠岸相接；並於進口處添設閘門，以司調節。

小型之涵洞式分水閘或斗門，其進口可僅設混凝土一大塊圍繞於管之四週，並將混凝土塊之外形及管口加以修整，以與渠之岸坡相齊，閘門架卽倚於岸坡之上，塊之四週則用拋石或混凝土襯工，向兩側及上下方延展，以資保護。爲防免此項襯工之塌陷及破裂計，宜使下方襯工延伸至渠底以下，並於兩側襯工之盡端處設一截水墻，嵌入渠岸以內。入口建築之另一形式爲於管口設垂直之閘門架，而用天橋以與岸頂相聯通。較大之分水涵洞，其管道之進口處，每深入渠岸之內，約與渠水面之邊緣在同一垂直面上，並將岸坡切成垂直之壁而設領墻(Head Wall)於該處。閘門架則卽設於領牆之外，閘前之一段於是可與明槽式之分水閘相同，或用垂直之翼牆，將前方渠岸之土坡修築爲錐體形，或用平行或八字形之翼牆，其頂逐漸傾斜以至於水面之下。

涵洞式分水閘之出口建築，多以呈扭曲面之漸變槽，與支渠相接。

（2）水工設計：

決定閘身位置之因素大致與明槽式相同，爲求流水面積之充分利用及量水之方便計，涵閘頂常使淹沒於支渠之最低水位以下。閘底之高程可與供水渠渠底相齊，稍高或稍低，當視供水渠與支渠位置高下之關係，閘孔之高度等因素而定。

涵洞式分水閘或斗門閘孔面積之推求，與涵洞或短壓力水管相似，無非根據管流原理計算之而已：即可資利用之水頭H應與管道之進口損頭，摩擦損頭及出口之流速水頭等之總和相等。其洩量公式如下：

$$Q=\sqrt{\frac{1}{1.5+f\frac{L}{R}}}\times A\sqrt{2gH}\cdots\cdots\cdots\cdots(2)$$

其中A爲管道面積；H爲可資利用之水頭，等於灌溉季節供水渠中之最低水位與支渠滿渠水位之差；f爲管道摩擦係數；L爲管長；R爲管道之水力半徑。

經閘流速不宜過高，以在每秒½～1公尺左右爲宜，以避免挾入過多之泥沙。關於淘刷之防止，除宜於出口設置截水牆，如明槽式分水閘之規定外，並應於管道之四週加設多道Collars，深入填土之內，以增長滲流之爬路，Collar各邊之深度約爲管徑之$^{2}/_{3}$倍，惟最小不得小於0.5公尺。

（3）結構設計：

涵洞式分水閘之結構設計包括進出口之翼牆，領牆，鋪底與閘道之本身等數部。前三者可爲鋼筋混凝土製者，可爲砌石或砌磚者；翼牆與領牆均係按照重力式擋土牆設計。

閘道之本身可爲圓形之小管，可爲箱形或拱形之涵洞，其結構分析方法，均已分詳於壓力水管及涵洞各節中，於此不贅。

(4)設計舉例：

(a)陝西省褒惠渠斗門。見圖66

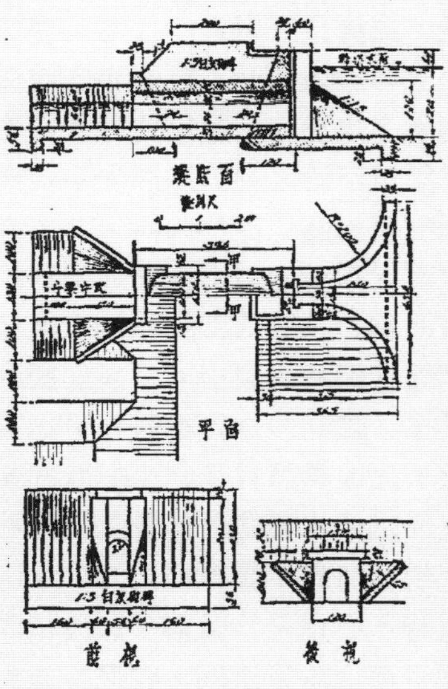

圖66，褒惠渠斗門

(二)配淤：

分水建築物所須調節並控制者有二：一爲流量，一爲泥沙。流量問題甚爲簡單，已詳於上一節中；至於泥沙之分配，情形較爲複雜，過去且素爲人所忽視，故特爲提出，以示重要。根據以上第十六章及第二十三章所述，關於灌溉渠系中泥沙問題之處理，可假設凡沿渠底運行之推移質，均已在渠首予以控制並排之於渠外。及至配水系統時，雖或仍不免有一部份推移質之存在，然已爲量甚微，不足重視。故分水建築物所需調節及控制泥沙之對象，係專指懸移質而言。此種淤泥，浮游水中，不易排出渠外，亦復無此必要，以其爲極佳之肥料，可施諸農田也。其合理解決之途，唯有加以均勻分配之一法，故爲別於防沙工程起見，特冠其名曰配淤。

分水建築物配淤之基本原則，無非在將供水渠中之懸移質依各支子渠之流量或輸沙能力作比例之分配；蓋按納塞氏學說如流量與泥沙係數(Silt Factor)為一定，則永久穩性渠槽之縱橫斷面均屬固定，而流速，斷面面積，浸水周界與水力半徑等，亦各僅有一值，可適合穩性渠之條件。故如渠系中之泥沙組合成份，含沙量，或流量三者之中任何一者發生變化，對穩性渠之平衡狀態立即破壞，而不免有冲刷或淤澱現象之發生。例如支渠引入過多之泥沙，超出其輸送能力，則支渠勢將逐漸淤塞，而支渠口下游之幹渠則因泥沙較預定量為少而有冲刷；反之，如支渠口避免泥沙入內，其下游幹渠必因流量減少，而泥沙未減，以致過量之泥沙逐漸淤澱，支渠內則因水流太清，而有冲刷。再引入支渠泥沙之組合成份與穩性渠之性能亦至有關係。例如支渠引入者多屬底層之水流，雖其泥沙總量或不甚多，然泥沙之顆粒較粗，比重較大，因而影響泥沙係數之值，而改變穩性渠之平衡狀態。故分水建築物之設計，首先宜明瞭供水渠之泥沙量，及泥沙之分佈情形，然後通盤籌劃，依據各支子渠輸沙能力之比例而分配之。普通設計穩性渠道時，各渠含沙情形多假設相同者，故為簡便計，即根據各支子渠之流量比例，將泥沙作均勻之分配。

分水建築物對淤泥之分配，未能自然依照流量之比例者，其原因有二：(一)取水層次之不同：懸移質在流水中之分佈情形，其含沙量愈近渠底而愈大，故引水時，如取水層次高下有別，則流量雖同，進入泥沙之量相去可甚遠。(二)橫流之影響：分水建築物引水之處，每有橫流之產生，是項橫流對水面流速較大之水流影響較小，大部仍可繼續下流，惟對底層流速較緩水流之影響則大，足以使其轉向，流入支子渠內，而挾入大量之泥沙。證諸水工模型試驗及實地經驗，此種理論亦甚正確。

分水建築物之設計，爲同時兼顧水量及泥沙量之合理分配起見，最妥善之辦法，仍爲模型試驗。至於其他辦法，以影響之因素太多，迄無固定之原則與措置，堪資遵循。雖然，下列之設施，每有助於分水建築物之配水性能，謹介紹於次，以供參攷：

(甲)若干容量大約相同之幹支子等渠，在分水地點分引供水渠之全部流量時，其位置之佈置宜使對稱於供水渠之中心線，並互成銳角。

(乙)如分水建築物所引流量，僅爲供水渠之一小部，以致供水渠必須延續至下游時，則可酌設分水牆或分沙牆，將供水渠劃分成區，減少橫流之影響，並使引取泥沙之範圍局部化。

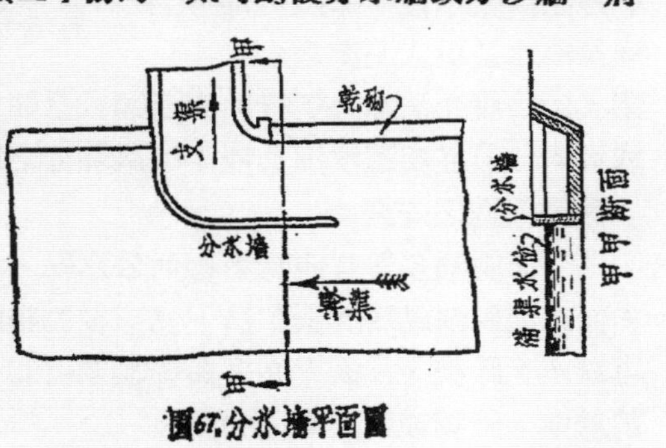

圖67.分水墻平面圖

(1)分水牆(Divide Wall)見圖67。此項極

有效之設施，曾廣用於設計不良之分水閘之改造。其主要目的在使支渠之前，造成一新型之靜水袋，以吸引和平之水流進入支渠，並使因支渠引水所發生之橫流局部化。

(2)分沙牆(Vertical Wall)見圖68此爲一簡單之防沙建築物，乃以垂直之牆，順幹渠之方向置於分水閘之前；此牆可使吸引底層泥沙之範圍局部化，俾引入支渠之泥沙量，不致過多。

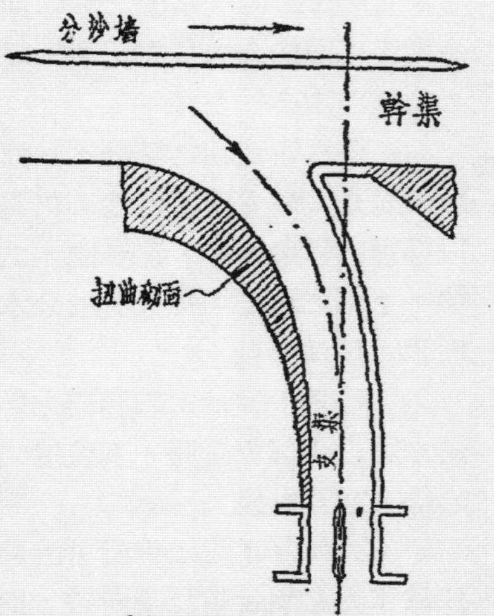

圖68分沙墻平面圖

(三)節制閘(Check Gates)

(甲)概述：

節制閘乃一橫亙渠中之建築物，用以控制上游渠道之水位者，其作用有：(一)抬高渠水位，俾將一部或全部水量引入上游之分水閘。(二)阻止流水之下行，使超額或全部之水量經由洩水道洩去。(三)在渠道坡度太陡，冲刷甚烈之處，用以減低流速，保障渠道之安全。

節制閘多與其他建築物如分水閘，洩水閘等合併建築，而以節制閘建於其緊下游，藉以控制渠道之水位及流量。再跌水、陡坡、與橋樑亦多與節制閘併爲一體，而設節制閘於跌水，陡坡或橋樑之入口處。

黄河國家治理文獻集成（民國卷）

三六六

節制閘亦可隨所用閘門之不同，分為上溢式與下射式兩種；前者恆用橫插板為之，使多餘之水量由板頂漫溢而過；後者則用直昇式或弧形之閘門，使水量流經其下。橫插板適用於較小之建築物，水頭不宜在2.0公尺以上；為啓閉方便計，每可將下部之橫插板聯為一體，僅留上部數塊，自由安插以為隨時調節水位之用。直昇式或弧形閘門之啓閉較便，水壓力稍大者，弧形閘門尤為適宜。關於上溢式與下射式閘門之優劣比較，已詳於進水閘及分水閘各節中，茲不復贅。總之，節制閘之用以維持上游之固定水位者，上溢式閘門較為有利；節制閘之用以維持固定流量，俾超額之水量得由上游之洩水建築物洩去者，則以採用下射式閘門為宜。

(乙)水工設計：

節制閘為一矩形之槽，由閘牆，閘底及閘礅組合而成，上架閘台以司閘門之啓閉，兩端則以漸變槽與渠道相接。為避免斷面收縮過甚所引起之亂流及冲刷作用起見，閘孔之淨寬不可太小，普通多使等於渠道之平均寬度。

如用上溢式之橫插板閘門時，閘門下游之鋪底必須具有充分之長度，俾下跌之水適能落於其中點，可以下列公式求得之：

$$L=1.65\sqrt{D} \quad \cdots\cdots(3)$$

其中L為下游鋪底之長度，自閘門計起；D為滿渠水深，均以公尺計。

然鋪底之長度同時亦受所需滲漏線長度之限制，計算時，可假設上游為渠道之滿渠水位，下游枯乾無水。滲漏坡择視渠道之土質而異，約自1：4至1：8不等，務使所供給之爬路長度較需要者爲大，以期避免湧沙現象。上下游截水牆之深度自½～1倍之渠水深不等，亦視土質而異；惟最小不應小於0.5～1公尺。關於滲流之處理尚可參閱第十三章。

（丙）結構設計：

關於閘牆，閘墩，及閘底之設計，可參見進水閘，分水閘各節，故從略。惟如節制閘之爲鋼筋混凝土建築者，各部份連接爲一整體，除分別設計各個所需之截面及鋼筋外，更應計算整個結構之安全，是否有傾覆或滑動之危險。計算時應計入水壓力，滲水之浮托力，建築物之靜荷重及基礎之反作用力等，務使合力線交在閘底中三分點以內。

（四）量水建築物：

（甲）概述：

爲求灌溉渠系管理之合理及分水量分配之公允起見，灌溉用水必須備有準確而可靠之量水設備。在水量不敷之處，尤宜有精確之量水建築物，作配水之依據，以減少水量之浪費，提高灌溉之效率，並避免用水者間之糾紛。將來水費之徵收，宜以用水量之多寡而定，則優良量水建築物之需要，更屬明顯。

一渠系中水量之度量，宜在下列數地點行之：

(1)引水渠之渠首。

(2)幹支子各渠之渠首。

(3)支子各渠之其他地點。

(4)配水之處。

量水建築物設於引水渠之渠首者，甚屬必要，其目的有：(1)控制入渠水量，使入渠水量，不致較渠道之容量爲大。

(2)調節水量，以符合灌溉需要。

(3)記錄入渠之水量，此在引用水源有糾紛者，甚屬需要。

(4)研究輸水損失。

量水建築物之設置於支子渠之渠首，及支子渠引水點附近之供水渠內者，其功用爲：

(1)主司水量之分配，以免盈歉不均。

(2)調節水量，以符需要。

(3)研究輸水損失。

量水建築物之設於幹支子各渠之其他地點者，目的在研究某一段渠道內之局部輸水損失。其設置於配水處者，對水費按用水量之多寡徵收者，甚爲重要；惟灌溉方法之採用輪灌制者，則屬例外。

灌溉工程上通用之量水建築物，不外下列三類：第一類爲僅表明流量者，如溢水堰，潛水孔，巴歇爾量水槽，測流槽及控制斷面量水槽等。第二類爲表明在一定時間內，所經過之水量者，包括各種水計，如 Dethride Meter，Grant Michell Meter，Hill Meter，Hanna Meter 等，多用於按用水量徵收水費之處。第三類爲採用第一類之測流槽或溢水堰，配備以自動紀錄機，以同時求得流量與總水量者。關於各種量水建築物之選擇，有下列數項原則：(一)設備費及維持費應節省；(二)施用方便；(三)相當準確；(四)水頭損失應小，尤其在渠坡平緩之處；(五)渠水含沙量對量水精確度之影響不應過大。

(乙)量水建築：玆僅就最通用之數種，分述如下：

(1)溢水堰：

一般溢水堰之用於量水建築物者，又可分矩形銳緣缺口，西蒲萊梯形缺口(Cipolletti Weir)，及三角形缺口等三種。關於各種溢水堰之水流計算公式，可參閱第十章「溢流與孔流之計算」。在適合之情形下，溢水堰爲一種最簡單，便宜而可靠之量水建築物，其裝置及施用亦甚簡便；缺點則在：(一)水頭損失頗大，故不適用於坡度平緩之渠道；(二)如渠水挾沙豐富，則堰後之淤澱每易使正常之量水情形有所改變；(三)不宜與引水建築物合併建築。

設置標準溢水堰時，應注意下列各點：

(A) 溢水堰須設在一段平直而均勻之渠道中，水流平順，無渦流之發生，行近流速亦不以超過每秒0.2公尺爲宜。

(B) 堰身必須直立，不向上游或下游傾斜，且與水流之方向垂直，渠中心線經過堰之中心。

(C) 堰頂須在一水平綫上，且爲銳緣者。

(D) 堰身宜爲堰頂水深之2～3倍；堰長宜爲堰頂水深之三倍；堰側至渠道邊緣之距離不應小於堰頂水深之二倍。

(E) 水尺應置於溢水堰之上游，至少爲堰頂水深四倍之處，俾不受水面降落曲線之影響。

(F) 經堰頂下滚之水，應呈自由跌落狀態，使空氣得以自由進入水舌下層之空間內。

(G) 堰頂水深不宜大於堰長之$\frac{1}{3}$倍，亦不宜小於五公分，致受表面張力之影響。

(H) 溢水堰上下游之渠身如有泥沙或其他物體沉積時，應時加清除，以保持上述需要之條件。

(2)潛水孔(Submerged Orifice)：

潛水孔之主要優點，在能適用於坡度平緩之渠道上，不如溢水堰需用較大之水頭跌落，缺點亦與溢水堰同，孔壁後易有泥沙之淤澱，致影響量水之準確性。

設置潛水孔時應注意下列各點：

(A) 水孔必須完全潛沒。

(B) 潛水孔之上游邊緣，必須尖銳而平順，且孔口距渠道底及兩側岸坡之距離，均不宜小於孔口最小尺度之二倍。

(C) 孔壁須直立，孔口之上下兩邊爲水平，兩側垂直。

(D) 爲求上下游水頭差讀數之精確，不受波浪之影響起見，水尺宜分別設置於上下游之靜水井中，另以小管與渠道連通。

(E) 行近段須平順，行近流速宜小，必要時可計入流速水頭在內。

(3)測流槽(Rating Flumes)：

至坡度峻陡渠水挾帶泥沙豐盛之渠道，截渠作堰或潛水孔，每不相宜，則可選定渠道之一段，以爲量水之用。其法可先以流速儀，或浮標法，測定各種水位下，水位與流量之關係，製成流量曲綫圖(Rating Curve)；以後則祇須觀察水尺讀數，即可自與其相關之流量曲線圖中查得各種水位下之流量矣。應注意之點如下：

(A) 所選定之一段渠道，須平直而固定者，必要時並加鑲砌面，藉資保護。

(B) 測流位置之選定，應使其水位不致受上下游建築物降落或回水曲線之影響。

(C) 測流槽之情形如有改變，流量曲線應立予糾正，俾水位與流量仍能維持一準確之關係。

(4)巴歇爾量水槽(Parshall Measuring Flume)：

巴歇爾量水槽之優點有四：(一)精確度可在2－5%以內；(二)自由流水式之巴歇爾量水槽其水頭損失僅約爲自由跌落量水堰水頭損失之四分之一；如爲潛流時，則水頭損失可以更小，且可不因潛流而減低其精確。(三)上游泥沙之沉積對於過槽之流量無甚影響。(四)量水範圍甚廣，可自最小之0.1秒立方呎至2,000秒立方呎。

其缺點則在：(一)建築費恆較溢水堰或潛水孔爲高；(二)自由流水式之出口流速較鉅，易引起下游渠道之沖刷；(三)不能與分水建築物合併建築。

巴歇爾量水槽視潛沒度(下游水頭與上游水頭之比)之不同，可分爲自由流水式與潛流式兩種，已如上述。自由流水式者，其潛沒度應在百分之60～70以下；超過此數時，即成爲潛流式。潛流之巴歇爾量水槽以每需同時量取上上游兩種水位，應用較爲複雜，故在可能範圍內，應儘量使量水槽爲自由流水式者。

自由流水式巴歇爾量水槽之經驗公式爲：

$$Q=4wH_a^{1.522W^{0.026}}\text{（英制）}\cdots\cdots\cdots\cdots\cdots(4)$$

其中Q爲流量，以秒立方呎計。Ha爲上游水頭，自上游之量水尺讀得之，以呎計。W爲喉道寬度，以呎計。

此公式只可用以喉道寬自一呎至十呎，潛沒度$\frac{H_b}{H_a}$不超過百分之七十之量水槽。如潛沒度超過此數時，即應加以糾正。

適易之喉道寬度及槽底高程爲設計巴歇爾量水槽時最應注意之點，應根據所擬量之最大流量，可資利用之水頭及淹沒度等，妥爲計算。可資利用之水頭視安設水槽處渠道之縱坡，及渠岸頂距渠水面之超高而定，以使量水槽設立後，上游渠水面之壅高不致超越安全高程爲限。故設計巴歇爾量水槽之原則不外下列兩點：(一)儘量使過槽之水流情形爲自由流水式者，上下游水位之淹沒度不在60～70%以上。(二)選擇一最小最經濟之槽身而能符合所有需要之條件者。今謹舉例說明如下：設擬測之最大流量Q爲20秒立方呎，渠道水深T爲2.5呎，渠岸頂之超過爲6吋，如圖77所示。設用2′；3′；4′三種不同喉道寬度之量水槽，Ha之值可自式(4)求得之：計喉道寬2呎之量水槽，Ha爲1.81呎，3呎者Ha爲1.39呎；4呎者Ha爲1.15呎。爲使淹沒度不超過70%，故三者H_b之讀數，應分別爲1.27呎＝1.81×0.70，0.97呎，及0.81呎。

則槽底高程$S=T-H_b$，分別等於1.23呎，1.53呎，及1.69呎。實際之水頭損失"U"在流量爲20秒立方呎，淹沒度爲70%時，可自圖70求得之：分別爲0.62呎，0.48呎，及0.40呎。T+U 則爲壅高後上游水面之高程，其值應較渠岸頂爲低，以免渠水漫溢渠外。

今將結果列表如下：

喉道寬 (W)	H_a (呎)	$H_b=0.7H_a$ (呎)	槽底高程 $S=T-H_b$ (呎)	水頭損失 U (呎)	上游水面高程 U+T (呎)	渠頂高程 (呎)
2'	1.81	1.27	1.23	0.62	3.12	>3.00
3'	1.39	0.97	1.53	0.48	2.98	<3.00
4'	1.15	0.81	1.69	0.40	2.90	<3.00

由此可知喉道寬爲三呎之量水槽，爲最經濟之量水槽，而能符合所有之條件者。普通多使量水槽之喉道寬度約爲$\frac{1}{3}\sim\frac{1}{2}$渠道之寬度。喉道之寬度既經決定，量水槽之其他尺度卽可自圖69及表30覓得之。

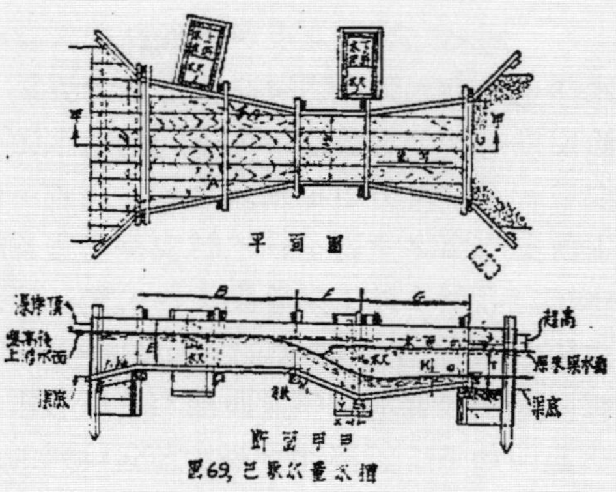

圖69, 巴歇爾量水槽

（5）水躍量水槽：

巴歇爾水槽，所規定設置水尺之處係任意決定者，全憑實際之試驗，以求得水位與流量之關係，故在設計此種量

附表30　標準尺度

W		A		$\frac{2}{3}$A		B		C		D		E		F	G	K	N	X	Y	流量（自由跌落）最大	流量（自由跌落）最小
呎	吋	呎	吋	呎	吋	呎	吋	呎	吋	呎	吋	呎	吋	呎	呎	[illegible]	吋	[illegible]	吋	秒呎	秒呎
	3	1	$6\frac{3}{8}$	1	$\frac{1}{4}$	1	6	0	7	0	$10\frac{3}{16}$	1	4	$\frac{1}{2}$	1	3	$2\frac{1}{4}$	1	$1\frac{1}{2}$	1.1	0.03
	6	2	$\frac{7}{16}$	1	$4\frac{5}{16}$	2	0	1	$3\frac{5}{8}$	1	$3\frac{5}{8}$	2	0	1	2	3	$4\frac{1}{2}$	2	3	3.9	0.05
	3	2	$10\frac{5}{8}$	1	$11\frac{1}{8}$	2	10	1	3	1	$10\frac{5}{8}$	2	6	1	$1\frac{1}{2}$	3	$4\frac{1}{2}$	2	3	8.8	0.09
1		4	6	3	0	4	$4\frac{7}{8}$	2	0	2	$9\frac{1}{4}$	3	0	2	3	3	9	2	3	16.1	0.35
$1\frac{1}{2}$		4	9	3	2	4	$7\frac{7}{8}$	2	6	3	$4\frac{3}{8}$	3	0	2	3	3	9	2	3	24.6	0.51
2		5	0	3	4	4	$10\frac{7}{8}$	3	0	3	$11\frac{1}{2}$	3	0	2	3	3	9	2	3	33.1	0.65
3		5	6	3	8	5	$4\frac{3}{4}$	4	0	5	$1\frac{7}{8}$	3	0	2	3	3	9	2	3	50.4	0.97
4		6	0	4	0	5	$10\frac{5}{8}$	5	0	6	$4\frac{1}{4}$	3	0	2	3	3	9	2	3	67.9	1.26
6		7	0	4	8	6	$10\frac{3}{8}$	7	0	8	9	3	0	2	3	3	9	2	3	103.5	2.63
8		8	0	5	4	7	$10\frac{1}{8}$	9	0	11	$1\frac{3}{4}$	3	0	2	3	3	9	2	3	139.5	4.62
10		9	0	6	0	8	$9\frac{7}{8}$	11	0	13	$6\frac{3}{8}$	3	0	2	3	3	9	2	3	175.8	9.10

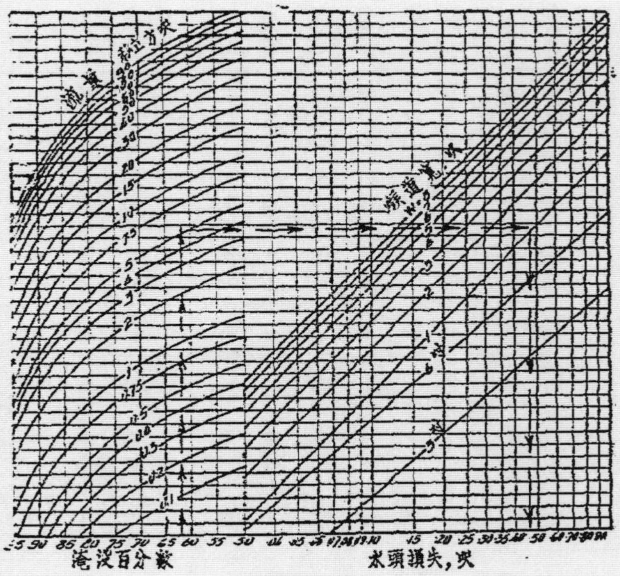

圖70，巴歇爾量水槽水頭損失圖解

水槽時，所用尺度必須與原有試驗之模型完全符合，然後用公式或圖表所計得之流量，方能準確。較合理之量水槽爲利用渠道之剩餘坡度或其他方法，如縮小渠寬，抬高渠底等，使水流於一定斷面內產生臨界水流，構成一控制斷面（Control Section）如是流量與水深即有一固定之關係，由控制斷面之臨界水深，或上游之總水頭D，即可求得其相當之流量矣！

水躍量水槽卽根據此項原理，縮小渠寬，抬高渠底，以促成臨界水流之完成；於其下游，則利用水躍現象，使水流又自射流變成緩流，恢復水頭之大部，再與下流渠道相接。水躍量水槽之優點：(一)可適用於甚大之流量；(二)行近流速與閱讀水尺之差誤影響流量之讀數甚微；(三)此項量水槽每可與橋樑跌水或陡坡等建築物合併建築，甚爲經濟。水躍量水槽之公式可自矩形水槽之臨界水流公式求得之：

$$Q=1.71CBD^{1.5} \cdots\cdots\cdots\cdots\cdots\cdots\cdots (5)$$

其中B爲喉道寬，以公尺計；D爲上游水位與喉道底高度之差，以公尺計；C爲係數，隨喉道寬而異，約自0.96至0.99。

關於水躍量水槽其他各部之尺度，可見圖71，印度中央灌溉局之標準設計。

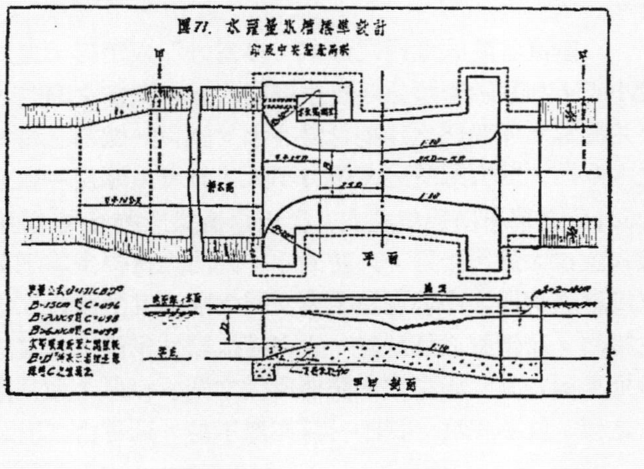

圖71. 水躍量水槽標準設計

第二十八章　閘門與啓閉機

(一)閘門：

(甲)概説：

灌溉工程中通用之閘門，可就運用方式之不同别爲三類：曰活動横插板式閘門，垂直昇降式閘門及鄧脱(Tainter)式弧形閘門。活動横插板式閘門多爲木製，由若干寬約15—20公分之木板組合而成，其厚度須足以支承所受之水壓力；此等木板係分别逐一横置於閘槽中，而以鈎桿升降之。在水深超過二公尺時，以人工裝卸此項插板，甚感不便，且易致巨量之滲漏；以此之故，該式閘門雖具有優點，於配水系統之建築物中採用頗廣，然仍不宜用於重要之幹渠建築物。

垂直昇降式閘門之形式，多爲方形或矩形，但於尺度較小者，如用於管形之斗門或涵洞式分水閘前之閘門，則亦有用圓形者。閘門之建築材料有木，鋼與鑄鐵等三種。小型之木閘門，其所承受之水壓力不大，每可由厚度一致，不薄於5公分之單層横板組成之。横板之邊緣應鉋光，並酌設筍頭式企口，嚴密接縫，以防漏水。閘門之拉桿多爲鋼製，其位置應適與門之中心軸相吻合。門之兩測宜酌設豎立之木板或鋼條，藉鉚釘或螺絲釘，以與横板聯結牢固，(其詳細結構可見圖77)，大型之木閘門所需之閘板較厚，如用厚度一致之板，既不經濟，採購材料亦屬不易，則可由二層或三層閘板結合而成。如爲二層者；上游一面可用垂直接縫，下游一面用水平接縫；如爲三層者，則內外兩層閘板用水平接縫，中實之一層用垂直接縫。不同層之木板之間更應以螺絲釘夾緊，以承受層與層間之縱向剪力。

厚度一致之木質閘門，其總厚度以不逾30公分爲限；超過此數者，則宜於閘門板之後，加用木質或鋼製之橫樑分承水壓，並以垂直接縫之木閘板擋水。如是原以閘孔寬爲跨度之閘板，現則縮小爲橫樑之間距爲跨度，因而需要之木板厚度乃大可減小。此種木製或半木半鋼閘門之設計，其原理與純以鋼製者同，可參照設計。

鋼製閘門係以鋼板爲擋水之面，而另以角鐵或其他形之鋼樑橫支其後，分承上游之水壓；有時爲增加閘板之強度起見，更有於橫樑之間，添設若干立樑，使閘門板分成爲若干呈矩形之平板，支承於四邊鐵骨之上。橫樑則架於閘門兩端之堅樑上，利用滑面(Sliding Surface)或滾輪，最後傳達水壓於閘牆。

鑄鐵閘門包括一鑄鐵之門板與縱橫之鉄骨，其與鋼製閘門不同之處爲鋼製閘門係由鋼板及鋼樑以鉚釘或電焊接合而成，鑄鐵閘門則係一整個之鑄體。

木質閘門之優點爲費省易做。惟壽命與防漏方面則均較鋼料爲遜，故不適用於重要之渠道建築物。鋼料閘門每較鑄鐵者爲廉，尤宜於特種設計之大閘門，惟除非經常使用，則易在閘槽中生銹。鑄鐵閘門之壽命較鋼料者，尤爲長久，多用於重要之渠首閘。

鄧脫式閘門由一面呈圓弧形之閘板(Skin Plate)，支持此閘板之一組橫樑(Horizontal Beams)，兩端之側樑(Side Beams)與臂桿(Side Arms)及最後傳達水壓於閘牆之支承軸(Pin Bearing)組合而成；此外尚有用以減少摩擦，便利啓閉之滾輪(Rollers)，及防止滲漏之橡皮帶(Rubber Seals)及安放閘門之門檻(Sills)等附屬設備。此型閘門之主要優點在閘門之擋水面係呈圓弧形，承軸適位於圓弧之中心；任何水位下水壓力之合力線必穿過承軸，故開啓閘門時，所需克服之阻力僅爲閘門之本身重，承軸轉動時及橡皮帶沿閘墩移動時，所引起之摩擦阻力而已。啓閉所需之動力旣小，故可適用於較寬之閘孔。鄧脫式閘門在現行美國之灌溉工程中，採用甚廣，良以其啓閉便利，構造簡單而工程費又較廉也。此式閘門最適用於洩水，排沙及分水等宜用下射式閘門之建築物，建築物之宜用上溢式閘門者，如節制閘等亦可將此型閘門分爲數部，各具放射式之臂桿及獨立之承軸，以便自上而下，逐一開放，溢入表面之水流。

鄧脫式閘門之較小者可用木製，尺度較大者則以採用鋼料爲宜。

玆就活動橫插板式閘門，鋼製之垂直昇降式閘門及鄧脫式閘門三種，分述其設計方法如下：

(乙)活動橫插板式閘門之設計：

活動橫插板式閘門所需之厚度，可根據所受水壓，以兩端自由支持之單樑公式設計之。如整個閘門並不甚高，爲簡便起見，可用厚度一致之木板，而以閘門底部所受之水壓爲設計依據；不然，則可用不同厚度之木板，分數段設計之。

木板所受之最大彎曲力率爲：

$$M_{max.}=\frac{1}{8}wHL^2=125HL^2\text{公尺-公斤}$$

$$=12,500HL^2\text{公分-公斤}$$

其中H爲水頭，L爲閘門寬，均以公尺計。若以 f_s 爲木材之單位安全抗彎應力，以公斤/平方公分計；t爲木板之厚，以公分計；並設木板之闊度b爲一公尺，則此木板之抗彎力率爲：

$$M'=f_s\frac{1}{6}bt^2=16.7f_st^2$$

命M＝M′，則得

$$t=27.4L\sqrt{\frac{H}{f_s}}\cdots\cdots\cdots\cdots(1)$$

此外因剪力所需之木板厚度爲：

$$t=\frac{7.5HL}{V_s}\cdots\cdots\cdots\cdots(2)$$

其中 V_s 爲單位安全剪應力，以公斤/平方公分計。

最後所採用之木板厚應爲自式(1)及(2)中，計算所得較大之一値。

(丙)鋼製垂直昇降式閘門之設計：

(1)橫樑(Horizontal Beams)：

橫樑之設計，可分下列三項述之：(一)樑橫之個數；(二)橫樑之位置或間距；(三)橫樑之斷面。橫樑個數之決定之，實純爲一經濟問題，並無一定規律可循；合理之推求法：爲假設不同之橫樑數目，根據以下數節之設計原理，作閘門個別設計之比較，以能使閘門之總重量最小，而施工方便者，即爲最適宜而經濟之個數。橫樑位置之決定係根據下列之假設：爲使閘門之備料及裝修便利起見，所有橫樑以採用同一尺度者爲宜，故每個橫樑所受之載重，應使其相等。如是既可符合經濟原則，而各樑之撓率（Deflectin）亦可一致，閘門板乃不致因不均勻之撓率而有次級應力（Secondary Stress）或漏水弊病之發生。通常每將閘門自上而下分爲若干段，使每段所受之靜水壓力彼此相等，而各分段靜水壓力合力之着力點，即爲各橫樑位置之所在。關於閘門所受靜水壓力之等分法，以上下游水面高度之不同，可分下列兩種情形說明之：

(a)上游水面與閘門頂齊平，下游無水：此爲最簡單之情況，蓋閘門所受水壓力之分佈係一三角形也。如H爲閘門高，w爲水之單位體積重，則按水壓力公式，每公尺門寬所受之水壓爲：

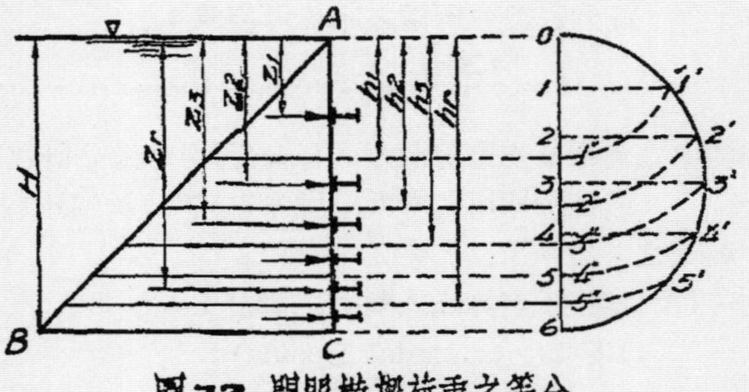

圖72. 閘門橫樑荷重之等分

$$P=\frac{1}{2}wH^2 \cdots\cdots\cdots\cdots\cdots\cdots(3)$$

如圖 72 所示，設△ABC 爲閘門所受之壓力分佈圖；$h_1, h_2 \cdots\cdots h_r$ 爲閘門頂至各區分面積界限之距離；$Z_1, Z_2, \cdots\cdots Z_r$ 爲閘門頂至各橫樑之距離，則自靜水力學可導得下列之結果。

$$\left.\begin{aligned} h_1 &= \frac{H}{\sqrt{n}} \\ h_2 &= H\sqrt{\frac{2}{n}} \\ &\cdots\cdots\cdots\cdots \\ h_r &= H\sqrt{\frac{r}{n}} \end{aligned}\right\} \cdots\cdots\cdots\cdots\cdots\cdots(4)$$

$$\left.\begin{aligned} Z_1 &= \frac{2}{3}h_1 \\ Z_2 &= 1.21895h_1 \\ Z_3 &= 1.57848h_1 \\ &\cdots\cdots\cdots\cdots\cdots \\ Z_r &= \frac{2}{3}h_1\left\{r\sqrt{r}-(r-1)\sqrt{(r-1)}\right\} \end{aligned}\right\} \cdots(5)$$

其中 n 爲橫樑之個數，r 爲任何一橫樑之序數，可等於1, 2,3,…n。關於各分段壓力面積之界限，亦可以圖解法求之如下：於適當之距離處，以閘門在垂直面上之投影（圖上$\overline{06}$，設n＝6）爲直徑作半圓，並分直徑爲n等分，再於各分點1,2,

3,…作水平線交圓弧於1,′ 2,′ 3,′…各點。乃以0爲圓心，$\overline{01}$,′ $\overline{02}$,′ $\overline{03}$,′…等爲半徑，作弧，反交原來直徑$\overline{06}$於1,″ 2,″ 3,″…各點引水平線至△ABC壓力分佈圖上，卽得n等分壓力相等之區分面積矣。

(b)上游水面高出閘門頂，下游無水：-在此情形下，閘門所受之水壓分佈是一梯形。上節所列之公式或圖解法，均不可再用，然可以下列之一般公式計算之，每單位寬閘門所受之總水壓力P，可先按公式(3)求得，如n爲擬用之橫樑數目，則每根橫樑所應分承之梯形壓力面積$A=\frac{P}{n}$，以公斤計。如圖73所示，P_1, P_2各爲壓力分佈圖上梯形之底寬及頂寬，以公斤/平方公尺計；h爲梯形之高，h_b爲梯形之重心至底之距離，均以公尺計，則：

$$h=\frac{P_1+\sqrt{P_1^2-2,000A}}{1,000}\cdots\cdots\cdots\cdots(6)$$

圖73.

式中A及P_1之値均爲已知，故如自閘門底開始向上計算，卽可依次求得各個梯形區分面積之高，而將壓力分佈圖等分爲n分點。至於各梯形之重心或橫樑之位置，則可自下式計之：

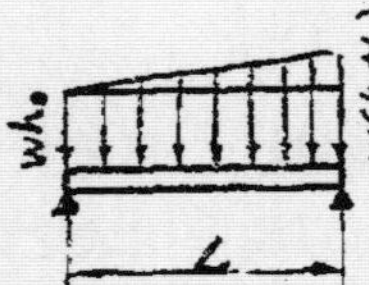

圖74.

$$h_b=\frac{h(P_1+2P_2)}{3(P_1+P_2)}\cdots\cdots\cdots(7)$$

每個橫樑之荷重，旣經決定，則其斷面可視作自由支持之單樑而設計之，橫樑所受之最大彎曲力率爲：

$$M_{max.公尺-公斤} = \frac{1}{8}\frac{P}{n}B^2 = \frac{wB^2H^2}{16n} \cdots\cdots(8)$$

故橫樑需要之斷面係數(Section Modulus)爲：

$$S_{立方公分} = \frac{M_{max.公分-公斤}}{f_s} = \frac{6.25H^2wB^2}{nf_s} \cdots\cdots(9)$$

其中B爲閘門寬度，以公尺計，f_s爲橫樑材料之單位抗彎應力，以公斤/平方公分計；w爲水之單位體積重，以公斤/立方公尺計。各橫樑之斷面乃可自鋼鐵手册中覓得之。閘門頂部所受之壓力雖小，然爲增加閘門之強度，避免閘門板之發生肱梁懸臂樑作用起見，每於閘門頂另加設橫樑一道，於設計時則不計入，以求計算之簡化。

（2）閘門板：

閘門板係以橫樑爲其支承，故橫樑之位置旣經決定，閘門板之跨度亦因而得知。橫樑愈近閘底，其間距愈密，閘門板之跨度亦愈小，然水壓力愈近閘底愈大，故究以何者決定閘門板之厚度，並無定律。當視閘門之淹沒深度，閘門高及下游水位之高度等因素而定。妥當之法，莫如逐一計算，分別定其需要之閘門板厚。如閘門不高，爲求一律起見，自可採用上下一致厚度之閘門板，而以所需之最大值爲取用尺度。如閘門甚高，用一致厚度之門板，每不經濟，則可分成數級，依照水壓逐一設計之。

閘門板係依照兩端自由支持之單樑設計。設L＝跨度，以公尺計，一端之單位載重爲w h_0，他端之單位載重爲

$w(n_o+L)$，如圖74所示。

在此荷重情形下之最大彎曲力率，欲精確計算，頗爲繁雜，然可以近似公式表示如下：

$$M_{max.}\text{公尺-公斤}=\frac{wL^2}{8}(h_o+0.5132L)\cdots(10)$$

當ho爲零時，則式(10)成爲準確之公式。

故閘門板之厚度

$$t=\sqrt{\frac{6M(max.)}{f_s}}=\sqrt{\frac{3L^2w(h_o+0.5132L}{4f_s}}\cdots(11)$$

其中t以公分計，ho,L均以公尺計，W爲單位體積之水重，以公斤/立方公尺計；fs 爲鋼板之單位安全抗彎應力，以公斤/平方公分計。

閘門上部有時以横樑之間距過鉅，所需閘門板甚厚；不符經濟原則；補救之法，可於上部另加一二小横樑，以縮短其間距，或在相鄰兩横樑間，添設立樑若干，以增強閘門板之強度。如是閘門板可無須視作兩端自由支持之單樑而改按局部固定於四邊之平板（Flat Plate Partially Fixed on Four Sides)設計之。

德國馮拔赫氏(L.Von Bach)根據實驗得近似公式如下：

$$t=ab\sqrt{\frac{\phi P}{2f_s(a^2+b^2)}}\cdots\cdots\cdots\cdots(12)$$

其中 a=鋼板長度，以公分計；b =鋼板寬度，以公分計；t=鋼板厚，以公分計；P=均等分佈之載重，以公斤/平方公分計；f_s =鋼板之單位安全抗彎應力，以公斤/平方公分計；φ＝係數，視鋼板四周固定之情形而異：（1）自由支持者，φ＝1.12；（2）完全固定者，φ＝0.75（3）鉚接情形如普通閘門者φ＝0.92。

鋼門銹蝕，事所難免，故鋼鐵之資用應力，不宜擇之過高，通例最大可用至1,000公斤/平方公分。最薄之鋼板，不宜再小於1公分，並應於計算所得之厚度外，另加0.2公分之餘數，以備銹蝕。

（3）摩擦力之消滅：

垂直昇降式閘門之用於渠首之進水閘者，在洪水期間每遇甚鉅之水壓力；閘門受壓乃轉施於閘槽而產生巨大之摩擦。如何消滅此項摩擦阻力，以減輕啓閉機之負荷，自爲設計閘門時切要之圖。

閘門與閘墻接觸面間之摩擦係數，視接觸面之種類及其乾濕情形而有不同，如表31所示。

表31　摩擦係數

材料種類	滑動摩擦		靜止摩擦	
	乾	濕	乾	濕
橡木與橡木間	0.34	0.25	0.54	0.71
橡木與塊石間	—	—	0.46~0.60	—
橡木致鑄鐵間	0.4~0.5	0.26	0.60	0.65
熟鐵與熟鐵間	0.18	—	0.19	—
鋼與鋼間	0.09	—	0.15	—
鑄鐵與青銅間	0.15~0.20	—	—	—
鋼與青銅間	0.105	—	0.11	—

由上表可知直接接觸之閘門，即使加用金屬鑲面，所

產生之摩擦阻力，仍不免甚鉅；補救之法，可利用滾輪，將滑動摩擦變爲滾動摩擦。滾輪之習用有固定滾輪與自由滾輪兩種；前者係將滾輪固定安裝於閘門之上，閘墻上設軌道，以爲滾輪上下活動之途徑。爲防止閘門之兩側與閘槽間發生摩擦及閘門昇降時之左右傾側起見，亦可酌設少數滾輪於門之兩側，作導循之用。設P爲水壓力，r爲滾輪之半徑則固定滾輪之摩擦阻力爲輪軸摩擦與滾動摩擦兩者之和，卽

$$F=(u_r+u'\alpha)\frac{P}{r} \cdots\cdots\cdots\cdots (13)$$

其中α爲滾輪軸眼之直徑；u'爲軸眼間之摩擦係數，約在0.1～0.2之間；u_r爲滾動摩擦係數，等於0.05～0.15公分。

自由滾輪係一組滾輪，嵌入骨架中，懸掛於閘槽之間，與閘門係各自獨立者。門之邊緣受水壓之作用而緊壓滾輪，門有移動則滾輪必隨之轉動，滾輪所附之骨架亦必隨閘門而昇降；故如此所產生之摩擦純爲光滑面間之滾動摩擦，軸眼間之摩擦阻力與閘門之啓閉並無關係。自公式(13)乃得

$$F=u_r\frac{P}{r} \cdots\cdots\cdots\cdots (14)$$

在閘門所受之水壓甚大時，此項自由滾輪甚爲適用，藉以減輕啓閉機之負荷，史東尼（Stoney）閘門卽指裝有自由滾輪之直昇式閘門而言。

（4）滲漏之防止：

爲消減摩擦而設滾輪，則閘門之邊緣勢不能與閘槽密合，必須另有適當之設置，以阻止經由此項縫隙之滲漏。所謂防漏棍，普通乃指一直徑約5公分之圓形實心棍或橡皮氣管，上端固定於門之頂部，下端則自由懸掛，可以自由擺動；迨閘門受水壓之作用，彼等即分別被擠入門之兩側而嚴密封塞隙縫，閘門如上下升降，此項防漏棍亦隨以俱動，沿閘槽或不免有摩擦阻力之發生，然其值甚微，幾可從略。國內習用者多爲橡皮帶或油氈，彎成弓形，一側固着於門上，另一側則聽其自由以與閘槽相接，受水壓力即緊貼於閘槽；此項設備防漏之功效亦佳，惟所生之摩擦較鉅耳。

(丁)鄧脫式弧形閘門之設計：

本節所述；暫以鋼製者爲限，並爲結構之簡便及經濟起見，以盡量採用鋼鐵手册中之標準鋼料爲原則。鋼板與橫樑及橫樑與邊樑等間之接頭，均以電焊爲之。

(1)承軸之位置與弧形半徑：

設計鄧脫式弧形閘門首先應决定者：爲承軸之位置與弧形半徑之長度，蓋此兩者與閘門所受之水壓力之方向及大小，墩座之尺度與閘門之重量，俱有密切關係。弧形半徑長度相等之閘門，如承軸之位置不同，閘門所受水壓力之方向及大小亦因而有異。位置過高者，垂直水壓力向上作用，固可減輕開啓閘門所需之動力；然如力量太大時，閘門每不易關下。位置過低者，則垂直水壓方向朝下，增加開啓閘門之困難。設閘門承軸之位置不變，弧形半徑過短者，亦有同樣發生上舉力過大之弊；半徑過長者，則所需墩座之長度與高度俱有增加。此兩者之間，並無一定規律可循。根據美國墾殖局設計弧形門之經驗，多以與閘門高之關係表示之：承軸之高度約爲閘門高之四分之三，弧形半徑之長則爲閘門高之1～1¼倍。

(2)閘門板：

閘門板係視作以橫樑爲支承之半連續性樑（Semi-continuous Beam)設計之。爲計算方便起見，因拱作用而增加之門板應力強度，可略而不計；其差誤當在百分之二以內，且屬安全者。$Mmax.=\frac{1}{10}wL^2$，鋼板之單位安全抗彎應力＝1,000公斤/平方公分。橫樑間距，閘門板厚及所受壓力水頭三者之關係，可以下式表示之：

$$L=\frac{1.29t}{\sqrt{H}} \cdots\cdots\cdots\cdots (15)$$

其中L爲橫樑間距，以公尺計；t爲門板厚，以公分計；H爲所受之壓力水頭，以公尺計。

閘門愈近上部，壓力水頭愈小，橫樑之間距愈可增大，故利用公式(15)，變更橫樑之間距，可使同一厚度之閘門板之應力均勻一致 。 閘門底部橫樑之間距最小不能再小於0.3公尺，以求施工之便利。弧形閘門板之毛厚(Gross Thickness)不宜小於0.6-0.7公分，並應有0.16公分$\left(\frac{1}{16}\text{吋}\right)$之敷餘，以備因銹蝕之損失。

(3)橫樑：

橫樑之佈置，旣係利用式(15)，視閘門板之厚度，所受水壓頭之大小而決定其間距；至於斷面之設計，可視作在均匀荷重下兩端自由支持之單樑計算之，最大彎曲力率為：

$$M_{max.}=\frac{1}{8}wL^2 \cdots\cdots\cdots\cdots(16)$$

其中L為兩端邊樑之中心距，以公尺計。w 為每單位樑長所受之均匀荷重，等於平均壓水頭與單位體積水重及該處橫樑間距三者之乘積，以公斤/公尺計。

自已知之彎曲力率，即可求得各個橫樑所需之斷面。橫樑斷面之種類以愈少愈好，在備料，施工及零件之修配方面，俱多俾益。

(4)邊樑：

邊樑以閘門兩端之臂桿為其支承，為求工作及與臂桿接合之方便起見，邊樑多由數鋼板焊接而成，其斷面大小亦不一致（見圖78）。臂桿與邊樑接頭處位置之決定係根據下列之假設：為使邊樑所需之斷面係數為最經濟，邊樑兩端懸臂樑部份所生之負彎曲力率應約與其中間一段所生之最大正彎曲力率相等。如圖75所示，將閘門面展開為一直線者，並取閘門寬度之半數$\left(\frac{B}{2}\right)$。邊樑所受水壓力之分佈係一球面三角形，其底脚之強度應為 wH；其中 w為水之

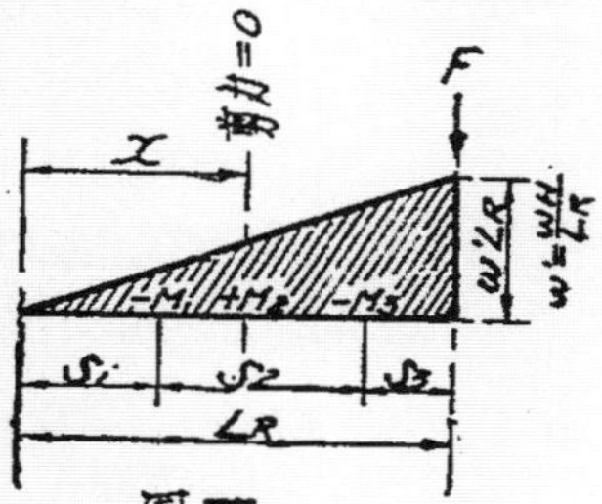

圖75,

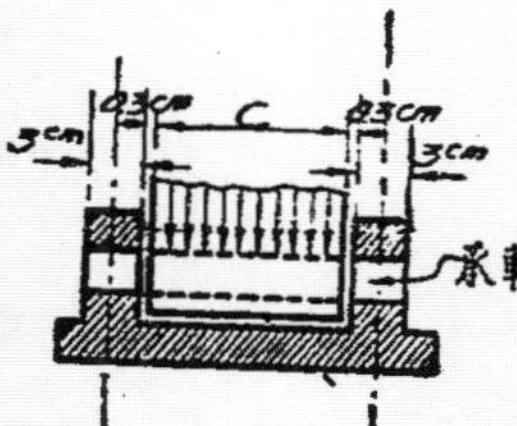

圖76,

單位體積重，H爲水頭。爲計算方便計，亦可將此一球面三角形開展，則 $w'L_R = wH$，$w' = \frac{wH}{L_R}$ 其中 L_R 爲閘門之弧長。

今又設 S_I 爲閘門頂與上臂桿之距離，S_2 爲上下兩臂桿之間距，S_3 爲下臂桿至閘門底之距離；$R_I R_2$ 爲上下兩臂桿之反動力；F爲閘門檻之反動力，分析多數閘門結果，其值約爲 $F=0.0376P$；P爲作用於半扇閘門之總水壓力 $=\frac{w'}{2}L_R^2\cdot\frac{B}{2}$；則根據靜力學之平衡原理及 $-M_I=+M_2=-M_3$ 之假設條件，可得下列結果：

$$\begin{cases} S_I=0.3858L_R & R_I=0.4188P \\ S_2=0.4912L_R & R_2=0.6188P \\ S_3=0.1230L_R & F=0.0376P \end{cases}$$

邊樑所受之最大彎曲力率乃爲：

$$\underset{(公尺公斤)}{Mmax.}=M_I=\frac{1}{6}w'S_I^3\bullet\frac{B}{2}$$

$$=\frac{1}{6}w'(0.3858L_R)^3\frac{B}{2}$$

$$=0.0048w'BL_R^3$$

$$=0.0048w'BHL_R^2 \quad \cdots\cdots\cdots\cdots\cdots(17)$$

邊樑所需之斷面卽可求得矣。

（5）臂桿：

根據上節邊條之設計，已知上臂桿所受之直接壓力(Direct Thrust)R_1為0.4188P；下臂桿R_2為0.6188P；其中P為半扇閘門所受之總水壓力。臂桿乃可視作承受直接荷重之柱而設計之，其單位面積所能承受之安全壓縮應力視"L/r"之比值而定，如下式所示：

$$f_s = 17,000 - 0.485\left(\frac{L}{r}\right)^2 \cdots\cdots\cdots\cdots(18)$$

其中L為臂桿之無支長度(Unsupported Length)，r為旋轉半徑(Radius of Gyration)，$\frac{L}{r}$之值不能大於120。臂桿之截面積乃可根據荷重及許可之壓縮應力而計得之。

(6)承軸：

承軸為閘門最後傳達水壓於閘墻之設備，其所需之直徑當視臂桿之尺度及荷重之大小而定。作用於承軸之荷重為P，即半扇閘門所受之總水壓力，如圖76所示，則因支承面積而需要之承軸直徑為：

$$D = \frac{P}{f_b} \cdots\cdots\cdots\cdots\cdots\cdots\cdots\cdots(19)$$

因彎曲力率所需之承軸直徑為：

$$D = \sqrt[3]{\frac{4P(C+7.2)}{\pi f_s}} \cdots\cdots\cdots\cdots\cdots\cdots(20)$$

其中f_b,f_s各為承軸材料容許之單位壓應力及抗彎應力，均以公斤/平方公分計；C為承軸之寬度，以公分計。

最後採用之承軸直徑，應為以上兩值中較大之一值，以符安全之條件。承軸之直徑最小不應再小於5公分。

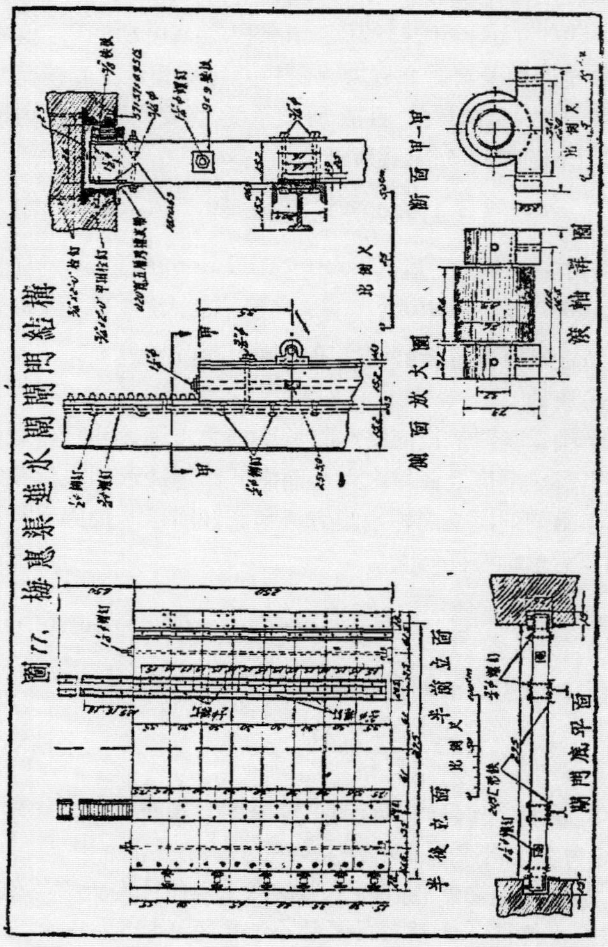

圖77. 梅惠渠進水閘閘門結構

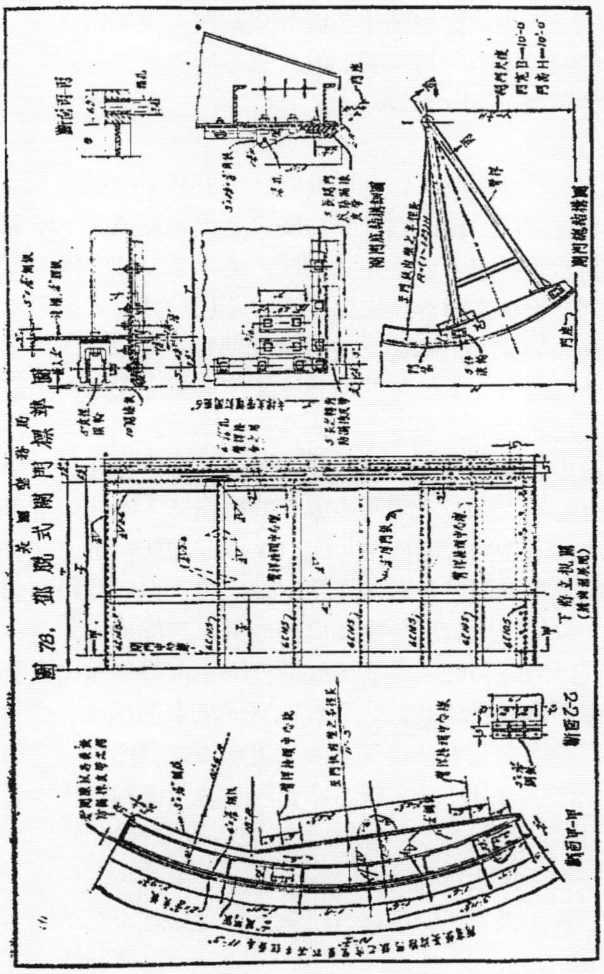

圖 78. 弧形式閘門標準圖

（戊）閘門設計實例：

（1）梅惠渠進水閘木製直升式閘門，見圖77。

（2）美國墾殖局鋼製鄧脫式孤形閘門，見圖78。

（二）啓閉機（Lifting Devices）：

（甲）概說：

閘門啓閉時，作用於閘門之力計有下列數種：（一）閘門本身重；（二）閘門與閘牆接觸面上因水壓所生之摩擦阻力；（三）水之上舉力或作用於閘門頂之水重；（四）因閘門底開啓時之部份眞空而產生之向下吸力；（五）其他爲啓閉而增設之重量如鉄鍊，齒桿等。設W爲閘門重量；F爲因水壓而生之摩擦阻力；ΣP爲其他各種細節荷重之代數和，則開啓閘門時所需之總上舉力 $U=W+F+\Sigma P$；關閉閘門時所需之下推力 $D=F-W\pm\Sigma P$；D之値可爲正，可爲負，普通除設備有滾輪之直升式閘門或鄧脫式閘門外，閘門重量每不足以克服其所生之摩擦阻力（$D>0$）；故在此情形下，啓閉機除需能升舉閘門外尙需能產生下推之力，以司閘門之關閉。

啓閉機之設計，事涉機械設計，過屬專門，非一般土木工程師所堪勝任；事實上啓閉機亦多由廠家承包監製，土木工程師僅需供給設計之資料便可。故本節所論，僅爲各種習用啓閉機之基本結構，其效率及所需之啓門力"F"與實際施於閘門拉力"P"之關係，藉資選用啓閉機種類時參考之用。

（乙）啓閉機之種類：

普通以人工管理之啓閉機，約可分爲下述三種：

（1）槓桿類：

(A) 簡單槓桿：

簡單槓桿多用於較小之閘門，無須甚大之機械效率者。通常均設有支點二：一用以閉門；一用以啓門。此項支點每係金屬之板或棍，釘於一水平之樑，位於閘門拉桿之附近，高出閘台約8公寸。此項槓桿之作用每有迫使拉桿彎曲之趨勢，可設一簡單之滾輪於拉桿之盡端，以爲防止。所需之啓門力與實際施於閘門之拉力之關係，可以下述公式表示之。

$$F = Pr/eR \quad \cdots\cdots\cdots\cdots (21)$$

其中F爲啓門所需之力；P爲實際施於閘門之拉力；r爲槓桿之短臂；R爲槓桿之長臂，亦卽啓門所運用之臂桿，e爲機械效率，約爲百分之九十。

(B) 齒桿與帶柄小齒輪：

此項設備包括一聯接於閘門拉桿上之齒桿，一用以輸力至齒桿之小齒輪，及一聯於小齒輪之同一軸上之柄或輪。計算之公式如下；

$$F = \frac{npP}{e \cdot 2\pi R} \text{ 或 } F = \frac{Pr}{eR} \quad \cdots\cdots\cdots\cdots (22)$$

其中n爲小齒輪之齒數；p爲齒桿或小齒輪之齒距；r爲小齒輪之直徑(外徑)；e之値約爲百乃之85至90。

(C) 齒桿與帶柄複齒輪：

此種裝配仍包括齒桿與小齒輪，惟具有更多之齒輪，以獲取較高之機械利益，其設有齒輪三枚者，計算之公式如下：

$$F = \frac{Prr_I}{e^2RR_I} \cdots\cdots(23)$$

其中 r 爲齒輪之半徑，其軸與臂桿之軸同；r_I爲作用於齒桿之齒輪之半徑；R爲臂桿之長度；R_I爲齒輪之半徑，其軸與r_I齒輪同；e 之值用於輪齒係切成者爲百分之 90，用於輪齒係鑄成者爲百分之85。

（2）斜面類：

此類啓閉機中最習用者，包括一螺絲桿式之閘門拉桿與一手搖輪。拉桿之下端係固着於閘門，上端則刻成螺絲鏇穿過手搖輪之中心。手搖輪與其座盤可置於一橫樑上或另備圓錐形之承座。手搖輪其座盤之設置應能施向下之壓力，恰如可施向上之拉力然。

爲減少座盤旋轉而生之摩擦，座盤之表面可以特種金屬爲之。可置青銅質之螺絲帽於手搖輪之中心以與拉桿之螺絲鏇相配合。較簡單者，每逕置此螺絲帽之凸出之邊緣於一空心之黃銅板上，另以空心之黃銅板覆蓋於凸出之邊緣之上，並互以螺絲釘釘牢。爲更減少摩擦阻力，螺絲帽凸出之邊緣與黃銅板之間可另設滚珠以致之。

閘門拉桿可爲實心之鋼軸，或空心之厚管，不僅按拉力設計，並須按剪力與壓力設計之。實用最小之直徑約爲2.5公分。方正之鏇齒較佳，其效率較高。計算之公式如下：

$$F = \frac{pP}{2\pi Re} \cdots\cdots(24)$$

其中p爲螺絲鏇之間距；R爲手搖軸之半徑；e爲螺絲鏇與座盤之效率，在方正之鏇齒約爲百分之15，在V形之鏇齒約爲百分之十。

(3)組合類：

組合類係組合斜面類之螺絲鏇與槓桿類之斜紋齒輪而成，聚積於一鑄鉄之承座上。計算之公式如下：

$$F=\frac{pPr}{e_1e_1\cdot 2\pi RR_1}\cdots\cdots\cdots(25)$$

其中p爲閘門拉桿上螺絲鏇之間距；r爲齒輪之齒距；R爲手搖臂桿之長度；R_1爲斜紋齒盤之半徑；e_1爲齒輪與齒盤之效率，用於輪齒係鑄成者爲百分之85；用於輪齒係切成者爲百分之90；e_2爲螺絲與其座盤之效率，用於方正之鏇齒爲百分之15。

(丙)啓閉機之比較：

選擇啓閉機之主要條件繫於所需之機械利益，俾減少啓閉閘門時所需之動力。譬之，以一人司閘門之啓閉，彼所能施之力約爲廿公斤；如開啓閘門所需之總拉力爲一千公斤則機械利益不得小於五十；如計入機械效率之折扣，則所需之機械利益尤須增大。如相同之機械利益可以獲得，則採用槓桿類之齒桿與帶柄小齒輪或組合類之啓閉機每較採用斜面類之啓閉機爲優，蓋彼等之效率高，可減少工作之數量也。斜面類與槓桿類相較，雖效率較低，惟可獲致甚高之機械利益，以利簡單之工啓閉；就此點而言，仍不失爲優型之機械。其他選擇啓閉機之條件，當視開閉所需時間之快慢，應用之頻繁與否及工程費用等因素而定。

中華民國三十四年二月初　版　一——一〇〇〇
中華民國三十七年十月增訂再版　一——一〇〇〇

灌溉工程設計參考手冊

每冊定價金圓　圓

編著者　水利部
發行者　水利部　南京國府後街
印刷者　美豐祥印書館　南京林森路一二八號
代售處　商務印書館　南京太平路

後記

我是從數學史學習中逐步瞭解治黄史的。漢代《許商算術》的作者許商，好天文術數之事的王景、李尋善，他們既是數學家，又以治理黄河而聞名。我國現存最早的河工著作《河防通議》，將中國古典數學天元術運用到治黄工程中，創造了中國古代工程數學的一個高峰。除了數學史之外，内蒙古師範大學科學技術史研究還以少數民族科技史和地方科技史見長。李迪先生曾指出地方科技史研究的重要内容是人與自然環境變遷、科技遺迹與自然環境以及環境與生産的關係，此類研究具有明顯的現實意義和重要價值。想要通過大科學史研究，弄清變遷的原因和未來的發展趨勢，産出對于地方各方面的開發有更大、更直接價值的成果，這類研究大多離不開文獻。之後，李迪先生更是直接指出科技史研究不僅是對過去的科技工作和科技成果的回顧與總結，而且要着眼于現代，讓古人的發明創造爲今人服務，繼續在現代發揮其應有的作用。我將先生大科學史的治學理念視爲座右銘，在科研工作中更加注重讓科研成果服務于國家戰略與區域發展需求。

二〇一九年九月，習近平總書記在黄河流域生態保護和高質量發展座談會上指出，黄河流域在我國經濟社會發展和生態安全方面具有十分重要的地位。黄河流域生態保護和高質量發展是重大國家戰略。同年十月，黨的十九届四中全會提出『加强邊疆治理，推進興邊富民』，首次把邊疆治理寫入黨的文件。內蒙古師範大學組織科研力量，積極申報研究闡釋黨的十九屆四中全會精神的國家社科基金重大項目，其中『中國特色社會主義民族區域自治制度自信研究』項目獲批。我承擔其中的『鑄牢中華民族共同體意識下的民族自治地方文化自信研究』子課題，而黃河是首選文化要素。二〇二四年，該項目順利結項，我也對黃河文化所蘊含的時代價值有了更深的體會。

有鑒于此，我帶領文化遺産智能應用服務中華民族共同體建設『英才興蒙』團隊，以黃河爲主題，開展了文獻、文物、傳統工藝等多模態資源庫建設和跨模態應用示範工作。這次與內蒙古人民出版社合作出版的《黃河國家治理文獻集成》，旨在梳理和總結文獻中所蘊含的歷史經驗和文化信息，爲當代及未來的黃河治理和地方文旅産業發展提供參考與借鑒。

感謝內蒙古民族文化産業研究院、巴彥淖爾市圖書館等单位的傾力相助，感謝內蒙古自治區黨委宣傳部、內蒙古出版集團、內蒙古人民出版社對本項目的支持與幫助。

在此，也向致力于黃河治理和大河安瀾的歷代先賢與當代典範表達崇高的敬意：你們的不懈努力與無私奉獻，爲黃河的安寧與人民的福祉築起了堅實的防綫；你們的智慧與勇氣，將永遠銘刻在中華民族的歷史豐碑上，激勵後人不斷前行。

董杰

二〇二五年一月

北疆文化